寒地春玉米田玉米螟的绿色防控及孤雌产雌赤眼蜂研究

◎ 张海燕　王丽艳　赵长江　著

中国农业科学技术出版社

图书在版编目（CIP）数据

寒地春玉米田玉米螟的绿色防控及孤雌产雌赤眼蜂研究 / 张海燕，王丽艳，赵长江著 . —北京：中国农业科学技术出版社，2020.9

ISBN 978-7-5116-5038-2

Ⅰ.①寒…　Ⅱ.①张…②王…③赵…　Ⅲ.①玉米螟-病虫害防治-黑龙江省②赤眼蜂属-应用-生物防治-黑龙江省　Ⅳ.①S435.132②S476.3

中国版本图书馆 CIP 数据核字（2020）第 183971 号

责任编辑　周丽丽
责任校对　贾海霞

出 版 者　中国农业科学技术出版社
　　　　　北京市中关村南大街 12 号　　邮编：100081
电　　话　(010)82105169(编辑室)　　(010)82109702(发行部)
　　　　　(010)82109709(读者服务部)
传　　真　(010)82106626
网　　址　http://www.castp.cn
经 销 者　各地新华书店
印 刷 者　北京建宏印刷有限公司
开　　本　787 mm×1 092 mm　1/16
印　　张　13.5
字　　数　360 千字
版　　次　2020 年 9 月第 1 版　2020 年 9 月第 1 次印刷
定　　价　68.00 元

前　　言

自"公共植保、绿色植保"理念提出以来，绿色防控已经成为发展现代农业的重大举措，绿色防控是建设"资源节约，环境友好"两型农业，促进农业生产安全、农产品质量安全、农业生态安全和农业贸易安全的有效途径。病虫害绿色防控以促进农作物安全生产，减少化学农药使用量为目标，采用生态控制、生物防治、物理防治、科学用药等环境友好型措施来控制有害生物，不仅有助于保护生物多样性，降低病虫害暴发概率，实现病虫害的可持续控制，减轻病虫为害损失，保障粮食丰收和主要农产品的有效供给，还可以有效解决农作物标准化生产过程中的病虫害防治难题，显著降低化学农药的使用量，避免农产品中的农药残留超标，提升农产品质量安全水平，增加市场竞争力，促进农民增产增收。在农作物生产中为了便于机械化作业、省时省力等目的，害虫的防治仍以化学防治为主，害虫的绿色防控措施多样，为了解决害虫绿色防控实施过程中关键时期、关键技术、机械化作业等技术难题，需要广泛开展符合现代农业生产需要的害虫绿色防控技术工作，全面开展害虫的绿色防控，为粮食安全高效生产打好坚实基础。

黑龙江省西部半干旱区地处松嫩平原，位于 N45°58′ ~ N48°58′，E122°24′ ~ E128°19′，是我国典型的旱作农业区，积温横跨黑龙江第一、第二和第三积温带，行政区包括肇东、肇州、肇源、安达、林甸、杜蒙、大庆、泰来、富裕、龙江、甘南及齐齐哈尔等 17 个县市，属于中温带大陆性季风气候，该地区气候特点是春季风大、干旱少雨、空气干燥、温度变化剧烈，夏季气温剧增、蒸发量大，冬季降雪量小，土壤类型多样，该区属全省热量高而降雨量相对少的地区，形成了别具特色的农作制体系。黑龙江省西部半干旱区种植作物种类主要以玉米、大豆、向日葵、高粱等旱作作物为主，其中玉米种植面积最大，因西部半干旱区在黑龙江省内积温较大，第一季温带害虫发生世代较多，所以该区玉米虫害情况相对黑龙江其他地区较重。

玉米是我国重要的粮食作物，不仅是重要的饲料作物，而且是食品、化工、燃料、医药等行业的重要原料。玉米生产中病虫害的防治主要依赖化学防治措施，尤其在大面积机械化作业的玉米产区，采用飞机航化喷洒化学药剂防治病虫害，在控制病虫为害损失的同时，也带来了病虫抗药性上升和病虫暴发概率增加等问题。黑龙江省是国家重要的粮食生产基地，国家级商品粮生产基地，也是国家粮食战略储备基地。玉米是黑龙江省第一大粮食作物，也是黑龙江省西部半干旱区的第一大粮食作物，2019 年黑龙江省玉米播种面积已达 772.3 万 hm²，黑龙江省西部半干旱区玉米播种面积 250 万 hm² 以上，玉米总产量在 791.7 万 ~2 092.0 万 t，平均为 1 539.9 万 t，黑龙江省西部半干旱区玉米产业带动的经济发展直接影响黑龙江省的经济，直接关系全省农民增收和农业可持续发展。

随着种植面积的扩大，玉米虫害的发生面积和程度与日俱增。主要为害玉米的害虫种类有玉米螟、玉米蚜、黏虫、叶螨、蓟马、地下害虫、双斑萤叶甲等。其中，玉米螟的发生最为严重，玉米螟是世界性害虫，我国各省、直辖市、自治区（除西藏地区未见报道外）均有不同程度的发生。亚洲玉米螟全国以黑龙江省发生较为严重，而黑龙江省中西部地区又是重点发生区。一般年份春玉米的被害株率为 30% 左右，减产 10%，发生严重时可造成减产 30%，玉米螟的有效防控对黑龙江玉米的生产起到至关重要的作用。

玉米螟属鳞翅目，螟蛾科，俗称玉米钻心虫，主要分为 2 个种：亚洲玉米螟 [Ostrinia furnacalis（Guenée）] 和欧洲玉米螟 [Ostrinia nubilalis（Hübner）]，其中亚洲玉米螟分布更为广泛、为害较重。亚洲玉米螟以幼虫为害寄主植物，初孵幼虫取食幼嫩叶肉，留下表皮；3~4 龄后钻蛀为害寄主组织，玉米心叶期时，玉米螟主要蛀食新鲜的玉米叶片，被害叶长出喇叭口后，呈现出规则排孔，降低其光合效率，严重影响干物质的积累。抽雄后，幼虫向上转移，蛀入雄穗附近的茎秆，造成折雄，影响授粉；雌穗膨大或抽丝时，集中在雌穗内为害，苞叶、花丝被蛀食，同样影响授粉，会造成缺粒和秕粒，千粒重下降，雌穗上的玉米螟可直接咬食籽粒，严重影响雌穗发育和籽粒灌浆。随着玉米植株的生长，玉米螟大龄幼虫则沿茎秆向下，破坏雌穗周围组织，阻碍营养物质和水分输送，影响雌穗的发育和籽粒灌浆，形成早枯或瘪粒，从而减产。玉米螟的食性较杂，寄主范围广，除三大主要粮食作物外，还对一些经济作物造成危害，如棉花、大麻、向日葵、蚕豆、生姜等作物。玉米螟的防治方法包括物理防治、化学防治、生物防治等，因各地受气候、地势及栽培管理方式不同该虫的发生和为害规律和特点不同，给玉米螟防治带来很大难度，尤其是玉米螟的绿色防控更需要因地制宜地开展。

本书的内容明确了黑龙江省西部半干旱区玉米田节肢动物的多样性的基础上，重点记录了玉米田重大害虫玉米螟的发生和为害情况，结合黑龙江西部近些年玉米螟发生为害规律，提出玉米螟防治的策略，尤其是绿色防控技术体系的构建，生物防治的重要天敌研究等，为玉米等粮食的安全生产提供重要保障。

本书凝聚了黑龙江八一农垦大学农学院玉米组和昆虫组多年的研究成果，共包含 4 章内容，由黑龙江八一农垦大学农学院张海燕、王丽艳和赵长江三人共同完成撰写，其中，第一章第一节和第二节，第二章第一节、第二节和第五节，第三章第一节和第二节，第四章第一节、第二节和第八节内容由赵长江执笔完成（约 11 万字）；第一章第三节，第二章第三节、第四节和第六节，第三章第三节、第四节和第六节内容由王丽艳执笔完成（约 11 万字）；第三章第五节，第四章第三节至第七节内容由张海燕执笔完成（约 12 万字）；全书由杨克军教授指导撰写。本书由国家粮丰三期项目"黑龙江半干旱区春玉米全程机械化丰产增效技术体系集成与示范"（2018YFD0300101）资助出版，同时书中也融合了国家自然科学基金项目"MicroRNA 介导的 Wolbachia 调控赤眼蜂孤雌产雌生殖的分子机理研究"（31301714）、黑龙江省自然科学基金项目"高温诱导赤眼蜂生殖改变的机理"（C2015039）和黑龙江八一农垦大学三横三纵支持计划——人才留学归国科研启动计划项目"赤眼蜂生殖调控的机理及生防应用"（ZRCLG201901）等项目的内容。此外，本书研究内容能够得以顺利完成还要感谢部分专家、学者及实验基地人员在实验过程中的大力帮助。感谢黑龙江八一农垦大学农学院金永玲、王玉凤、张翼飞三位老师和沈阳农业大学丛斌教授、董辉教授在试验过程中的协助及指导；感谢黑龙江省农业科学院齐齐哈尔分院赵秀梅研究员协助调查；感谢肇州、肇东、依安、齐齐哈尔等地农技推广中心王广成、初丛飞、王春英、薛秀芳、赵伯福、骆生、宋玉发、李纯伟等人的试验调查和大力帮助。

　　由于作者水平有限，疏漏之处在所难免，敬请广大读者批评指正。

著　者

2020 年 7 月，大庆

目　　录

第一章 黑龙江省西部半干旱区玉米田节肢动物群落研究

第一节 研究的目的与意义

在害虫综合治理中，利用生物的多样性进行害虫的综合防治具有悠久的历史，同时对保护生态环境也有很大作用，节肢动物多样性的利用可以在各个农业生产领域防治害虫。玉米田节肢动物群落是玉米田生物群落的重要组成部分，玉米田节肢动物具有丰富的种类和数量，了解玉米田节肢动物群落的组成及功能情况，能够更好地对玉米田害虫进行生态控制。黑龙江春玉米田节肢动物群落多样性调查分析的报道很少，针对不同品种玉米田、不同耕作栽培方式玉米田节肢动物多样性及发生特点的研究尚未见报道。本文旨在运用群落生态学的原理和方法对大庆地区 6 个玉米品种和 4 种耕作方式的玉米田进行定期定点调查，将玉米田节肢动物按功能群进行划分归类，分析不同玉米品种和耕作方式玉米田节肢动物的个体数、优势集中性指数、多样性指数和均匀度，掌握黑龙江大庆地区玉米田的节肢动物多样性特点，为玉米田害虫的防治提供理论依据。研究节肢动物的多样性，是研究群落功能的基础。研究掌握玉米不同品种田节肢动物群落组成与功能的变化规律，对于充分利用自然因素防治玉米害虫，组建以生物生态调控为中心的玉米害虫管理系统均有十分重要的指导意义。

黑龙江省是全国重要的商品粮基地，玉米作为黑龙江省第一大粮食作物，种植面积逐年扩大，玉米总产已占全省粮食总产的一半。玉米又是典型的多功能作物，不仅是重要的粮食作物，也是重要的油料作物、饲料作物、重要的工业原料和能源作物。而玉米螟则是威胁玉米生产持续稳定发展最为重要的制约因素。20 世纪 90 年代以来，受全球气候变化、农业耕作制度变更、新品种引进、化学农药盲目使用等因素的影响，玉米螟为害面积不断扩大，灾害程度加重，严重发生年份达 20%～30%，甚至更高，并且严重影响玉米品质，降低玉米商品等级，按原有玉米螟常规发生规律制定防治策略已然不能取得很好的防治效果，为此，对新形势下玉米田害虫的有效防控对策进行研究势在必行。这将对促进玉米生产健康稳定发展，确保国家粮食安全、农产品质量安全、农业生态安全、农业贸易安全和农民持续增收，具有十分重要的意义。

第二节　文献综述

节肢动物群落受气候条件、土壤环境、耕作栽培模式、肥料和施药情况等多种因素的影响，这些因子产生的副作用使得农田中的生态体系处于严重的失衡状态，群落多样性恶化，减弱了农田生态系统自身的调控作用。孙涛等（2014）的研究结果表明，不同的耕作措施会影响近地表土壤和植被的微生境，进而影响地表节肢动物群落组成、数量和营养功能群，免耕地具有较高的节肢动物类群丰富度和捕食性动物类群，对整个农田系统生态环境具有积极的作用。董文霞等（2001）探究了施药次数对棉田节肢动物群落的影响，结果表明，连续多次施药会降低棉田节肢动物群落的丰富度、多样性和均匀度，不利于棉田害虫的综合治理。钟平生等（2004）调查了水稻有机耕作田、纯化肥田和常规耕作田的节肢动物群落组成，发现有机耕作田更有利于增强稻田自然天敌对害虫的控制作用。研究和分析节肢动物群落的结构特征，对于了解并控制田间害虫的为害具有重要的意义。

一、节肢动物生态位的研究

在捕食性天敌捕食害虫的过程中，因为一种天敌可捕食多种害虫，同时一种害虫也可被多种天敌所捕食，这样天敌与害虫构成了一个错综复杂的网络系统，在这个系统中，天敌和害虫都有自己的栖境生态位，所以了解了天敌的栖境生态也就明确了群落的结构、天敌的捕食效应，以及天敌与其他成员（如害虫）间的关系，这样对保护、利用天敌，合理进行化学防治及害虫生物防治，具有一定的理论指导意义。吴进才等（1993）研究了稻田捕食性天敌与害虫稻飞虱的栖境生态位，并研究了多个物种的栖境生态位与各天敌的关系。王智等（2002）在研究稻田蜘蛛优势种和目标害虫的时间生态位时发现，害虫生态位宽度值的大小变化能够影响蜘蛛的生态位宽度值，早、晚稻田蜘蛛、昆虫生态位重叠指数值不一致。李生才等（2006）对不同植物田节肢动物生态位进行了分析，明确群落中各物种对时间、空间的资源利用程度及关系。一般来说，生态位宽度可以反映天敌的活动范围和强度。目前，生态位研究多与种间竞争相联系。通过研究竞争物种对空间、时间和食物资源的分配策略探讨竞争共存机制、协同进化、多物种群落的演替及多样性的生态学问题。

二、节肢动物群落的演替

群落结构随时间变化而发生变化的现象，是节肢动物群落的一种重要动态特征，这一特征称为群落的演替。在不同生态环境、不同品种、不同耕作制度下，以及采取的害虫控制措施不同，必然会影响害虫的种类，从而影响整个节肢动物群落，所以研究群落的演替对生态学、群落学等领域的研究至关重要。胡阳等（1998）将浙江省富阳区的稻田节肢动物群落划分为扩展期、波动期、衰退期3个阶段，利用这3个阶段来研究群落的演替过程。将稻田节肢动物群落分为天敌、害虫、中性昆虫3个亚群落。据调查表明，玉米田的节肢动物群落也分天敌、害虫、中性昆虫3个亚群落。人为天敌亚群落也与害虫亚群落具有相似性，但数量消长并不呈正相关而呈负相关。常晓冰等（2006）对枣园调查研究表明，随季节变动，节肢动物群落也有季节性变动趋势，从休眠状态到开始出蛰活动的种类、个体数量少和多样性低，到后来的种群建立，各种节肢动物由外界陆续迁入，种群逐渐丰富，数量也开始逐渐增多，优势种开始出现。随着时间的延续，优势种发生了变化，个体数量开始增大，园内外各种作物和杂草的生长，为节肢动物提供了丰富的食物源及活动和隐蔽繁殖的场所，导致多样性开始增加。到了枣树幼果期，枣园环境变化更趋复杂，丰富的食物为害虫提供更多的食料，气候适宜更加快了节肢动物的繁殖速度，群落各功能团中各物种的种类和数量更是明显增多，此时是全年节肢动物群落各营养层多样性达到较高的时期。等到枣果收获季节植被减少，气候变得恶劣，这些原因导致害虫食料短缺，害虫开始进入休眠或准备过冬时期，节肢动物群落各营养层多样性指数开始降低。不仅在果园，在其他农作物田节肢动物群落变化也随季节变化而呈现出类似变化趋势。

三、不同类型植物及耕作栽培制度对节肢动物多样性影响

迄今为止，果园节肢动物群落研究比较广泛，如在桃园中节肢动物群落可划分为植食类（大多是害虫）、捕食类（天敌）、寄生类（天敌）和中性类几个亚群落。各亚群落的优势度大多表现为植食害虫类>捕食天敌类>寄生天敌类；多样性指数捕食天敌类亚群落>节动物总群落>植食类节肢动物亚群落。黄保宏等（2005）采用物种多样性、均匀性、优势度指标测定梅园昆虫群落的时间结构变化，结果表明，季节变化对梅园昆虫群落物种数、多样性指数、匀性指数影响较大，随季节推移，各个参数逐渐增加，优势种群也随季节变化。李先秀等（2008）将杏园节肢动物群落物种群落划分为植食类、捕食类、寄生类、中性类，结果显示杏园内共有昆虫59种，其中捕食类天敌有16种，植食类昆虫有37种，寄生类及中性类昆虫共6种，植食类相对丰盛度大于捕食类相对丰盛度，不同月份的节肢动物群落多样性和均匀性随季节不同呈现明显的波动性。杨梅园节肢动物群落及其数量动态研究结果发现，杨梅基地节肢动物有359种，余姚杨梅基地有256种，黄岩杨梅基地有232种。其中半翅目、直翅目、鳞翅目、鞘翅目、双翅目、膜翅目、蜘蛛目是杨梅园节肢动物群落的优势目，在诸多目昆虫中，又以双翅目所占的比重最大，果蝇是杨梅园主要的害虫种类。按照昆虫的食性及对杨梅生长的影响，把杨梅园节肢动物群落划分为害虫功能团、天敌昆虫功能团、中性昆虫功能团及蜘蛛功能团。在杨梅成熟过程中，害虫数量可以被控制在一定水平之下，天敌昆虫和蜘蛛的数量有一定的互补性。常晓冰等（2006）对不同管理类型枣园中的天敌昆虫群落结构特征进行了分析和研究，结果表明，枣园天敌昆虫群落结构指数随季节变化而变化，随枣园里植物的多样性提高而增加。不同管理措施，枣园中天敌昆虫群落结构指数也有一定的差异，杂草及用药对枣园天敌昆虫的物种数、总个体数及多样性指数有一定影响。生态系统多样化的枣园天敌昆虫更为丰富和多样。增大天敌昆虫的种群数量，可以通过植物多样性的增加、调整作物间作结构、改善天敌昆虫的生存环境及减少用药次数来实现。

蔬菜田中，油菜田整个生育期节肢动物种类丰富，卢申等（2008）调查油菜田节

肢动物共52种，半翅目昆虫的相对丰盛度最高，其次为双翅目昆虫；采用模糊聚类分析发现，不同时间油菜田节肢动物群落可分为群落建立阶段的动态类型，节肢动物大量迁入阶段的动态类型，蚜虫大发生阶段的动态类型和相对稳定阶段的动态类型4类。徐增恩等（2008）对秋季花椰菜田节肢动物群落的研究表明，花椰菜田共有害虫8种，捕食性天敌7种，寄生和中性昆虫3种，其中为害严重的是烟粉虱和甜菜夜蛾，主要天敌是蜘蛛类。

不同作物田节肢动物多样性以水稻田研究居多，一般学者从生态学营养关系上，将稻田节肢动物群落的组成划分为害虫、天敌及腐生类和水生类。从营养和取食关系上，把水稻田节肢动物群落划分为基位物种、中位物种和顶位物种3个营养层和不同的功能集团，从物种、功能集团和营养层这3个层次上，探讨群落的营养结构和多样性。此外，棉田、玉米田等作物田的群落组成和功能的研究都得到广泛开展。不同类型的节肢动物群落组成、群落多样性明显不同。玉米田节肢动物群落是玉米田生物群落的重要组成部分，玉米田节肢动物群落具有丰富的种类和数量。其中常见的害虫有玉米蓟马、黏虫、玉米黏虫、玉米螟、蝗虫等。节肢动物群落结构和功能影响玉米田节肢动物群落的因素，对玉米田群落调控与害虫控制等都应展开深入的研究。研究和分析节肢动物群落的结构特征，对于了解并控制田间害虫的危害具有重要的意义。近年来，王国昌等（2011）运用昆虫群落多样性和功能团构成，分析夏玉米田优势功能集团组成与演替。周红旭等（2006）从功能团和营养层的角度研究桃园节肢动物群落在垂直分布上的变化。郝树广等把稻田节肢动物按营养和取食关系划分为3个营养层（基位物种、中位物种、顶位物种）和不同的功能集团在物种、功能集团和营养层3个层次上，探讨了群落的结构和多样性；不同品种对节肢动物群落的影响。然而对黑龙江春玉米田节肢动物群落多样性调查分析的报道很少，针对玉米不同品种田节肢动物群落多样性发生特点的研究尚未见报道。研究掌握玉米不同品种田节肢动物群落组成与功能的变化规律，对于充分利用自然因素防治玉米害虫，组建以生物生态调控为中心的玉米害虫管理系统均有十分重要的指导意义。

不同耕作及管理措施对节肢动物群落的结构组成及多样性有一定程度的影响，钟平生等（2004）研究了不同耕作方式对稻田节肢动物群落的影响，结果表明：有机耕作、纯化肥、常规耕作水稻田中各种节肢动物所占比例有一定差异，有机耕作区害虫的发生数量最少，天敌对害虫有较强的控制作用，纯化肥区害虫的发生数量较多，常年耕作区害虫总数最多，天敌对害虫的控制最弱，实施有机耕作能够增强玉米田自然天敌对害虫的控制作用。脐橙园内节肢动物在不同管理模式下，多样性结果表明：天敌数量和所占比例均为生防园大于化防园，中性昆虫数量和所占比例均为化防园大于生防园，而害虫数量为生防园大于化防园，但所占比例为生防园小于化防园，在生防园可以吸引更多节肢动物，增加脐橙园物种多样性，而吸引的天敌种类也会增加。在脐橙园中进行生态控制的防治效果可以达到化防园的防治效果。曾赞安和梁广文（2008）荔枝园节肢动物群落调查结果表明，不同管理方式荔枝园的节肢动物差异较大，物种数以失管荔枝园大于有机荔枝园大于常规荔枝园。有机管理下荔枝园节肢动物群落的变化较小，捕食性天敌数量较高。由于频繁地使用化学农药，控制害虫的同时也大量的杀伤捕食性天敌，也影响了其他类型的节肢动物。泽泻生长期间施用生物农药累杀虫剂，既能对泽泻害虫种群起到持续稳定的控制效果，又能与环境相容，对天敌安全系数高，不容易引发害虫的再增猖獗。而施用化学杀虫剂虽能对泽泻田害虫种群起到控制作用，但易降低群落结构稳定性，破坏节肢动物群落结构，致使泽泻田生态系统恶化。

作物品种不同对节肢动物群落影响较小，周强等（1999）研究了3个不同水稻抗性品种稻田中的节肢动物群落，调查结果表明，水稻品种抗性没有明显影响捕食性天敌类节肢动物群落的结构、动态，但是捕食性天敌的迁入量在高抗虫性品种田中相对较低，另外高抗品种稻田群落的物种丰富度、多样性和均匀指数都较低。中抗品种稻田中天敌群落的迁入量高于感性样田和高抗样田，天敌群落的物种丰富度、多样性和均匀性高于抗性样田。据调查发现海拔高度对节肢动物群落分布存在一定影响。

第三节　黑龙江省西部半干旱区春玉米田节肢动物多样性

一、材料与方法

（一）调查地点

调查田为黑龙江八一农垦大学玉米试验田（整个生育期未施药）。

（二）不同玉米品种和栽培模式处理

不同玉米品种：选取6个玉米品种分别是'濮玉6''冀玉9''吉农212''郑单958''雷奥402''郑单25'。其中'郑单958'为对照品种，每个品种设置3次重复，共分为18个20m×20m（长×宽）的试验小区，田间种植及管理均为常规垄作。

不同栽培模式：在大垄双行、膜下滴灌和常规栽培模式3种模式下进行调查。

（三）调查时间

6月5日至9月11日。在整个生育期内不施用化肥和农药，每7d调查一次。不同品种田从玉米苗期开始至玉米收获前（7月8日至8月25日），每10d调查一次，雨天顺延。

（四）调查方法

1. 目测法

每个小区随机选取20株玉米，并标记，便于下次调查，然后目测玉米植株上节肢动物的种类和数量，未知种类带回室内鉴定，并记录。

2. 网捕法

用口径45cm，网深50cm，柄长100cm的扫网在每块试验小区随机扫50网复（一来一回为1网复）并记录种类和数量。

（五）鉴定方法

将采集标本编号，带回室内，根据袁峰（1998）、李鸿兴等（1987）和朴永林（1998）的研究方法进行鉴定。对于因资料缺乏或不确定的种类鉴定至科。

（六）分析方法

1. 营养层的划分

群落中的节肢动物分为基位物种（不捕食其他物种，而被其他物种所捕食，主要是指一些植食性害虫和多种中性昆虫，包括蚜虫、飞虱等）；中位物种（既能捕食其他物种，又被其他物种捕食，主要是指一些小型的肉食性种类。如微蛛、蛸蛛、瓢虫、寄生蜂等）；顶位物种（只捕食其他物种，不被其他物种所捕食，主要是指一些食性凶狠，游走性强的大中型捕食者。如狼蛛、隐翅虫等）3个营养层。

2. 功能集团的概念与划分

集团是指以相似方式利用相同等级的生境资源的一个类群，在分类鉴定上较困难，区别的实际意义与生产关系不甚密切的数个物种的集合体。本书对功能集团的划分是基于系统分类学上的科以及取食行为特征来划分的。

3. 中性物种的概念

中性物种是相对于天敌和害虫而言的，指一些对植物为害轻微没有损失或腐食性的节肢动物种类，如双翅目的蚊蝇以及一些半翅目的种类。

（七）数据处理

1. 群落多样性

采用 Shanon-winner 多样性指数（H'）计算公式如下。

$$H' = -\sum p^i \ln p^i$$

式中：H' 为多样性；$p^i = n^i/N$ 为物种 i 的个体数占总个体数的比例；$\ln$ 为自然对数。

2. 优势集中指数

采用 Simpson 优势集中性指数。

$$C = \sum_{j=1}^{s} (p_i)^2$$

3. 均匀度

均匀度（Evenness，J）采用 Pielou 公式计算。

$$J = H'/\ln S$$

式中：J 为均匀度，S 为种类数，H' 为多样性指数。

原始数据采用 Microsoft Excel 2010 和 SPSS 17.0 软件处理。

二、结果与分析

（一）玉米田节肢动物群落种类组成

2013 年，对黑龙江省大庆市黑龙江八一农垦大学玉米试验田节肢动物种类进行调查统计，结果见表 1-1，玉米田节肢动物共有 2 纲、12 目、29 科、42 种。2 纲分别是昆虫纲和蛛形纲，昆虫纲包括 10 目、25 科、37 种；蛛形纲有 2 目、4 科、5 种。其中，捕食性天敌 4 目、9 科、13 种，植食性昆虫和螨类 5 目、10 科、19 种，中性昆虫 3 目、9 科、10 种，寄生性天敌昆虫 1 目、2 科、3 种。

表 1-1　不同玉米品种田节肢动物群落种类组成

目	科	种	食性
双翅目	摇蚊科	摇蚊 *Chironomidae*	中　性
	蚊科	库蚊 *Culex* sp.	中　性
	蝇科	丝光绿蝇 *Lucilia sericata*	中　性
		家蝇 *Musca domestica*（Linnaeus）	中　性
	果蝇科	果蝇 *Drosophila melanogaster*	中　性
	大蚊科	大蚊 *Crane*	中　性
直翅目	蝗总科	蝗虫 *Locust*	植食性
	蟋蟀科	蟋蟀 *Gryllidae*	植食性
	蝼蛄科	东方蝼蛄 *Gryllotalpa orientalis* Burmeister	植食性
半翅目	蚜科	玉米蚜 *Rhopalosiphum maidis*（Fitch）	植食性
	叶蝉科	大青叶蝉 *Cicadella viridis*（Linnaeus）	植食性
	飞虱科	灰飞虱 *Laodelphax striatellus*	植食性
膜翅目	赤眼蜂科	赤眼蜂 *Trichogrammatid*	寄生性
	茧蜂科	麦蛾茧蜂 *Habrobracon hebetor*（Say）	寄生性
蜉蝣目	蜉蝣科	蜉蝣 *Ephemeroptera* sp.	中　性
鳞翅目	螟蛾科	亚洲玉米螟 *Ostrinia furnacalis*	植食性
	夜蛾科	黏虫 *Mythimna separate* Walker	植食性
鞘翅目	叶甲科	黄狭条跳甲 *Phyllotreta vittula* Redtenbacher	植食性
		双斑萤叶甲 *Monolepta hieroglyphica*（Motschulsky）	植食性
	瓢甲科	七星瓢虫 *Coccinella septempunctata*	捕食性
		龟纹瓢虫 *Propyleajaponica*（Thunberg）	捕食性
		异色瓢虫 *Leis axyridis*（Pallas）	捕食性
	鳃金龟科	东北大黑鳃金龟 *Holotrichia diomphalia* Bates	植食性
		白星花金龟 *Protaetia brevitarsis* Lewis	植食性
	步甲科	步甲 *Carabidae*	捕食性
革翅目	蠼螋科	蠼螋 *Forficula auricularia* sp.	中性
蜻蜓目	蜓科	蜓 *Aeschna* sp.	捕食性
	蟌科	豆娘 *Caenagrion*	捕食性
	伪蜻科	绿金光伪 *Corduliidate*	捕食性
脉翅目	草蛉科	大草蛉 *Sympetrum croceolum*	捕食性
蜘蛛目	圆珠科	棒络新妇 *Nephila clavata*	捕食性
	皿蛛科	帕氏尖蛛 *Aculepeira packardi*（Thorell）	捕食性
		草间小黑蛛 *Erigonidium graminicolum*	捕食性
	蟹蛛科	三突花蛛 *Misumenopos tricuspidata*（Fahricius）	捕食性

（续表）

目	科	种	食性
蜱螨目	叶螨科	叶螨 *Tetranychidae*	植食性

（二）玉米田节肢动物群落中各营养层的丰富度动态

从调查结果（图1-1，图1-2和图1-3）可以看出，顶位物种种类及数量在各生育期均较低，整个调查时期顶位物种主要是以狼蛛为主的蜘蛛类，顶位物种的丰富度在整个生长季节里变动范围不大，主要是因为这些动物自然死亡率较小，同时基位物种和中位物种为它们提供了稳定的食料来源。基位物种和中位物种的变动较大，这二者的丰富度之间呈现一种此消彼长的现象。推测其原因，主要是微蛛、球腹蛛和蜻蜓等中位物种对捕食对象的种类有明显的跟随现象，当基位物种丰富度较大时，中位物种丰富度逐渐跟上来，由于它们的捕食，基位物种丰富度下降，中位物种随后也降下来。

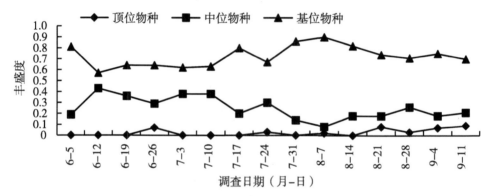

图1-1 玉米田节肢动物营养层丰盛度的变动趋势

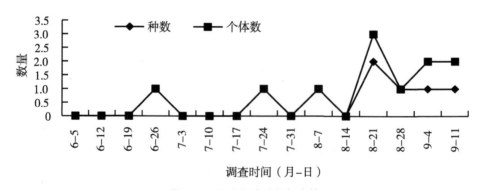

图1-2 顶位物种种数与个体数

节肢动物顶位物种的种数和个体数在玉米田8月上旬之前种类较少，8月21日以后有所上升，最高达到2种，个体数近3个。中位物种在玉米田一直存在，种数与个体数变化调查结果表明，物种数最大近6种，个体数最高近10个。7月24日达到最高

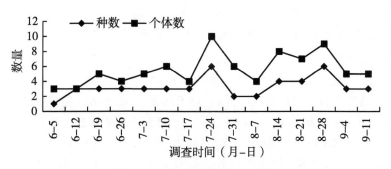

图 1-3 中位物种种数与个体数

值。进入 8 月后，叶蝉迅速繁殖，使基位物种丰富度居高不下，而中位物种相对有些进入越冬，数量上无法再跟上来，使田间丰富度呈现出较低的水平。从各营养层物种数上来看（图 1-4 和图 1-5），种数变化不大，但个体数量变化较大。

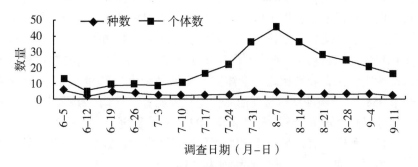

图 1-4 基位物种种数与个体数

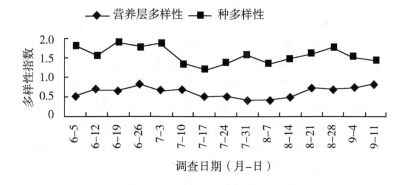

图 1-5 玉米田节肢动物营养层多样性动态

通过对玉米田营养层多样性与种多样性的分析表明，营养层多样性指数与种多样性指数相比较种的多样性指数有着大致平行的变动趋势。营养层多样性指数波动更小些，在整个玉米生育期中保持在 0~1.0，而种多样性保持在 1.0~2.0。这是因为营养层对物种进行了适当地合并，消除了部分物种丰富度变动造成的多样性波动以及物种鉴定造成误差的影响。

（三）玉米不同品种田节肢动物群落组成结构比例

对6个玉米品种田间节肢动物群落的目数、科数、种数和个体数的6次调查结果进行统计分析表明（表1-2）：6个玉米不同品种田中，'濮单6'和'郑单958'为11个目，其他4个品种为10个目，各品种间差异不显著；'濮单6'品种中的科数最多为29科，其次是'冀玉9'为26科，'郑单958'为25科，'郑单25'和'雷奥402'为24科，'吉农212'为23科，'濮单6'与'吉农212''郑单958''雷奥402''郑单25'差异极显著；'濮单6'田中的种数最多为31种，其次是'冀玉9'为27种，'郑单958''雷奥402'和'郑单25'均为26种，'吉农212'种数最少为25种，'濮单6'与其他品种差异极显著。在6个玉米不同品种田中，'吉农212''雷奥402'与其他4个品种的节肢动物群落个体数差异极显著，'郑单958''郑单25'与'濮单6''冀玉9'差异极显著，其他品种间不存在极显著差异，表明在调查的玉米品种田中'吉农212''雷奥402'的节肢动物个体数明显优于其他品种。从表1-2中可以看出，供试玉米田节肢动物群落中，以个体为单位统计，双翅目昆虫包含个体总数最多，其次为半翅目、鞘翅目、蜻蜓目、双翅目、直翅目、蜉蝣目、脉翅目、蜘蛛目、鳞翅目、革翅目，膜翅目包含的昆虫最少。6个不同玉米品种中，半翅目昆虫的数量和所占比例最大，以玉米蚜为主，大青叶蝉次之，个体数最多的品种为'郑单958'，最少的为'濮玉6'，'郑单958''雷奥402'与其他品种差异极显著，'吉农212'与'濮玉6''郑单25'差异极显著，'郑单958'与'雷奥402'差异显著，'冀玉9'与'吉农212'差异显著，其他品种间虽有差异但不显著；鞘翅目昆虫的科数最多，其节肢动物个体数量最多的品种为'吉农212'，最少的品种为'郑单958'，'冀玉9''吉农212''雷奥402'与其他3个品种差异极显著，'郑单25''濮玉6'与'郑单958'差异极显著，其他品种间虽有差异但不显著；双翅目昆虫的个体数量最多，最多的品种为'郑单25'，最少的品种为'郑单958'，'吉农212''雷奥402''郑单25'与其他3个品种差异极显著，'冀玉9'与'濮玉6''郑单958'差异显著，其他品种间虽有差异但不显著，双翅目昆虫的存在为天敌类昆虫提供了充足的食物来源，保持了生态平衡。

对6个不同品种田间节肢动物群落的目数、科数、种数和个体数的6次调查结果进行统计分析表明（表1-3）：6个不同品种中，'濮玉6'和'郑单958'为11个目，其他4个品种为10个目，各品种间差异不显著；'濮玉6'品种中的科数最多为29科，其次是'冀玉9'为26科，'郑单958'为25科，'郑单25'和'雷奥402'为24科，'吉农212'为23科，'濮玉6'与'吉农212''郑单958''雷奥402'、'郑单25'差异极显著；'濮玉6'中的种数最多为31种，其次是'冀玉9'为27种，'郑单958''雷奥402'和'郑单25'均为26种，'吉农212'种数最少为25种，'濮玉6'与其他品种差异极显著。

表1-2 不同玉米品种田节肢动物群落组成结构比例

目	品种	科数	所占比例(%)	个体数	所占比例(%)
半翅目	濮玉6	2	6.90	72.67^{dC}	19.01
	冀玉9	2	7.69	81.33^{cBC}	20.64
	吉农212	2	8.70	95.00^{bB}	21.59
	郑单958	2	8.00	113.67^{aA}	27.45
	雷奥402	2	7.69	101.67^{bA}	23.35
	郑单25	2	8.00	78.00^{cdC}	18.72
鞘翅目	濮玉6	6	20.69	37.00^{bB}	9.68
	冀玉9	5	19.23	41.67^{aA}	10.58
	吉农212	4	17.39	42.67^{aA}	9.70
	郑单958	4	16.00	32.67^{cC}	7.89
	雷奥402	6	23.08	42.33^{aA}	9.72
	郑单25	6	24.00	36.67^{bB}	8.80
脉翅目	濮玉6	1	3.45	5.00^{aA}	1.31
	冀玉9	1	3.85	6.00^{aA}	1.52
	吉农212	1	4.35	5.67^{aA}	1.29
	郑单958	1	4.00	5.00^{aA}	1.21
	雷奥402	1	3.85	4.67^{bA}	1.07
	郑单25	1	4.00	4.00^{bA}	0.96
双翅目	濮玉6	4	13.79	227.33^{cB}	59.46
	冀玉9	4	15.38	235.00^{bB}	59.64
	吉农212	3	13.04	251.00^{aA}	57.05
	郑单958	3	12.00	224.00^{cB}	54.11
	雷奥402	3	11.54	253.67^{aA}	58.27
	郑单25	4	16.00	263.00^{aA}	63.12
蜉蝣目	濮玉6	2	6.90	13.00^{aA}	3.40
	冀玉9	2	7.69	8.00^{bA}	2.03
	吉农212	2	8.70	13.00^{aA}	2.95
	郑单958	2	8.00	8.67^{bA}	2.09
	雷奥402	2	7.69	9.00^{bA}	2.07
	郑单25	2	8.00	10.00^{bA}	2.40

（续表）

目	品种	科数	所占比例(%)	个体数	所占比例(%)
直翅目	濮玉 6	3	10.34	7.33^{bA}	1.92
	冀玉 9	3	11.54	9.00^{aA}	2.28
	吉农 212	2	8.70	7.33^{bA}	1.67
	郑单 25	2	8.00	8.00^{bA}	1.92
	郑单 958	3	12.00	10.33^{aA}	2.50
	雷奥 402	2	7.69	9.00^{aA}	2.07
蜻蜓目	濮玉 6	4	13.79	11.67^{bB}	3.05
	冀玉 9	4	15.38	10.00^{cB}	2.54
	吉农 212	4	17.39	18.00^{aA}	4.09
	郑单 958	4	16.00	13.00^{bB}	3.14
	雷奥 402	4	15.38	10.00^{cB}	2.30
	郑单 25	4	16.00	10.67^{cB}	2.56
革翅目	濮玉 6	1	3.45	0.67^{aA}	0.17
	冀玉 9	1	3.85	0.67^{aA}	0.17
	吉农 212	1	4.35	0.67^{aA}	0.15
	郑单 958	1	4.00	1.00^{aA}	0.24
	雷奥 402	1	3.85	1.00^{aA}	0.23
	郑单 25	1	4.00	1.00^{aA}	0.24
蜘蛛目	濮玉 6	4	13.79	2.33^{aA}	0.61
	冀玉 9	3	11.54	1.67^{aA}	0.42
	吉农 212	3	13.04	1.33^{bA}	0.30
	郑单 958	3	12.00	1.33^{bA}	0.32
	雷奥 402	4	15.38	2.00^{aA}	0.46
	郑单 25	2	8.00	1.33^{bA}	0.32
鳞翅目	濮玉 6	1	3.45	5.00^{aA}	1.31
	冀玉 9	1	3.85	0.67^{cB}	0.17
	吉农 212	1	4.35	5.33^{aA}	1.21
	郑单 958	1	4.00	4.00^{aA}	0.97
	雷奥 402	1	3.85	2.00^{bB}	0.46
	郑单 25	1	4.00	4.00^{aA}	0.96

（续表）

目	品种	科数	所占比例(%)	个体数	所占比例(%)
	濮玉 6	1	0.00	0.33^{aA}	0.09
	冀玉 9	0	0.00	0.00^{bA}	0.00
膜翅目	吉农 212	0	0.00	0.00^{bA}	0.00
	郑单 958	1	0.00	0.33^{aA}	0.08
	雷奥 402	0	0.00	0.00^{bA}	0.00
	郑单 25	0	0.00	0.00^{bA}	0.00

注：不同大写字母为新复极差测验 $P<0.01$ 差异显著水平，不同小写字母为新复极差测验 $P<0.05$ 差异显著水平。下同

在 6 个玉米不同品种田中，'吉农 212''雷奥 402'与其他 4 个品种的节肢动物群落个体数差异极显著，'郑单 958''郑单 25'与'濮玉 6''冀玉 9'差异极显著，其他品种间不存在极显著差异；但 6 个品种间差异显著，表明在这些玉米品种中'吉农 212''雷奥 402'的节肢动物个体数明显优于其他品种（表 1-3）。

表 1-3 玉米不同品种田节肢动物组成成分比较

品种	目数	科数	种数	个体数量
濮玉 6	11^{aA}	29^{aA}	31^{aA}	1 147^{fD}
冀玉 9	10^{aA}	26^{abAB}	27^{bB}	1 194^{eC}
吉农 212	10^{aA}	23^{bB}	25^{bB}	1 314^{aA}
郑单 958	11^{aA}	25^{bB}	26^{bB}	1 212^{dB}
雷奥 402	10^{aA}	24^{bB}	26^{bB}	1 300^{bA}
郑单 25	10^{aA}	24^{bB}	26^{bB}	1 238^{cBC}

（四）玉米不同品种田节肢动物各功能群组成特征

玉米田节肢动物群落由不同节肢动物功能类群组成，各功能类群在食性上的差异，决定了其在玉米田生态系统中的地位和作用不同。本研究中，玉米田节肢动物群落按食性分为植食性、捕食性、中性、寄生性四大功能类群。各食性类群的组成决定玉米田生态系统内食物网络的复杂程度，具体表现为玉米田不同品种间的调节控制能力不同。由表 1-4 可以看出，6 个不同品种中节肢动物各功能类群的科数无明显差异，但个体数存在显著差异。

表 1-4 玉米不同品种田节肢动物各功能群组成特征

类群	指标	濮玉 6 数量	比例(%)	冀玉 9 数量	比例(%)	吉农 212 数量	比例(%)	郑单 958 数量	比例(%)	雷奥 402 数量	比例(%)	郑单 25 数量	比例(%)
	科数	7^{aA}	24.14	7^{aA}	26.92	6^{bAB}	25.00	6^{bAB}	24.00	5^{cB}	20.83	5^{cB}	20.83
植食性	种数	8^{bAB}	25.80	9^{aA}	32.14	7^{cBC}	28.00	7^{cBC}	26.92	6^{dC}	23.07	6^{dC}	24.00
	个体数	318^{dC}	27.72	365^{cB}	30.57	388^{bA}	29.53	393^{aA}	32.43	405^{aA}	31.15	303^{dC}	24.48

（续表）

类群	指标	濮玉6		冀玉9		吉农212		郑单958		雷奥402		郑单25	
		数量	比例(%)	数量	比例(%)	数量	比例(%)	数量	比例(%)	数量	比例(%)	数量	比例(%)
捕食性	科数	13^{aA}	44.82	11^{cB}	42.3	11^{cB}	47.82	11^{cB}	44	12^{bAB}	50	11^{cB}	45.83
	种数	15^{aA}	48.38	12^{cB}	42.85	12^{cB}	48.00	12^{cB}	46.15	14^{bA}	53.84	12^{cB}	48.00
	个体数	107^{cB}	9.33	100^{cB}	8.38	134^{aA}	10.2	120^{bA}	9.9	107^{cB}	8.23	116^{bA}	9.37
中性	科数	8^{aA}	27.59	8^{aA}	30.77	7^{aA}	29.17	7^{aA}	28.00	7^{aA}	29.17	8^{aA}	33.33
	种数	7^{aA}	22.25	7^{aA}	25.00	6^{aA}	24.00	6^{aA}	23.07	6^{aA}	23.07	7^{aA}	28.00
	个体数	721^{bB}	62.86	729^{bB}	61.06	792^{aA}	60.27	698^{bB}	57.59	788^{aA}	60.61	819^{aA}	66.16
寄生性	科数	1^{aA}	3.48	0^{bB}	0	0^{bB}	0	1^{aA}	4	0^{bB}	0	0^{bB}	0
	种数	1^{aA}	3.22	0^{bB}	0	0^{bB}	0	1^{aA}	3.84	0^{bB}	0	0^{bB}	0
	个体数	1^{aA}	0.09	0^{bB}	0	0^{bB}	0	1^{aA}	0.08	0^{bB}	0	0^{bB}	0

6个玉米不同品种田中，植食性节肢动物群落'雷奥402'和'郑单958'个体数占比例较大，其次为'吉农212'，'吉农212''郑单958'和'雷奥402'三者之间差异不显著，与其他3个品种的个体数差异极显著，'冀玉9'与'濮玉6''郑单25'差异极显著，'郑单958''雷奥402'与'吉农212'差异显著，其他品种间虽有差异但不显著；捕食性节肢动物群落个体数最多的品种为'吉农212'，最少的品种为'濮玉6''雷奥402'，'吉农212''郑单958''郑单25'与其他3个品种差异极显著，'吉农212'与'郑单958''郑单25'差异显著，其他品种间虽有差异但不显著；中性节肢动物群落个体数最多的'郑单25'，最少的为'郑单958'，'吉农212''郑单958''郑单25'与其他3个品种差异极显著，'吉农212'与'郑单958''郑单25'差异显著，其他品种间虽有差异但不显著；寄生性类群'濮玉6''郑单958'与其他品种差异极显著，其他品种间虽有差异但不显著。

（五）玉米不同品种田节肢动物各功能群多样性特征

生物多样性既是群落结构水平的生态学特征，优势生态系统的生态学特征之一，它是环境中物种丰富度及分布均匀性的体现。反映了群落的结构类型、组织水平、发展阶段、稳定程度和生境差异，优势度、多样性、均匀度是描述群落生态水平的重要特征值。由表1-5看出，玉米不同品种的植食性类群的优势集中性指数最大的品种为'郑单958'，最小的品种为'濮玉6'，各玉米品种差异为'郑单958''雷奥402'与其他品种差异显著，'雷奥402''郑单25''吉农212'差异显著，其他品种间虽有差异但不显著；多样性指数最大的品种为'濮玉6'，最小的品种为'雷奥402'，各玉米品种差异为'濮玉6''冀玉9'与'郑单958''雷奥402'差异显著，其他品种虽有差异但不显著，均匀度最大的品种为'濮玉6'，最小的品种为'郑单958'，各品种间虽有差异但不显著；玉米不同品种的捕食性类群、中性类群的优势集中性指数、多样性指数、均匀度在各品种间虽有差异但不显著；寄生性类群优势集中指数最大为'濮玉6''冀玉9'，其他4个品种均为0，'濮玉6''冀玉9'与其他品种差异显著，多样性指数、均匀度差异不显著。

表1-5　玉米不同品种田节肢动物功能群多样性指数比较

类群	品种	优势集中指数	多样性指数	均匀度
植食性	濮玉6	0.412 4[c]	1.242 7[a]	0.565 6[a]
	冀玉9	0.431 1[c]	1.211 6[a]	0.551 4[a]
	吉农212	0.501 1[b]	1.029 9[ab]	0.529 3[a]
	郑单958	0.574 9[a]	0.965 4[b]	0.484 2[a]
	雷奥402	0.538 1[ab]	0.960 7[b]	0.493 7[a]
	郑单25	0.495 5[b]	1.075 1[ab]	0.552 5[a]
捕食性	濮玉6	0.129 7[a]	2.282 1[a]	0.889 7[a]
	冀玉9	0.134 6[a]	2.174 7[a]	0.906 9[a]
	吉农212	0.167 5[a]	2.016 4[a]	0.840 9[a]
	郑单958	0.150 2[a]	2.105 7[a]	0.878 1[a]
	雷奥402	0.143 9[a]	2.198 2[a]	0.884 6[a]
	郑单25	0.170 8[a]	2.051 4[a]	0.855 3[a]
中性	濮玉6	0.452 4[a]	0.935 7[a]	0.522 2[a]
	冀玉9	0.459 6[a]	0.911 9[a]	0.508 9[a]
	吉农212	0.450 2[a]	0.916 7[a]	0.569 6[a]
	郑单958	0.458 3[a]	0.964 7[a]	0.599 4[a]
	雷奥402	0.481 2[a]	0.897 2[a]	0.557 4[a]
	郑单25	0.478 6[a]	0.901 1[a]	0.531 2[a]
寄生性	濮玉6	1[a]	0[a]	0[a]
	冀玉9	0[b]	0[a]	0[a]
	吉农212	0[b]	0[a]	0[a]
	郑单958	1[a]	0[a]	0[a]
	雷奥402	0[b]	0[a]	0[a]
	郑单25	0[b]	0[a]	0[a]

　　从节肢动物总群落多样性特征分析，由表1-6可以看出6个玉米不同品种田中，

玉米不同品种田节肢动物的优势集中性指数最大的品种为'雷奥402',最小的品种为'濮玉6',各品种间虽有差异但不显著;玉米不同品种田间的节肢动物多样性指数最大的品种为'濮玉6',最小的品种为'雷奥402',各品种间差异'濮玉6'与'雷奥402'差异显著,其他品种间虽有差异但不显著;玉米不同品种田间节肢动物群落均匀度最大的品种为'郑单25',最小的品种为'雷奥402',各品种间的差异为'濮玉6''郑单25'与其他品种差异显著,其他品种虽有差异但不显著。说明不同的玉米品种不仅对节肢动物群落,而且对节肢动物中不同功能群的多样性指数、均匀度和优势集中性指数具有不同程度的影响,不同玉米品种节肢动物及其功能类群的生物多样性特征不同。

表1-6 玉米不同品种田节肢动物多样性指数比较

品种	优势集中指数	多样性指数	均匀度
濮玉6	0.198 9[a]	2.053 1[a]	1.126 0[a]
冀玉9	0.211 6[a]	1.948 4[ab]	1.080 1[ab]
吉农212	0.214 0[a]	1.936 0[ab]	1.075 0[ab]
郑单958	0.214 1[a]	1.944 5[ab]	1.079 3[ab]
雷奥402	0.233 5[a]	1.877 7[b]	1.055 6[ab]
郑单25	0.200 3[a]	1.906 8[ab]	1.137 6[a]

(六)玉米不同品种田节肢动物群落在不同时期的群落个体数比较

从图1-6中可以看出,每个品种在调查时期中个体数总体呈现双峰状,在7月18日玉米拔节期个体数迅速增加,之后雨季到来使得玉米蚜受到很大影响总体数量降低,后期蚊虫等中性昆虫的增加使总体数量再次呈现上升之势,随着玉米的生长、成熟,田间生态系统逐渐不稳定,个体数又再次减少,'吉农212'整体变化曲线较为平缓,在整个调查期内更稳定。7月8日,不同品种间群落个体数最多的品种为'冀玉9'和'郑单25',最少的品种为'吉农212',各品种间差异不显著;7月18日,群落个体数最多的品种为'郑单958',最少的为'郑单25','郑单958'与其他品种群落个体数差异极显著,'濮玉6''冀玉9''吉农212''雷奥402'与'郑单25'差异极显著,'冀玉9'与'濮玉6''吉农212''雷奥402'差异显著,其他品种间个体数虽有差异但不显著;7月29日,群落个体数最多的为'吉农212',最少的为'冀玉9','吉农212'与其他品种差异极显著,'濮玉6''郑单958''雷奥402''郑单25'与其他品种差异极显著,'濮玉6'与'郑单958''雷奥402''郑单25'差异显著,其他品种间虽有差异但不显著;8月7日,群落个体数最多的品种为'冀玉9',最少的品种为'郑单958','冀玉9''雷奥402''郑单958'与其他品种差异极显著,'濮玉6''吉农212'与'郑单958'差异极显著,'郑单25'与'冀玉9''雷奥402'差异显著,其他品种间虽有差异但不显著;8月18日,群落个体数最多的品种为'雷奥402',最少的品种为'濮玉6','吉农212''雷奥402'与其他品种差异极显著,'吉农212'

与'雷奥402'差异显著，其他品种间虽有差异但不显著；8月25日，群落个体数最多的品种为'郑单25'，最少的品种为'冀玉9'，'吉农212''郑单958''雷奥402''郑单25'与'濮玉6''冀玉9'差异极显著，'郑单958'与'吉农212''雷奥402''郑单25'差异显著，其他品种间虽有差异但不显著。

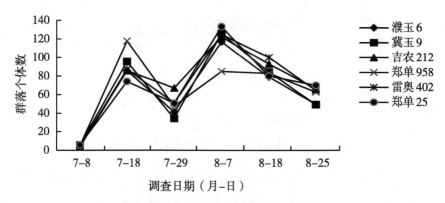

图1-6 不同时期节肢动物群落个体数

注：由于出苗后前期一直下雨因此数据统计从7月8日开始。下同

（七）玉米不同品种田节肢动物群落在不同时期的群落优势集中指数比较

从图1-7中可以看出，节肢动物群落的优势集中性指数主要以7月18日最为突出，一方面是蚜虫的大量出现；另一方面此时期其他昆虫还未度过休眠，或是刚刚度过还未大量繁殖，后期变化趋于稳定。7月8日，群落优势集中指数最大的品种为'郑单958'，最小的品种为'濮玉6'，'郑单958'与其他品种群落优势集中指数差异极显著，'冀玉9''吉农212''雷奥402''郑单25'与'濮玉6'差异极显著，'郑单25'与'冀玉9''吉农212''雷奥402'差异显著，其他品种间虽有差异但不显著；7月18日，群落优势集中指数最大的品种为'郑单958'，最小的品种为'濮玉6'，'吉农212''郑单958''郑单25'与'濮玉6''冀玉9''雷奥402'差异极显著，'冀玉9'与'濮玉6''雷奥402'差异极显著，其他品种间虽有差异但不显著；7月29日，群落优势集中指数最大的品种为'郑单958'，最小的品种为'雷奥402'，'郑单958'与其他品种差异极显著，'冀玉9''郑单25'与'吉农212''雷奥402'差异极显著，'吉农212'与'雷奥402'差异极显著，'濮玉6'与'吉农212'差异显著，其他品种间虽有差异但不显著；8月7日，群落优势集中指数最大的品种为'郑单25'，最小的品种为'郑单958'，'冀玉9''雷奥402''郑单25'与其他品种差异极显著，'濮玉6'与'吉农212''郑单958'差异极显著，'冀玉9''郑单25'与'雷奥402'差异显著，其他品种间虽有差异但不显著；8月18日，群落优势集中指数最大的品种为'雷奥402'，最小的品种为'吉农212'，'吉农212'与其他品种差异极显著，其他品种间虽有差异但不显著；8月25日，群落优势集中指数最大的品种为'郑单958'，最小的品种为'吉农212'，'濮玉6''郑单958''郑单25'与其他品种差异极显著，'冀玉9''雷奥402'与'吉农212'差异极显著，'冀玉9'与'雷奥402'差异显著，其他品种间虽有差异但不显著。

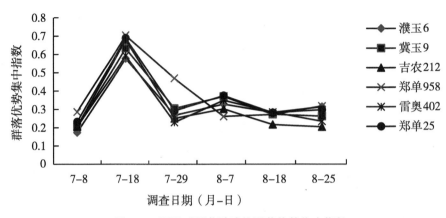

图1-7 不同时期节肢动物群落优势集中指数

（八）玉米不同品种田节肢动物群落在不同时期的群落多样性比较

从图1-8中可以看出，在7月8日时节肢动物群落的多样性较高，7月18日较低，此时期主要是大量植食性、中性昆虫的增加，成为玉米田中的优势种群使多样性降低。7月8日群落多样性指数最大的品种为'濮玉6'，最小的品种为'郑单958'，'濮玉6''冀玉9''吉农212''雷奥402'与其他品种群落多样性指数差异极显著，'濮玉6'与'雷奥402'差异显著，其他品种间虽有差异但不显著；7月18日，群落多样性最大的品种为'濮玉6'，最小的品种为'郑单958'，'濮玉6''雷奥402'与其他品种差异极显著，'冀玉9'与'吉农212''郑单958''郑单25'差异显著，其他品种间虽有差异但不显著；7月29日，群落多样性最大的品种为'雷奥402'，最小的品种'郑单958'，'濮玉6''雷奥402'与其他品种差异极显著，'吉农212'与'冀玉9''郑单958'差异极显著，其他品种间虽有差异但不显著；8月7日，群落多样性指数最大的品种为'郑单958'，最小的品种为'郑单25'，'郑单958'与其他品种差异极显著，'吉农212'与'濮玉6''冀玉9''雷奥402''郑单25'差异极显著，'濮玉6''雷奥402'与'冀玉9''郑单25'差异极显著，其他品种间虽有差异但不显著；8月18日，群落多样性指数最大的品种为'吉农212'，最小的品种为'郑单25'，'吉农212'与其他品种差异极显著，'冀玉9''郑单958'与'濮玉6''雷奥402''郑单25'差异极显著，'濮玉6''雷奥402'与'郑单25'差异极显著，其他品种间虽有差异但不显著；8月25日，群落多样性最大的品种为'吉农212'，最小的品种为'濮玉6'，各品种间差异极显著。

（九）玉米不同品种田节肢动物群落在不同时期的群落均匀度比较

从图1-9中可以看出，'郑单25'在整个调查期内曲线变化平缓，较其他品种更稳定，说明'郑单25'中节肢动物群落物种间相互制约能力强，其他品种经历7月18日的下降后，后期逐渐恢复，趋于稳定。7月8日，群落均匀度最大的品种为'雷奥402'，最小的品种为'郑单25'，'雷奥402'与其他品种的群落均匀度差异极显著，'濮玉6'与'冀玉9''郑单958''郑单25'差异极显著，'郑单25'与'冀玉9'

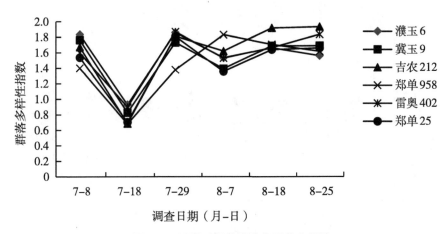

图1-8 不同时期节肢动物群落多样性

差异极显著，'冀玉9'与'郑单958'差异极显著，其他品种间虽有差异但不显著；7月18日，群落均匀度最大的品种为'郑单25'，最小的品种为'郑单958'，'郑单25'与其他品种差异极显著，'雷奥402''濮玉6'与'冀玉9''吉农212''郑单958'差异极显著，'冀玉9''吉农212'与'郑单958'差异极显著，其他品种间虽有差异但不显著；7月29日，群落均匀度最大的品种为'郑单25'，最小的品种为'郑单958'，'濮玉6''雷奥402''郑单25'与'冀玉9''郑单958'差异极显著，'冀玉9''吉农212'与'郑单958'差异极显著，其他品种间虽有差异但不显著；8月7日，'郑单25'与其他品种间差异极显著，'郑单958'与'濮玉6''冀玉9''吉农212''雷奥402'差异极显著，'濮玉6''吉农212''雷奥402'与'冀玉9'差异显著，其他品种间虽有差异但不显著；8月18日，群落均匀度最大的品种为'郑单25'，最小的品种为'冀玉9'，'郑单25'与其他品种差异极显著，'吉农212'与'濮玉6''冀玉9''郑单958''雷奥402'差异极显著，'郑单958'与'雷奥402''冀玉9'差异极显著，'雷奥402'与'冀玉9'差异极显著，其他品种间虽有差异但不显著；8月25日，群落均匀度最大的品种'郑单25'，最小的品种为'濮玉6'，'吉农212''郑单25'与其他品种差异显著，'冀玉9''雷奥402'与'濮玉6''郑单958'差异极显著，其他品种间虽有差异但不显著。

（十）玉米不同栽培模式田节肢动物群落组成及特征

1. 玉米不同栽培模式田节肢动物群落组成

通过田间调查和室内鉴定，不同栽培模式玉米田节肢动物群落组成如下：常规栽培模式有天敌5种，害虫8种，中性昆虫3种；大垄双行栽培模式有天敌6种，害虫5种，中性昆虫4种；膜下滴灌栽培模式有天敌7种，害虫9种，中性昆虫3种。

2. 玉米不同栽培模式田节肢动物群落物种数

6月5日至8月23日，对大庆黑龙江八一农垦大学试验田3种栽培模式下玉米田内节肢动物的物种数进行统计，结果见图1-10。膜下滴灌物种种类最多，为19种；常规模式次之，为16种；大垄双行最少，为15种。但3种栽培模式之间差异不显著。

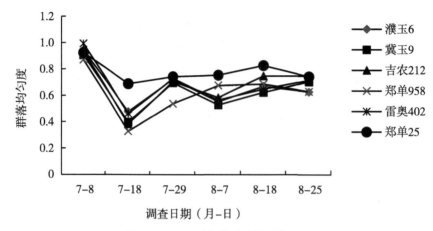

图1-9 不同时期节肢动物群落均匀度

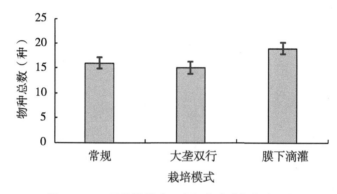

图1-10 不同栽培模式玉米田节肢动物物种总数

3. 不同栽培模式玉米田节肢动物总个体数比较

6月5日至8月23日，对大庆黑龙江八一农垦大学试验田3种栽培模式下玉米田内节肢动物的总个体数进行统计，结果见图1-11。大垄双行栽培模式节肢动物总个体数最多，为1 009头，常规栽培模式总个体数最少，为680头，但3种栽培模式中节肢动物总个体数之间差异不显著。

4. 不同栽培模式玉米田节肢动物群落优势度分析

由于2013年降水量较大，6月5—23日，田间未发现节肢动物，从6月23日开始进行统计，共6次。由图1-12可以看出，大垄双行节肢动物群落优势度从6月23日开始一直稳定在0.1～0.5，表明群落内物种间个体数差异不大，优势种并不突出，种间竞争不激烈，群落状态比较稳定。常规和膜下滴灌起始的优势度与大垄双行差不多，在7月18日优势度急剧上升，其优势物种为害虫蚜虫，表示群落内物种间个体数差异很大，优势种非常突出，物种间的竞争非常激烈，群落状态不稳定，应该重视在这个时间的蚜虫防治，而大垄双行虽然也在18日波动，但向下波动，说明群落反而更稳定。之后常规栽培模式优势度稳定下降到较低的水平，而膜下滴灌优势度虽然下降，但是还是很高，表明膜下滴灌一直都处在相对不稳定的状态。从总体上看，大垄双行模式群落优势度无明显变化，状态较稳定。

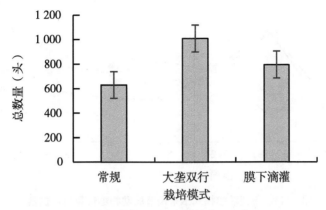

图1-11　不同栽培模式玉米田节肢动物总个体数

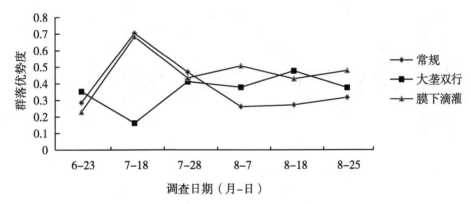

图1-12　不同栽培模式玉米田节肢动物群落优势度

5. 不同栽培模式玉米田节肢动物群落优势集中性分析

由图1-13可以看出，在优势集中性指数上来看，大垄双行栽培模式一直保持一个较低的水平，说明群落内个体分布不是特别均匀，容易受到外界环境的影响。常规栽培模式和膜下滴灌模式田在7月中旬有一个明显的高峰，这是因为这一时期玉米主要害虫蚜虫、双斑莹叶甲大量发生，这两种害虫是常规栽培模式田和膜下滴灌模式田中的优势种群。7月底以后，这两种栽培模式下的优势集中性指数变化较小，其中常规栽培模式变化幅度最大，因为常规栽培模式没有其他生境，节肢动物群落稳定性较差，容易受外界的影响。

6. 不同栽培模式玉米田节肢动物群落物种多样性指数分析

由图1-14可以看出，大垄双行节肢动物群落优势度从6月23日开始一直稳定在1左右，表明群落内物种间个体数差异不大，优势种并不突出，种间竞争不激烈，群落状态比较稳定。常规和膜下滴灌起始的优势度与大垄双行较一致，在7月18日优势度急剧上升，表明群落内物种间个体数差异很大，优势种非常突出，物种间的竞争非常激烈，群落状态不稳定。之后常规栽培模式优势度稳定下降到较低的水平。而膜下滴灌优势度虽然下降，但是还是很高，表示膜下滴灌一直都处在相对不稳定的状态。

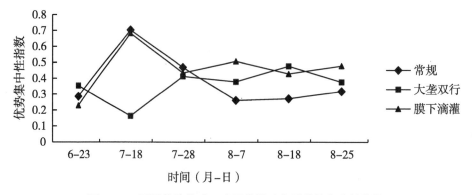

图 1-13　不同栽培模式玉米田节肢动物群优势集中性指数

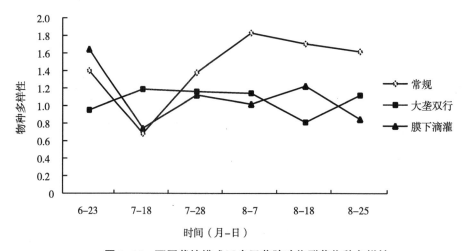

图 1-14　不同栽培模式玉米田节肢动物群落物种多样性

7. 不同栽培模式玉米田节肢动物群落中不同类群丰盛度分析

由图 1-15 可以看出，大垄双行栽培模式天敌丰盛度最高为 0.40，而害虫丰盛度最低为 0.33，大垄双行栽培模式虽然物种数少，群落显得不稳定，但是大垄双行更容易引进天敌，对害虫的调控作用明显。

8. 不同栽培模式玉米田节肢动物群落物种均匀度分析

由图 1-16 可以看出，3 种栽培模式的均匀度从 7 月 28 日之后大致相同，而 6 月 23 日至 7 月 18 日大垄双行略高于其他两种栽培模式，表明大垄双行群落内各物种间个体数分布更均匀，物种的多样性更大，物种间的相互制约关系更为密切。

三、小　结

通过系统调查，对采得的标本进行分类鉴定，统计得出供试玉米田有 2 纲、11 目、29 科、42 种的节肢动物。他们分别是半翅目 2 科、鞘翅目 6 科、脉翅目 1 科、双翅目 4

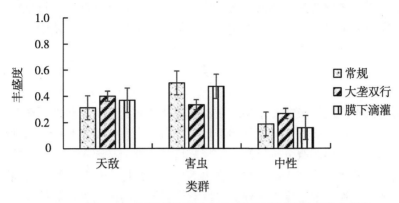

图1-15　不同栽培模式玉米田不同类群节肢动物丰盛度

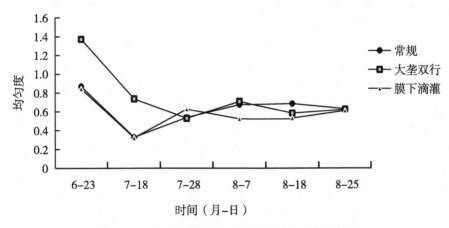

图1-16　不同栽培模式玉米田节肢动物群落均匀度

科、蜉蝣目2科、直翅目3科、蜻蜓目4科、革翅目1科、蜘蛛目4科、鳞翅目1科、膜翅目1科。从试验的结果可以看出，不同玉米品种能显著改变玉米田节肢动物群落组成，其中'濮玉6''郑单958'节肢动物所属目数最多，'濮玉6'科数和种数最多但个体数最少，'吉农212'科数和种数最少但个体数最多，说明'濮玉6'节肢动物群落更为和谐、稳定，'吉农212'的生态系统更容易受到破坏。在玉米不同品种田节肢动物各功能群组成中，植食性类群中'雷奥402'个体数量最多；'郑单958'多占比例最大，捕食性类群中'吉农212'个体数及多占比例最多；中性类群中'郑单25'数量及所占比例最大；寄生性类群中只在'濮玉6''郑单958'中发现。

从整个调查期看，不同品种优势集中指数间虽有差异但不显著，'濮玉6'的多样性指数明显大于'雷奥402'，'濮玉6'的均匀度显著大于'雷奥402'，故'濮玉6'的生态系统更加稳定，'雷奥402'的生态系统更容易破坏。在不同时期中，不同玉米品种个体数存在显著差异，整体呈双峰状，波动较大其中'郑单958'变化较为平缓，说明对于稳定玉米田节肢动物个体数效果显著；群落优势集中指数整体呈单峰状，在7月18日急剧升高，其中'濮玉6'变化幅度最小，说明此品种能对单一物种的急剧增加有一定的抑制作用，之后各品种群落优势集中性指数变化较为平缓，保持稳定；群落多样性指数在初期急剧下降，后期保持稳定，与优势集中指数相对应，从中可以看出群落优势集中指数越高，群落多样性指数越低；群落均匀度指数可以明显看出'郑单25'在整个调查期内变化曲线较其他品种平缓，说明'郑单25'中节肢动物群落间的制约能力强。

本节旨在对大庆不同栽培模式玉米田节肢动物群落的多样性有初步的了解。由于在调查期间时常有大雨，虽然6月5日就开始下地调查但并未直接得到数据，从开始到结束共6次有好的数据。由调查分析可知：常规栽培模式有天敌5种，害虫8种，中性昆虫3种；大垄双行栽培模式有天敌6种，害虫5种，中性昆虫4种；膜下滴灌栽培模式有天敌7种，害虫9种，中性昆虫3种。可以看出膜下滴灌的物种总数最多，大垄双行的物种总数最少，但分析不同类群的丰盛度得出大垄双行的天敌丰盛度最高，害虫丰盛度最低。说明大垄双行栽培模式可以降低害虫在玉米田的物种数和个体数占总群落的比例，达到控制害虫的目的。

通过调查不同栽培模式玉米田得出了不同栽培模式，不同时期的群落优势度，均匀度，优势集中性指数。可以看出在整个调查期间大垄双行的群落优势度更为稳定，表示大垄双行在整个调查期间状态更稳定。通过不同栽培模式优势集中性指数，可以看出常规栽培模式节肢动物群落稳定性较差容易受到外界影响。通过不同栽培模式均匀度指数得出大垄双行种间关系更为密切。

本研究结果表明，通过改变栽培模式可以改变玉米田的部分小生境，减少了节肢动物的多样性，在大垄双行模式下尤其明显。同时可以看出天敌和害虫数量种类的差距在大垄双行模式田中也得到了加大，对田间害虫的控制作用效果比较明显。可以通过改变栽培模式来降低害虫在玉米田的物种数和个体数占总群落的比例，从而达到一定控制目的。

由于在调查过程中昆虫数量较多，有些种类个体较小，一些微小种类不易被发现以及捕捉方法不当，所以有许多种类被遗漏；另外由于参考资料有限、人为因素以及天气等其他不可抗拒的外界因素的影响，使调查结果受到了一定的影响。因此，此项内容有待于以后进一步调查研究。玉米在生育期时是一个相对稳定的生态系统，天敌对昆虫的自然控制作用非常明显，长期以来，玉米田中病虫害防治主要通过化学防治，用药导致残留，有害生物产生抗药性，导致药剂剂量的不断加大，在消灭有害昆虫时，也消灭了天敌，导致昆虫群落结构和功能受到破坏，使某些昆虫由于失去了自然控制作用而猖獗为害。本试验期内，未使用任何农药，从而使调查期内有害昆虫和天敌不受人为因素干扰，更准确地研究品种对节肢动物群落的影响。由于2013年降水量较多，导致玉米田中节肢动物群落的个体数、种类较少，若要更好的反应结果，需要连续多年的开展调查研究。

第二章 黑龙江省西部半干旱区玉米螟的发生与为害

第一节 研究的目的与意义

玉米螟在全国都有分布，该虫常年在玉米种植的区域发生为害，且为害较重，黑龙江属于玉米主要种植区之一，玉米螟在黑龙江省发生区域以中西部玉米主产区为主。因幼虫蛀茎为害造成的穗部发育不全、植株茎秆折断或籽粒灌浆不满，造成减产。亚洲玉米螟的防治成为提高玉米产量的第一大要务，黑龙江省玉米螟发生规律的明确是防治的前提。同时明确发生和为害程度及规律，对于指导防治具有重要意义。

黑龙江省是亚洲玉米螟对玉米为害最大、最严重的省份之一，黑龙江省西部半干旱区的齐齐哈尔、大庆等地是黑龙江省玉米主要产区。杨耿斌（2008）和赵秀梅等（2011，2014）研究表明一般发生年份，年产量可降低10%左右，为害严重可造成减产30%以上，甚至更高，严重影响玉米的品质、商品等级等。近些年随着全球气候变暖，对大多数开放式循环系统的昆虫等生物的生长发育产生不同程度的影响，因此，亚洲玉米螟的最新发生规律的明确，以及对其发生预测的准确性和适时性是实施防治的关键，为了进一步明确黑龙江省中西部地区目前亚洲玉米螟的发生规律，有必要从越冬代幼虫复苏开始到田间发生期结束做系统的调查研究，旨在澄清人们长期以来对黑龙江省中西部地区亚洲玉米螟发生规律的认识，为适时防治提供科学决策。黑龙江省亚洲玉米螟越冬基数居高不下，暖冬气候造成玉米螟越冬存活率升高，化蛹羽化进度提前，且黑龙江省相当一部分地区亚洲玉米螟发育进度与玉米生育期吻合，且玉米生育期间，降水量、气温都大幅度增加，造成亚洲玉米螟发生严重，亚洲玉米螟越冬平均百秆活虫数可达100头以上，大发生年份个别地区百株活虫数高达300头以上。2013年，黑龙江省亚洲玉米螟的发生面积为388.24hm²，造成的玉米产量损失高达15亿kg以上，玉米产量损失严重，严重威胁着粮食生产安全。随着全国玉米种植面积不断增加，品种更新加快，气候条件和耕作栽培制度的改变以及种子品系的频繁引进和区域间运输，导致地区性的玉米病虫发生种类不断增长，病虫害发生面积逐年增大，造成愈发严重的损失。黑龙江省亚洲玉米螟的防治已经开展多年，但由于气候逐年变化，农民防治关键时期很难掌握，另外耕作栽培方式的改变，化学农药及肥料等滥用等导致亚洲玉米螟的防治出现很多新的问题，研究玉米螟的发生和为害特点和规律是防治玉米螟的前提，对黑龙江省开展玉米螟防治工作具有指导意义。

第二节 文献综述

一、玉米螟的研究概况

玉米螟（Ostrinia furnacalis Guenée）隶属于鳞翅目螟蛾科，是世界性害虫，也是我国玉米的主要害虫。玉米螟主要分为亚洲玉米螟 ［Ostrinia furnacalis（Guenée）］ 和欧洲玉米螟 ［Ostrinia nubilalis（Hübner）］ 2 个种，其中刘宏伟等（2005）研究表明亚洲玉米螟分布更为广泛、为害较重。亚洲玉米螟是我国玉米螟的优势种，它虫体小、为害潜力大、分布面积广，严重影响着玉米产区的玉米产量和质量，一般年份春玉米受玉米螟为害而减产 10%左右，夏玉米减产更多，大发生年可使玉米减产 30%以上，造成巨大损失（叶志华，1993）。在国内以华北、东北、西北和华东对玉米、高粱、谷子等为害最重。由于玉米螟属于钻蛀性为害，在玉米、高粱上的外部表现不明显，甚至由于在生长较好的植株上有较多的虫量，因而不易被人们发现和重视，从而直接影响产量。为了做好玉米螟的防治工作，必须首先提高对防治玉米螟的认识，深入地开展玉米螟研究工作。

我国昆虫学者徐天锡（1936）和邱式邦（1941）在 20 世纪 30—40 年代就开始了玉米螟的研究工作。50—60 年代，昆虫研究者对玉米螟进行了大量的研究，明确了发生规律及为害途径，提出了科学的防治措施。70 年代以来，亚洲玉米螟的研究取得了较大的成就，尤其是玉米螟人工饲料和人工大量饲养技术的研究成功，促进了玉米螟研究工作的发展，使得玉米螟的优势种鉴定与分布区划分、品种资源的抗性鉴定、抗药性的评价、遗传防治、扩散规律以及亚洲玉米螟天敌昆虫等需要大量高质量供试螟虫的研究成为可能（周大荣等，1992）。最近几年，由于全球气候的变化，一定发生区内的玉米螟化性与以往相比也发生了相应的改变，所以当前在这方面的研究就显得尤为重要。

二、玉米螟的发生及为害

亚洲玉米螟的发育为完全变态类昆虫，整个生育历期经过卵、幼虫、蛹、成虫 4 个发育阶段（刘德钧，1982）。卵扁平椭圆形，卵块由几粒至数十粒组成，排列呈鱼鳞状，最初乳白色，渐变为黄白色，在孵化前，部分为黑褐色（幼虫头部，称黑头期）。幼虫主要分 5 个龄期，老熟幼虫，体长约 25mm，圆柱形，头部呈深褐色，背部颜色主要为浅褐色、深褐色、灰黄色等，中、后胸背部有毛瘤各 4 个，腹部背面 1～8 节有两排毛瘤，前后各两个。有研究报道，取食棉花的幼虫发育历期明显延长，虫龄可至 6 龄（刘德钧，1988）。蛹长 15～18mm，黄褐色，长纺锤形，末端有 5～8 根刺毛。成虫黄褐色，雄成虫体长 10～13mm，翅展 20～30mm，体背黄褐色，腹部末端较瘦尖，触角丝状，灰褐色，前翅黄褐色，有两条褐色波状条纹，两条纹之间有两条黄褐色短纹，后翅灰褐色；雌成虫形态与雄成虫相似，颜色较浅，前翅鲜黄色，线纹浅褐色，后翅淡黄褐色，腹部肥胖。玉米螟成虫具有趋光性，多在夜间羽化，日间多潜伏在作物或杂草丛中（刘德钧，1992）。

亚洲玉米螟在田间以幼虫为害为主，卵孵化为幼虫后，首先取食卵壳，放射状排列，1h 后，幼虫开始扩散活动，寻找取食食源，扩散范围达 3 株玉米。初龄幼虫具有负趋光性和趋嫩性，主要取食玉米心叶或花丝等幼嫩部位。3 龄之后玉米螟开始潜藏为害，主要集中在幼嫩心叶、雄穗、苞叶和花丝上取食活动，被害心叶展开后，即呈现许多横排小孔，这是亚洲玉米螟为害典型症状；4 龄以后大部分钻入茎秆，造成玉米植株折茎、倒伏，玉米雌穗脱落，导致玉米严重减产（李璧铣，1985；李建平，1992；吕仲贤，1996）。亚洲玉米螟具有滞育性，环境不利于亚洲螟生长发育时，主要以老熟幼虫在玉米秸秆内滞育。温度对昆虫的影响较显著，温度降低昆虫滞育越冬，次年春天天气转暖后亚洲玉米螟解除滞育，开始化蛹、羽化为成虫，随即产卵孵化为幼虫后为害农作物（鲁新等，1993）。

玉米螟俗称玉米钻心虫，亚洲玉米螟以幼虫为害寄主植物，初孵幼虫取食幼嫩叶肉，留下表皮；3~4 龄后钻蛀为害寄主组织，玉米心叶期时，玉米螟主要蛀食新鲜的玉米叶片，被害叶长出喇叭口后，呈现出规则排孔，称为花叶，降低其光合效率，严重影响干物质的积累。抽雄后，幼虫向上转移，蛀入雄穗附近的茎秆，造成折雄，影响授粉；雌穗膨大或抽丝时，集中在雌穗内为害，苞叶、花丝被蛀食，同样影响授粉，会造成缺粒和秕粒，千粒重下降，雌穗上的玉米螟可直接咬食籽粒，严重影响雌穗发育和籽粒灌浆（鲁新等，1998；王振营等，1994，1998）。随着玉米植株的生长，玉米螟大龄幼虫则沿茎秆向下，破坏雌穗周围组织，阻碍营养物质和水分输送，影响雌穗的发育和籽粒灌浆，形成早枯或瘪粒，从而减产。玉米螟的食性较杂，寄主范围广，除三大主要粮食作物外，还对一些经济作物造成为害，如棉花、大麻、向日葵、蚕豆、生姜等作物。

三、玉米螟人工饲养技术

亚洲玉米螟人工饲养技术研究始于 1962 年，饲料配方于 1975 年获得初步成功，但造成蛹重低，而且在幼虫 4 龄时需转移到新的饲料上。该饲料配方经进一步改进，于 1978 年完成了国内第一个亚洲玉米螟半人工饲料配方，使亚洲玉米螟的大规模按计划饲养成为可能（周大荣，1980）。中国农业科学院合作完成了大规模饲养玉米螟的容器、化蛹器、产卵笼的设计和制作，解决了由接种到产卵的一系列大量饲养的关键技术问题，包括饲养的最适环境条件及控制方法。饲养的螟虫平均雌雄蛹重可分别达到 120mg 和 80mg，平均单雌产卵量达 8~10 块，每卵块一般有卵 30~40 粒（周大荣，1992）。昆虫人工饲养的质量是衡量饲养技术水平的关键。实验证明，人工饲养高、低代玉米螟的飞行扩散和求偶行为、繁殖力等方面与野生玉米螟均无明显差异。在飞翔时间、速度和距离等指标上表现十分近似。在幼虫为害能力方面，用人工饲料连续饲养 26~84 世代的初孵幼虫接种到感虫自交系自 330 和感虫单交种中单 2 号上后，其幼虫与野生玉米螟的食叶级别和蛀孔数均无明显差异（周大荣，1987；王振营等，1998）。在求偶行为和繁殖力方面，野生与连续饲养的高代玉米螟之间不存在性隔离和同型优先交尾的现象，平均产卵量相差不大。随着饲养密度的递增，幼虫的成活率递减，这与饲养密度增加时幼虫的自残现象增加似乎不无关系。二者之间呈极显著负相关，其相关系数

r = −0.982 6。在这种情况下,那些残食了其他幼虫的个体就常常发育的特别肥大,以致出现种群发育不整齐现象。在原新 7 号饲料配方的基础上,以一种代号 JSMD 的物质完全取代琼脂取得成功的无琼脂玉米螟半人工饲料,使饲养成本大幅度降低,简化了人工饲料的配制过程,更适合于大规模工厂化饲养。1988 年,利用新的无琼脂饲料和改进的饲养技术一次成功地获得了 60 万头健壮成虫,用于亚洲玉米螟成虫扩散规律及迁飞可能性研究(宋彦英等,1999;周大荣等,1992)。

四、玉米螟优势种类鉴定与分布

Guenée(1854)把亚洲玉米螟首次定名为 *Batys furnacalis*,但 1966 年昆虫学家们又将其归属于欧洲玉米螟 *Ostrinia nubilalis*(Hübner)。Mutuura 和 Monroe(1970)重新研究野秆螟属 *Ostrinia* 中的欧洲玉米螟及其近缘种的形态与分布,指出欧洲玉米螟仅分布于欧洲、北非、西亚和北美,亚洲玉米螟的分布西起印度,东到东南亚,北达中国、朝鲜、日本,南迄澳大利亚以及西太平洋上的一些岛屿。20 世纪 70 年代前我国玉米螟一直被认为是欧洲玉米螟,70 年代初我国昆虫研究人员用美国 Roelof 博士赠送的人工合成欧洲玉米螟性诱剂进行田间诱蛾试验,基本上没有活性反应;国内几家单位合成的欧洲玉米螟性诱剂活性也较小,于是明确了中国的玉米螟归为何属何种成了一个需要解决的问题。中国于 1977 年组成全国玉米螟综合防治研究协作组,通过形态鉴定、生殖隔离试验、性信息素活性反应及其化学成分分析等方法,明确了中国玉米螟的优势种为亚洲玉米螟,主要分布在黑龙江至广东的广大地区,其中内蒙古呼和浩特、宁夏永宁、河北张家口一带是亚洲玉米螟和欧洲玉米螟的混生区,但以亚洲玉米螟为主,新疆伊宁为界全部是欧洲玉米螟(孙姗等,2000)。

五、亚洲玉米螟发生世代

我国幅员辽阔,各地生态环境与气候因素差异很大,玉米螟在我国的分布区跨越的纬度很大,在不同地理分布区发生的代数不同,一般随纬度和海拔的降低,代数逐渐增加。据报道,我国自北向南一年可发生 1~7 代胡明峻和孙柏欣(1979),且不同代区间常存在过渡区,如 1~2 代区、2~3 代区等。周大荣和何康来(1995)对其具体地区的发生世代进行了总结:①北纬 40°以北,海拔 500m 以上地区,兴安岭山地和长白山区等地 1 年 1 代;②海拔 200m 以下的三江平原、松嫩平原等地一年 1 到 2 代;③辽河平原、辽西走廊、辽东半岛、吐鲁番盆地、伊宁、塔里木河流域及北纬 40°以南的内蒙古南部、河北北部和山西大部,宁夏、甘肃和云贵高原北部,四川省山区等地,一年发生 2 代;④北纬 25°~33°,包括长江中下游平原中南部、四川盆地、江南丘陵一年发生 4 代;⑤北纬 25°至北回归线间,包括江西南部、福建南部、台湾等地一年 5~6 代;⑥北回归线以南,包括广东、广西丘陵、海南等地一年发生 6~7 代。

六、生物学和生态学特性

亚洲玉米螟是一种杂食性害虫,寄主范围广,到目前已报道的寄主植物达 69 种,除玉米、高粱和谷子外,还有马铃薯、大麻、向日葵、蚕豆、菜豆、小麦、水稻、棉花、甘蔗等作物。取食不同种类寄主作物，其体重、发育速度、世代历期都有显著差异，以取食甜玉米的幼虫存活率、蛹重和每雌产卵量最大。

在自然条件下，亚洲玉米螟的卵孵化时间主要集中在上午，初孵幼虫常呈放射状排列在卵壳上，并取食卵壳，经1h左右开始爬行分散或吐丝下垂，寻找合适的植株部位。一般扩散半径不超出3株玉米，此时死亡率甚高，达80%左右（鲁新和忻亦芬，1993）。初孵幼虫有趋光性，集中在玉米植株高糖、潮湿又便于隐藏的部位。一般亚洲玉米螟幼虫经历5个龄期，而取食棉铃和棉茎的幼虫有6龄现象（戴志一和杨益众，1997；吕仲贤等，1996）。亚洲玉米螟均以老熟5龄幼虫滞育越冬，在玉米上多选择在茎秆内，也有部分在穗轴或根茬内越冬（毛文富和曹梅讯，2001）。幼虫老熟后若3周内未能化蛹，则认为已进入滞育（李建平，1992）。当翌春气温回升后，开始从垛内向垛的外层移动，移动幼虫约占60%，寻求与水分接触并直接饮摄，以做化蛹前的准备，饮水后促进虫体重量增加、死亡率降低和提高化蛹率（贾乃新和杨桂华，1987；鲁新，1998），越冬幼虫滞育后发育历期因饮水推迟而延长（文丽萍等，2000），若不能满足饮水的需要是不能化蛹的，这一生理要求在发生期和发生量预测中至关重要。

玉米螟成虫多在晚上羽化，19：00—22：00为羽化高峰。越冬成虫羽化后白天多在邻近玉米田茂密的小麦、大豆等作物或杂草地栖息（文丽萍等，1998；鲁新等，1997）。成虫一般在凌晨3：00—4：00交尾，每次一般50~70min，雄蛾可多次交尾，交尾场所多在白天栖息的场所。成虫产卵对寄主植物的种类和长势有明显的选择性，一般播期早、生长茂密、叶色浓绿的作物能明显吸引雌蛾产卵，而株高不足35cm的植株很少落卵。

亚洲玉米螟成虫有无远距离迁飞习性一直是研究者争论的问题。首先，亚洲玉米螟老熟幼虫即使在高纬度玉米产区也能安全越冬；其次，玉米螟雌蛾并不需要经过长距离飞行即可完成卵巢的正常发育，不具备迁飞昆虫的基本特征（鲁新等，1997）。近年来在玉米螟迁飞扩散方面的研究取得了一些突破性进展，研究结果表明亚洲玉米螟虽然有较强的飞翔能力，自然条件下仍属扩散飞行昆虫，并不表现典型的群体远距离迁飞的行为（王振营等，1994）。

七、影响亚洲玉米螟发生的因素

亚洲玉米螟大发生主要受气候条件、自然天敌、寄主作物和栽培耕作制度等因素的影响。玉米螟种群数量的消长与气候变化关系密切，温度、湿度和降水量的作用比较明显。适宜的温度范围有利于玉米螟的生长，温度对幼虫的滞育有一定的作用，冬季的低温影响越冬幼虫的成活，间接影响发生数量。亚洲玉米螟的复苏主要受温度影响，不同地理种群的发育起点温度不同（汪廷魁，1981；朱传楹和张增敏，1988）。湿度大小与降水量的多少会影响玉米螟的正常发育种群数量变动。国内已报道的影响越冬代亚洲玉米螟种群数量的主要天敌资源就有70种以上（胡明峻和孙柏欣，1979），其中寄生性天敌有20多种（刘德钧等，1992）；主要捕食天敌种类有赤胸步甲、黄缘步甲、中华狼蛛，多种瓢虫和草蛉（董兹祥，1991；殷永升，1983；张荆等，1983）和白僵菌、细菌、病毒、微孢子虫等病原微生物（问锦曾，1985）。不同寄主植物及其不同品种或生育期对亚洲玉米螟的生存繁衍有不同的影响。另外在各玉米种植区，自然生态条件各异，采用的栽培耕作制度不同，作物的整体布局和播种期不同，从而影响玉米螟的发生（胡明峻和孙柏欣，1979）。

气象因素对亚洲玉米螟的影响很大，昆虫是地球上数量最大的动物群体，属变温动物，其生长发育和后代繁育主要受温度调控，温度、湿度是亚洲玉米螟生长发育中最重要的环境影响因子。湿度是主要影响因子，湿度会影响亚洲玉米螟化蛹、羽化进度及发生量。相对湿度在 20% 以下，亚洲玉米螟无法进行化蛹，在 80%~90% 的相对湿度下，亚洲玉米螟虽能化蛹，但化蛹率较低，直接影响亚洲玉米螟发生数量（鲁新等，1998；鲁新和周大荣，1998）。越冬代的亚洲玉米螟幼虫化蛹阶段，只有满足其饮水条件，化蛹才能顺利进行，否则亚洲玉米螟会一直保持幼虫状态或因得不到足够的水分不发育继而死亡。亚洲玉米螟成虫在较高湿度条件下更有利于交配产卵。越冬代幼虫在高湿条件下易死亡（鲁新等，1998）。同样亚洲玉米螟卵块孵化也需要在一定的温、湿度条件下。降水量、湿度过大，都会影响亚洲玉米螟幼虫的生长发育，继而影响第二年的发生数量（鲁新和周大荣，1998）。温度是次要影响因子（鲁新等，1993），温度可以影响昆虫的寿命长短、发育世代、个体大小、发育历期等。极端温度（高温、低温）还能导致昆虫死亡。最近研究表明，高温会造成昆虫生育期延长，温度与昆虫的生长发育呈正相关，随着温度的升高，当温度达到某一经济阈值，温度与昆虫的生长发育呈负相关（鲁新等，1997）。

八、预测预报

虫源基数的大小一直是害虫发生预测的主要依据之一，而气象条件是影响玉米螟发生的关键因素，是螟害发生预报的主要根据。迄今为止，玉米螟测报主要利用气候因子及其他生态因子建立统计模型做短期预报。一般应用"期距法""积温法"和"发育进度法"预测玉米螟发生期。如在明确本地玉米螟各虫态发育起点和有效积温的基础上，可以结合不同时期的降水量，采用多因子逐步回归方法预测成虫的发生期（刘德钧，1982）。关于亚洲玉米螟发生量的中短期预测，多以越冬基数、越冬群体发育进度、产卵期与玉米生育时期吻合程度、越冬代幼虫化蛹期的降水量和田间产卵及卵孵化期的温湿度等生态因子建立统计模型预测发生量。从气候演变角度分析，前期大气环流与玉米螟发生级别有一组优势相关区，因此可利用前期大气环流资料对玉米螟发生的级别做出预报（黄善斌和孔凡忠，2001）。

玉米螟大发生实际上是自身生物学潜能在一定的生态环境条件下综合影响的结果。国内对发生量预测限于中短期，长期预测的研究进展甚微，未有真正行之有效的预报模型，对于大发生的长期预报仍属空白。近五年来，研究明确了不同温度、湿度对亚洲玉米螟成虫繁殖力及寿命的影响、玉米螟化性与生殖力和为害能力、化性与临界光周期、化性与死亡率的关系、不同化性玉米螟对极端气候条件的抵抗能力、化性对发生期的影响、区分一化性和二化性的方法等方面都有了突破性的进展，提出了第 1 代玉米螟大发生中期预报技术体系，使预报的准确率在 70% 以上。但是要提出准确率高的大发生预测模式，还需要一个相当长的时期，需要做大量的工作，进一步摸清种群以下的基本规律，明确主要环境因子，对大发生种群（高质量种群）形成、发展、变化的影响和对大发生种群潜力表达的量化作用。

第三节 黑龙江省西部半干旱区春玉米田玉米螟的发生规律

一、材料与方法

（一）试验材料

玉米品种：先玉 335、泽尔沣 99。

（二）试验方法

2018 年，在黑龙江省西部半干旱区选取肇州县、大庆、齐齐哈尔、依安县等地开展调查，调查地点分别在齐齐哈尔市农业科学院玉米试验区和肇州县玉米试验区、大庆市高新区选择黑龙江八一农垦大学试验基地；开展亚洲玉米螟不同虫态及发生时期系统调查。

1. 亚洲玉米螟越冬代越冬基数调查

每个地区设置一个试验点：春季（5 月初）亚洲玉米螟越冬期，选有代表性的玉米秸秆垛 1~2 个，垛内随机剖查 300~500 个玉米秸秆，统计百株虫数、百株活虫数等指标。

2. 亚洲玉米螟成虫数量监测

成虫期诱集采用黑光灯，开关灯时间设置为 8：00 和 20：00。性诱剂诱集成虫，每 3d 收集一次成蛾，调查统计黑光灯和性诱剂诱集到的亚洲玉米螟成虫数量，以判断亚洲玉米螟发生高峰期。

3. 亚洲玉米螟越冬幼虫化蛹及羽化进

取玉米秸秆内越冬代活幼虫 100 头，每头放入剪成 6~10cm 的小段玉米秸秆内，将秸秆和幼虫放入室外自然环境下，用网罩罩好，防止幼虫爬出，每隔 3d 调查 1 次笼罩内幼虫化蛹情况，发现化蛹达 20% 时（始期）每隔 3d 调查 1 次，60% 时为化蛹盛期，直至羽化完毕（每次检查后将劈开的秸秆对上，用线捆好，放在笼内）。根据化蛹始期，盛期及蛹期日数，推断田间成虫发生始期、盛期，进而估计产卵与卵孵化的始期、盛期。

4. 亚洲玉米螟成虫田间落卵和幼虫发生期

（1）田间落卵期

在亚洲玉米螟成虫田间落卵开始，在玉米田喇叭口期采用对角线式 5 点取样法，每点 60 株，共计 300 株，调查亚洲玉米螟卵块数，调查从 6 月上旬开始至 9 月上旬止，每隔 3d 调查 1 次，每次查到的卵块进行标记，以避免下次调查重复记数。

（2）田间幼虫发生情况

在玉米田，亚洲玉米螟田间发生期采用对角线式 5 点取样法，每点 20 株，共计

100 株,每隔 3d 调查 1 次,逐株对玉米螟的虫态、虫龄进行调查和记录。调查从 5 月中旬开始至 9 月上旬止。

（三）数据分析

原始数据采用 Microsoft Excel 2010 和 SPSS 17.0 软件处理。

二、结果与分析

（一）亚洲玉米螟越冬基数调查

通过调查亚洲玉米螟越冬基数,结果从表 2-1 中可以看出,肇州县试验区亚洲玉米螟越冬基数最大,百株活虫数达到 40 头,大庆市高新区最小,百株活虫数为 12 头,依安县百株活虫数为 15 头左右,肇州县试验区明显的多于大庆。2018 年,肇州县试验区亚洲玉米螟会重发生。

表 2-1　亚洲玉米螟越冬基数调查情况

调查地点	平均百株虫数（头）	平均百株活虫数（头）
大庆市高新区	15.00±1.73[a]	12.00±2.52[a]
肇州县试验区	50.00±5.00[b]	40.00±3.51[b]

（二）亚洲玉米螟越冬代化蛹及羽化进度

从图 2-1 可以看出,大庆市高新区 5 月 21 日越冬代亚洲玉米螟开始化蛹,化蛹主要集中在 5 月末至 6 月初,化蛹高峰期出现在 6 月 2 日。羽化主要集中在 6 月初至 7 月初,羽化高峰期在 6 月 6—14 日。2018 年,大庆地区越冬代亚洲玉米螟羽化高峰期在 6 月中旬左右。

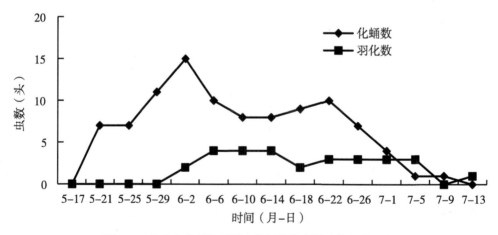

图 2-1　大庆市高新区亚洲玉米螟的化蛹及羽化进度调查

从图 2-2 可以看出（自然条件下亚洲玉米螟有丢失和死亡）,肇州县试验区 5 月 25 日越冬代亚洲玉米螟开始化蛹,化蛹时间主要集中在 5 月末至 6 月中下旬,化蛹高峰期现在 6 月 1—5 日。成虫羽化从 6 月 5 日开始至 6 月 22 日结束。羽化高峰期主要出现在 6 月 10 日左右。2018 年,肇州县试验区越冬代亚洲玉米螟的羽化高峰期出现在 6 月中旬左右。

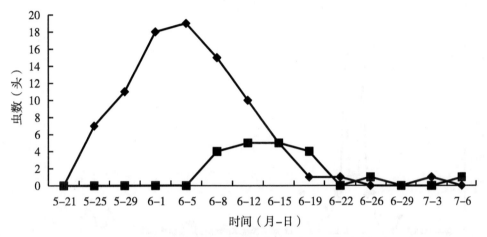

图 2-2 肇州县试验区亚洲玉米螟的化蛹及羽化进度调查

(三) 亚洲玉米螟越冬代成虫发生情况

1. 大庆市高新区亚洲玉米螟成虫发生情况监测

2018 年调查发现 (图 2-3),黑龙江省大庆市高新区在 6 月初开始发现成虫,且随着时间的延长成虫数量逐渐增多,并在 6 月 10 日左右亚洲玉米螟成虫出现高峰期。并发现在 7 月 9 日出现第 2 个小高峰,在 8 月 7 日左右出现第 3 个小高峰,并在整个生育期内基本都伴有玉米螟成虫的出现。在 7 月 31 日田间发现亚洲玉米螟蛹,说明大庆市高新区 2018 年亚洲玉米螟发生两代。

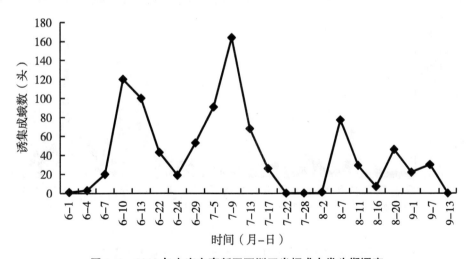

图 2-3 2018 年大庆市高新区亚洲玉米螟成虫发生期调查

2. 肇州县试验区亚洲玉米螟成虫发生情况监测

2018 年调查发现（图 2-4），黑龙江省肇州县试验区亚洲玉米螟在 6 月初开始出现成虫，且随着时间的延长成虫数量逐渐增多，并在 6 月 10 日左右亚洲玉米螟成虫出现高峰期，达 660 头以上，在 8 月中上旬出现第 2 个小高峰。

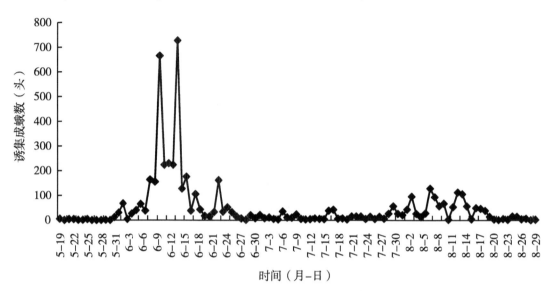

图 2-4　2018 年肇州县试验区亚洲玉米螟成虫发生期调查

3. 齐齐哈尔农业科学院试验区亚洲玉米螟成虫发生情况监测

2018 年调查发现（图 2-5），齐齐哈尔农业科学院试验区亚洲玉米螟越冬代在 5 月末出现亚洲玉米螟成虫，且随着时间的延长成虫数量逐渐增加，在 6 月 1 日出现亚洲玉米螟成虫第一个高峰期，6 月 11 日出现亚洲玉米螟成虫的第 2 个小高峰期。亚洲玉米螟成虫在玉米整个生育期均有发生，8 月下旬由于温度逐渐降低，成虫数量逐渐减少。

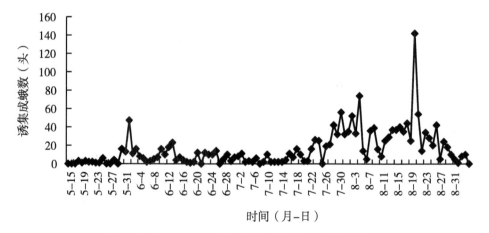

图 2-5　2018 年齐齐哈尔亚洲玉米螟成虫发生期调查

（四）亚洲玉米螟田间落卵情况

从图 2-6 可以看出，2018 年大庆市高新区第 1 代亚洲玉米螟产卵期出现在 6 月，高峰期为 6 月中旬，最大峰值为 6 月 10 日，为 4 块/百株；第 2 代亚洲玉米螟产卵期为 7 月中旬至 8 月中下旬，高峰期在 8 月中旬，最大峰值为 8 月 11 日，为 3 块/百株。

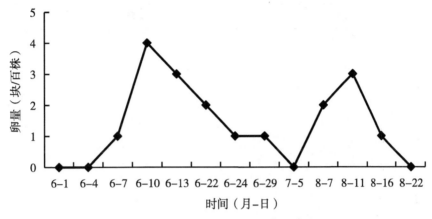

图 2-6　大庆市高新区亚洲玉米螟田间落卵情况

从图 2-7 可以看出，2018 年肇州县试验区第 1 代亚洲玉米螟落卵期出现在 6 月，高峰期在 6 月中旬，最大峰值为 6 月 13 日，为 7 块/百株；第 2 代亚洲玉米螟落卵期出现在 8 月，高峰期在 8 月中旬，最大峰值为 8 月 11 日，为 3 块/百株。

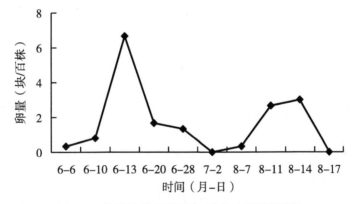

图 2-7　肇州县试验区亚洲玉米螟田间落卵情况

（五）亚洲玉米螟田间幼虫发生情况

1. 大庆市高新区田间幼虫发生情况

大庆市黑龙江八一农垦大学实验区亚洲玉米螟田间幼虫发生期调查时间为 6 月 7 日至 9 月 5 日。由表 2-2 可以看出，6 月 24 日左右田间亚洲玉米螟主要集中在处于 2 龄及 2 龄前阶段，6 月 29 日田间亚洲玉米螟进入 3 龄，7 月 4 日田间始见 4 龄幼虫，7 月 9 日至 9 月 5 日，田间大部分幼虫发育成熟进入 5 龄幼虫，7 月末田间始见亚洲玉米螟化蛹。8月初2代亚洲玉米螟开始发育，田间发现1龄幼虫，直至收获期一直为5龄幼虫越冬。

表2-2　大庆市高新区亚洲玉米螟田间发生情况

日期 （月-日）	幼虫					蛹
	1龄	2龄	3龄	4龄	5龄	
6-7						
6-10						
6-13	−					
6-17	−					
6-22	−	+				
6-24	−	+				
6-29	−	+	*			
7-4		+	*	#		
7-9			*	#	×	
7-13			*	#	×	
7-17			*	#	×	
7-22				#	×	
7-28				#	×	△
8-2					×	△
8-7	−	+			×	△
8-11	−	+			×	
8-16		+	*		×	
8-22			*	#	×	
8-26			*	#	×	
9-1				#	×	
9-5					×	

注：表中"−"代表1龄幼虫，"+"代表2龄幼虫，"*"代表3龄幼虫，"#"代表4龄幼虫，"×"代表5龄幼虫，"△"代表蛹期。下表同。

2. 肇州县玉米试验区田间幼虫发生情况

肇州县农业技术推广中心玉米试验区亚洲玉米螟田间幼虫发生期调查时间为6月10日至9月21日。由表2-3可以看出，7月2日左右田间亚洲玉米螟主要处于2龄及2龄前阶段，7月2日田间亚洲玉米螟进入3龄，7月10日田间始见4龄幼虫，7月15日至9月21日田间大部分幼虫发育成熟进入5龄幼虫，7月末田间始见亚洲玉米螟化蛹。

8月初2代亚洲玉米螟开始发育，田间发现1龄幼虫，直至收获期为5龄幼虫越冬。

表2-3　肇州县玉米试验区亚洲玉米螟田间发生情况

日期（月-日）	幼虫					蛹
	1龄	2龄	3龄	4龄	5龄	
6-10						
6-13						
6-16	-					
6-20	-					
6-24	-					
6-28	-	+				
7-2	-	+	*			
7-6	-	+	*			
7-10		+	*	#		
7-15			*	#	×	
7-20			*	#	×	
7-25				#	×	
7-29					×	△
8-9	-				×	△
8-14	-				×	△
8-22		+	*	#	×	
9-9		+	*	#	×	
9-21					×	

三、小　结

亚洲玉米螟在黑龙江省一年发生1~2代，大部分为1代区。肇州县因属于第一积温带，试验区近些年都是亚洲玉米螟的2代区，2018年的数据显示，该地区亚洲玉米螟越冬基数很大，已经到了不得不防治的程度，这可能与春季遇到雨水大、气候变暖亚洲导致玉米螟越冬基数大有关。张海燕等2010年、2012年调查中西部（大庆市高新区）亚洲玉米螟发生情况表明，亚洲玉米螟该地区为玉米螟1代区，田间有极少数老熟幼虫化蛹现象，但不能完成2代，而本研究调查2018年的数据显示，同样的调查地点，大庆市高新区亚洲玉米螟已经能够形成完整的2代，出现了世代增加的情况。近几年气候变暖使害虫出现越冬基数大，越冬后羽化时间提前，田间发生时期提前，或者发生不整齐，甚至世代增加等情况。黑龙江省的6、7月降水量大，更有利于亚洲玉米螟的化蛹羽化及卵的孵化,致使亚洲玉米螟发生连年偏重,严重降低玉米的产量及品质。因此掌握黑龙江省亚洲玉米螟在田间发生动态,是防治亚洲玉米螟的关键。本部分调查明确 2018 年黑龙江省西部半干旱区气象数据表明黑龙江省第 1 积温带和第 2 积温带 1—7 月平均温度基本相同,且通过对两积温带亚洲玉米螟发生动态监测成虫出现高峰期相同,结果表明第 1 积温带亚洲玉米螟发生已经有完整 2 代趋势。2018 年,大庆地区越冬代亚洲玉米螟羽化高峰期在 6 月中旬左右。2018 年,肇州县试验区越冬代亚洲玉米螟的羽化高峰期出现在 6 月中旬左右。大庆市高新区第一代亚洲玉米螟产卵期出现在 6月,高峰期为 6 月中旬,最大峰值为 6 月 10 日,第二代亚洲玉米螟产卵期为 7 月中旬至 8 月中下旬,高峰期在 8 月中旬,最大峰值为 8 月 11 日。该结果为指导黑龙江省中西部玉米螟防治具有很大参考价值。

第四节　不同品种玉米的被害及植株生理指标测定

一、材料与方法

(一) 供试品种

2010 年调查玉米品种:'兴垦 3 号''郑单 958''德美亚 1 号''青油 1''垦单 5号''4515''绥玉 19''哲单 37'。

2013 年调查玉米品种:'郑单 25''雷奥 402''郑单 958''郝育 418''海禾 558''吉农 212''冀玉 9''濮单 6''天农九''龙单 46'。

2017 年调查黏糯玉米品种:'先正达王朝''绿育小黄粒''郑田 66''WSC-1701''金糯 262''垦黏 7 号''京科糯 569''京科糯 928''绿糯 5 号''绿糯 2 号''京科甜 183''和甜糯一号''先正达双色先蜜''京科糯 2010''京科糯 2016''白糯998''景糯 318''银色年华''花糯 3 号''先正达库普拉''先正达 OVERLAND''和甜一号''京科糯 623''先正达米哥''先正达脆王''WSC-1702''WSC-1703''京科糯 2000''T1''W625'。

上述玉米品种均种植于大庆市高新区黑龙江八一农垦大学试验田。

(二) 玉米不同品种玉米螟田间为害情况调查

常规玉米品种分别于 2013 年 6—9 月和 2010 年 6 月 2 号 (苗期) 开始,在试验区玉米田中,随机抽取 5 个点,每点取 50 株,每株逐叶检查玉米螟发生情况,用标签进行标记,每隔 3d 调查 1 次,对玉米螟的虫态、虫龄进行调查和记录,调查玉米的折茎率、折雄率、蛀孔数、植株茎秆内幼虫数、雌穗虫数及虫体重,比较不同玉米品种的玉米螟的为害情况。

黏糯玉米品种田间调查在 2017 年 6—9 月大庆市高新区玉米不同品种田进行。根据亚洲玉米螟落卵期的监测,在亚洲玉米螟落卵期开始调查直至玉米收获前,采用 5 点取样法,每点调查 60 株,共计 300 株,调查不同品种玉米田的亚洲玉米螟 1~3 龄幼虫(钻蛀前) 和 4、5 龄幼虫 (钻蛀后) 为害情况。统计叶片被害率、钻蛀率、折茎率、雌穗被害率、折雄率等指标，明确黑龙江西部半干旱区不同玉米品种对亚洲玉米螟发生与为害的影响。

（三）玉米不同品种可溶性糖含量测定

1. 标准曲线制作

称取 100mg 葡萄糖，溶于蒸馏水定容 100mL，使用时再稀释 10 倍。

称取蒽酮 1g，溶于 1 000mL 80%H_2SO_4 中，即为蒽酮溶液。

取 6 支试管，从 0~5 编号，按表 2-4 以此加入各试剂。将各管快速摇匀后沸水浴 10min 取出冷却，在 620nm 下测定吸光值，用蒸馏水调零。

表 2-4　可溶性糖标准曲线各试剂用量

测试项目	编号					
	0	1	2	3	4	5
葡萄糖（mL）	0	0.2	0.4	0.6	0.8	1.0
蒸馏水（mL）	1.0	0.8	0.6	0.4	0.2	0
蒽酮（mL）	5	5	5	5	5	5
含糖量（μg）	0	20	40	60	80	100

2. 样品糖提取及测定

在玉米收获期以雌穗为中点，上下约留 5cm，截取茎秆，每品种 3 次重复，带回实验室烘干磨粉。称取样品 0.5g，加入 25mL 蒸馏水，沸水浴 20min，取出后冷却，用滤纸过滤定容至 100mL，适当稀释后作为提取液待用。

取提取液 1mL 加入 5mL 蒽酮，沸水浴 10min 取出后冷却，在 620nm 下测定吸光值，以蒸馏水调零。

（四）玉米不同品种过氧化物酶（POD）活性的测定

在玉米抽穗期随机取生长一致的玉米叶片，盛于冰盒带回实验室-80℃冰箱冷冻，保存酶活。每品种 3 次重复。实验方法参照张龙翔等（1982）略做改动。

1. 酶液的制备

取 0.5g 样品，剪碎，放入研钵中，加入 2mL0.05mol/L pH 值 6.0 的磷酸缓冲液和适量石英砂研磨成匀浆，用 3mL 上述缓冲液冲洗研钵后将 5mL 匀浆液全部转移到离心管中。4℃ 12 000r 离心 20min，取上层清液定容至 100mL 作为酶液，4℃ 低温保存备用。

2. 过氧化物酶（POD）活性测定

取 50mL 0.05mol/L pH 值 6.0 的磷酸缓冲液，加 28μL 愈创木酚，于磁力搅拌器上加热搅拌直至溶解，冷却后加入 19μL 30%H_2O_2 溶液混匀，制成反应混合液。取一支试管加入混合液 3mL、0.05mol/LpH 值 6.0 的磷酸缓冲液 1mL，作为调零对照。其余试管加入混合液 3mL、酶液（适当稀释）1mL，于 470nm 下测定 3min，每 1min 读数一次。

3. 结果计算

以每分钟内 A_{470} 变化 0.01 为 1 个过氧化物酶活单位（u）。

$$过氧化物酶活性 = \frac{\Delta A_{470} \times V_t}{W \times Vs \times 0.01 \times t}[u/g \cdot min]$$

式中：ΔA_{470} 为反应时间内吸光值的变化；W 为样品鲜重（g）；t 为反应时间（min）；V_t 为提取酶液总体积（mL）；Vs 为测定时取用酶液体积（mL）。

4. 玉米不同品种超氧化物歧化酶（SOD）活性测定

在玉米抽穗期随机取生长一致的玉米叶片，盛于冰盒带回实验室-80℃冰箱冷冻，保存酶活。每品种3次重复。试验方法参照 Giannopolitis（1977）略做改动。

（1）酶液制备

同过氧化物酶活性酶测定时制备酶液方法。

（2）试剂制备

a. 0.05mol/L 磷酸缓冲液（pH 值=7.8）。

b. 130mmol/L 甲硫氨酸（Met）溶液：称 1.939 9 g Met，用磷酸缓冲液定容至 100mL。

c. 750μmol/L 氮蓝四唑（NBT）溶液：称 0.061 3 g NBT，用磷酸缓冲液定容至 100mL，避光保存。

d. 100μmol/L EDTA－Na$_2$ 溶液：称 0.037 2g EDTA－Na$_2$，用磷酸缓冲液定容至 100mL。

e. 20μmol/L 核黄素溶液：称 0.007 5g 核黄素用蒸馏水定容至 100mL，避光保存。

（3）超氧化物歧化酶（SOD）活性测定

测定酶活前先进行显色反应：取若干试管，其中 2 支为对照管，按表 2-5 加入各溶液，其中对照管用缓冲液代替酶液。混匀后将 1 支对照管置于暗处，其余各管于 4 000lx 日光灯下照射 20min，反应结束后，以不照光的对照管作为空白，分别测定其他各管在 560nm 波长下的吸光值。

表 2-5　显色反应各试剂用量

试剂/酶液	用量（mL）
0.05mol/L 磷酸缓冲液	1.5
130mmol/L Met 溶液	0.3
750μmol/L NBT 溶液	0.3
100μmol/L EDTA－Na$_2$ 液	0.3
20μmol/L 核黄素	0.3
酶液	0.05
蒸馏水	0.25
总体积	3.0

（4）结果计算

以抑制 NBT 光化还原的 50% 为一个酶活性单位。

$$SOD\ 总活性 = \frac{(A_{CK} - A_E) \times V}{\frac{1}{2} \times A_{CK} \times W \times V_1}$$

式中：A_{CK}为照光对照管的吸光值；A_E为样品管的吸光值；V为样品液总体积（mL）；V_1为测定时样品用量（mL）；W为样品重（g）。

（5）数据分析

应用 Microsoft Excel 2003 和 SPSS19.0 进行数据统计和分析。

二、结果与分析

（一）2010 年调查玉米螟对不同玉米品种发生及为害情况

1. 玉米螟的生育历期

调查结果（表2-6），表明：2010 年 6 月 22 日在叶片上发现玉米螟卵，6 月 22 日至 7 月 14 日主要为卵期，7 月 20—28 日主要为 1 龄、2 龄和 3 龄幼虫，为害叶片以及雄穗。8 月 1—5 日主要为 3、4 龄幼虫，主要在茎秆和穗处。8 月 9—17 日，主要为 4、5 龄幼虫，主要为害茎秆，也有个别 3 龄幼虫为害穗部。8 月 21 日至 9 月 6 日，玉米螟主要处于老熟状态。

表 2-6　田间玉米螟发育进度调查

调查日期（月-日）	虫龄	虫态	百株卵块数或虫数	发生部位
6-2	—	—	0	—
6-6	—	—	0	—
6-10	—	—	0	—
6-14	—	—	0	—
6-18	—	—	0	—
6-22	—	卵	1 块	叶片
6-26	—	卵	1 块	叶片
6-30	—	卵	1 块	叶片
7-4	—	卵	2 块	叶片
7-8	—	卵	2 块	叶片
7-12	—	卵	2 块	叶片
7-16	1	幼虫	24 头	叶片
7-20	1、2	幼虫	20 头、4 头	叶片和雄苞穗
7-24	1、2、3	幼虫	6 头、16 头、2 头	叶片
7-28	2、3、4	幼虫	8 头、11 头、1 头	茎秆和雄穗
8-1	3、4	幼虫	6 头、14 头	茎秆和雌雄穗

（续表）

调查日期（月-日）	虫龄	虫态	百株卵块数或虫数	发生部位
8-5	3、4	幼虫	4头、16头	茎秆和雌雄穗
8-9	3、4、5	幼虫	2头、1头、17头	茎秆和雌雄穗
8-13	4、5	幼虫	2头、18头	茎秆和雌雄穗
8-17	5	幼虫	20头	茎秆和雌雄穗
8-21	5	幼虫	20头	茎秆和雌雄穗
8-25	5	幼虫	19头	茎秆和雌雄穗
8-29	5	幼虫	19头	茎秆和雌雄穗
9-2	5	幼虫	19头	茎秆和雌雄穗
9-6	5	幼虫	19头	茎秆和雌雄穗

2. 常规不同玉米品种的折茎率

统计玉米螟为害不同玉米品种后的折茎率结果见图 2-8，可知：'青油 1'的折茎率最低，平均玉米植株的折茎率为 7%，'郑单 958'折茎率最高，平均达到 30%，为'青油 1'的 4.29 倍；数据统计结果表明：'青油 1''绥玉 19''4515''垦单 5 号''哲单 37''德美亚 1 号''兴垦 3 号'折茎率差异不显著，'郑单 958'折茎率显著高于'青油 1''绥玉 19''4515''垦单 5 号''哲单 37'几个品种。

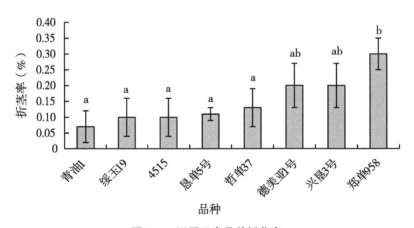

图 2-8　不同玉米品种折茎率

注：图中数据经邓肯氏新复极差法统计，相同字母表示差异不显著。下同

3. 不同玉米品种的折雄率

玉米螟对不同玉米品种的为害折雄率结果见图 2-9：'哲单 37'折雄率最低，玉米植株的平均折雄率为 13%，'兴垦 3 号'折雄率最高，平均达到折雄率为 53%，为'哲单 37'的 4.08 倍；'哲单 37''郑单 958''绥玉 19''青油 1''4515'折雄率差异不显著；'哲单 37'与'垦单 5 号''德美亚 1 号''兴垦 3 号'折雄率相比显著低；'德

美亚 1 号'‘兴垦 3 号’与‘哲单 37’‘郑单 958’折雄率相比明显高。

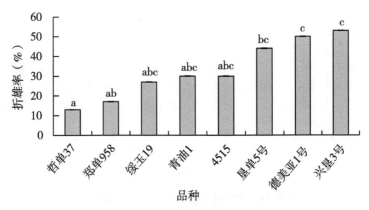

图 2-9　不同玉米品种的折雄率

4. 不同玉米品种的蛀孔数

统计不同玉米的茎秆蛀孔率结果见图 2-10 所示：‘兴垦 3 号’蛀孔数最少，平均每株玉米有 1.03 个孔，‘哲单 37’蛀孔数最多，达到平均每株 3.3 个孔，为‘兴垦 3 号’的 3.20 倍；‘兴垦 3 号’‘郑单 958’‘德美亚 1 号’‘青油 1’‘垦单 5 号’‘4515’蛀孔数差异不显著；‘哲单 37’与其他 7 个玉米品种蛀孔数相比明显多。

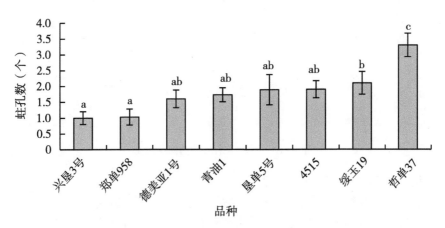

图 2-10　不同玉米品种的蛀孔数

5. 不同玉米品种的植株茎秆内幼虫数

统计不同玉米品种老熟幼虫在茎秆的越冬基数结果见图 2-11 所示：‘垦单 5 号’植株内的老熟幼虫数最少，平均每株玉米 0.44 头幼虫，‘哲单 37’幼虫数最多，达到平均每株 2.23 头幼虫，为‘垦单 5 号’的 5.07 倍；‘垦单 5 号’‘兴垦 3 号’‘郑单 958’‘青油 1’‘4515’‘德美亚 1 号’幼虫数差异不显著；‘哲单 37’与其他 7 个玉米品种幼虫数相比明显多。

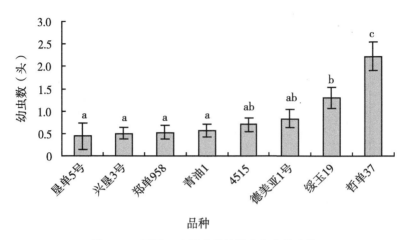

图 2-11　不同玉米品种的植株茎秆内幼虫数

6. 不同玉米品种的雌穗虫数

统计不同玉米秋收时期的雌穗内的老熟幼虫数结果如图 2-12 所示：'郑单 958'雌穗虫数最少，平均每株玉米雌穗有 0.30 头虫，'德美亚 1 号'雌穗虫数最多，达到平均每株玉米雌穗带 0.67 头虫，为'郑单 958'的 2.23 倍；8 个玉米品种的雌穗虫数差异不显著。

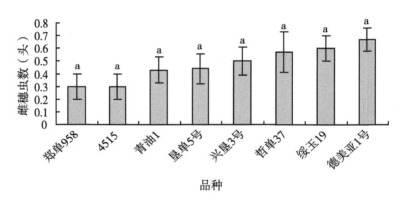

图 2-12　不同玉米品种的雌穗虫数

7. 不同玉米品种的老熟幼虫体重

不同玉米品种茎秆内越冬的老熟幼虫取回室内称量体重结果见图 2-13 所示：'兴垦 3 号'品种茎秆内幼虫体重最小，平均体重为 0.093g，显著小于'青油 1 号''垦单 5 号''德美亚 1 号''绥玉 19''哲单 37'，而 6 个品种间没有显著差异。'兴垦 3 号'品种茎秆内幼虫体重与'郑单 958''4515'茎秆内老熟幼虫体重相比没有显著差异。

（二）2013 年调查玉米螟对不同玉米品种为害情况

调查 10 个玉米品种的花叶、蛀孔和折穗情况如表 2-7 所示，'郝育 418'的花叶率最高，'郑单 958'的花叶率最低，二者之间差异极显著，花叶率从高至低的顺序：'郝育 418'＞'濮单 6'＞'海禾 558'＞'郑单 25'＞'雷奥 402'＞'龙单 46'＞'冀玉 9'＞'天农九'＞'吉农 212'＞'郑单 958'，其中'龙单 46''天农九''冀玉 9'

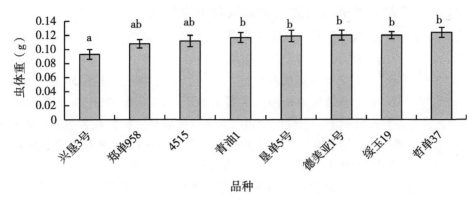

图 2-13 不同玉米品种的老熟幼虫体重

'吉农 212''郑单 958' 和 '雷奥 402'，以及 '濮单 6''海禾 558''郝育 418' 和 '郑单 25' 间存在极显著差异。

表 2-7 玉米不同品种田玉米螟为害情况

品种	花叶率（%）	折雄率（%）	蛀孔率（%）
龙单 46	28.67±7.02bcB	45.33±3.05dC	50.67±3.06dF
天农九	23.33±4.16abAB	66.00±6.00eD	64.00±9.17eG
濮单 6	78.66±8.33fE	19.33±4.16bA	16.67±3.06aAB
冀玉 9	27.00±5.57bcAB	41.33±3.06dBC	44.67±3.06cdEF
吉农 212	21.333.06abAB	19.33±3.06bA	26.00±4.00bBC
海禾 558	66.00±3.46eD	70.00±4.00eD	82.00±4.00fH
郝育 418	83.33±2.31fE	33.33±3.06cB	44.00±3.46cdEF
郑单 958	16.00±4.00aA	33.33±1.15cB	29.33±3.06bCD
雷奥 402	32.67±4.16cB	11.33±5.03aA	14.67±1.15aA
郑单 25	53.33±3.06dC	42.00±2.00dBC	38.67±7.02cDE

注：表中数据为平均值±标准差，同一行数据后有相同小写字母表示经 Duncan 多重比较后差异不显著（$P \geqslant 0.05$），不同大写字母表示极不显著（$P \geqslant 0.01$），下同

折雄率最高的为 '海禾 558'，最低的为 '雷奥 402'，二者之间差异极显著，折雄率从高到低排列顺序：'海禾 558' > '天农九' > '龙单 46' > '郑单 25' > '冀玉 9' > '郝育 418' = '郑单 958' > '吉农 212' = '濮单 6' > '雷奥 402'。

蛀孔情况最为严重的品种为 '海禾 558'，蛀孔率高达 80%，最低的为 '雷奥 402'，蛀孔率仅为 14.67%，它们之间有极显著差异，蛀孔率从高到低排列顺序：'海禾 558' > '天农九' > '龙单 46' > '冀玉 9' > '郝育 418' > '郑单 25' > '郑单 958' > '吉农 212' > '濮单 6' > '雷奥 402'。

（三）不同黏糯玉米品种亚洲玉米螟的为害情况

经过 2017 调查统计，通过对 30 个玉米品种的叶片被害率，钻蛀率，雌穗被害率，折茎率以及折雄率的统计计算，得出以下结果。

由表 2-8 可知叶片被害率最高的品种为'垦黏 7 号'，被害率达到 50%，其中有 16 个品种被害率是 0。钻蛀率最高的品种是'郑田 66'，达到 66.67%，仅有两个品种钻蛀率为 0，其他品种都受到不同程度的为害，为害程度较高。雌穗被害率最高的品种是'WSC-1701'，被害率达到 60%，没有品种被害率为 0，有多个品种被害率达到 40，被害程度很高。折茎率最高的品种是'先正达库普拉'，折茎率为 46.67%。折雄率最高的品种是'先正达王朝'，为 20%。由 30 个品种不同受害部位的受害程度调查得知，玉米螟主要为害玉米的雌穗，以及钻入玉米秸秆。

由图 2-14 可见，30 个鲜食玉米品种调查亚洲玉米螟的为害情况，其中叶片被害率最高的品种是'垦黏 7 号'，达到 50.00%，其次是'京科糯 2016'为 36.67%，二者差异不显著，但是与其他品种之间差异显著；'先正达王朝''绿育小黄粒''郑田 66'等 16 个品种叶片被害率为 0。

由图 2-15 可以看出，钻蛀率达到 30% 以上有 9 个品种，最高的品种是'郑田 66'，达到 66.67%，其次是'绿糯 2 号'为 53.33%，这两者之间差异不显著，但与其余品种间有明显差异，仅有'和甜一号'与'先正达脆王'两个品种的钻蛀率为 0。

表 2-8　不同鲜食玉米品种亚洲玉米螟为害情况

品种	叶片被害率(%)	钻蛀率(%)	雌穗被害率(%)	折茎率(%)	折雄率(%)
先正达王朝	0[f]	3.33[hi]	40.00[abc]	43.33[a]	20.00[a]
绿育小黄粒	0[f]	20.00[efgh]	26.67[cde]	20.00[cdef]	16.67[ab]
郑田 66	0[f]	66.67[a]	0[f]	3.33[ef]	16.67[ab]
WSC-1701	0[f]	26.67[defg]	60.00[a]	10.00[ef]	13.33[abc]
金糯 262	30.00[bc]	30.00[cdef]	53.33[ab]	20.00[cdef]	10.00[abc]
垦黏 7 号	50.00[a]	43.33[bcd]	63.33[a]	36.67[abc]	10.00[abc]
京科糯 569	23.33[bcd]	3.33[hi]	13.33[def]	13.33[def]	6.67[abc]
WSC-1702	0[f]	33.33[cdef]	26.67[cde]	6.67[ef]	6.67[abc]
WSC-1703	0[f]	10.00[ghi]	10.00[def]	6.67[ef]	6.67[abc]
京科糯 928	10.00[def]	36.67[bcde]	30.00[bcd]	0[f]	3.33[bc]
绿糯 5 号	6.67[ef]	30.00[cdef]	23.33[cdef]	20.00[cdef]	3.33[bc]
绿糯 2 号	6.67[ef]	53.33[ab]	53.33[ab]	13.33[def]	3.33[bc]
京科甜 183	0[f]	40.00[bcd]	20.00[cdef]	0[f]	3.33[bc]
和甜糯一号	6.67[ef]	3.33[hi]	20.00[cdef]	6.67[ef]	3.33[bc]
先正达双色先蜜	0[f]	6.67[hi]	26.67[cde]	23.33[bcde]	3.33[bc]

（续表）

品种	叶片被害率（%）	钻蛀率（%）	雌穗被害率（%）	折茎率（%）	折雄率（%）
京科糯 2010	0ᶠ	10.00ᵍʰⁱ	30.00ᵇᶜᵈ	3.33ᵉᶠ	0ᵃ
京科糯 2016	36.67ᵃᵇ	6.67ʰⁱ	43.33ᵃᵇᶜ	13.33ᵈᵉᶠ	0ᵃ
白糯 998	20.00ᶜᵈᵉ	3.33ʰⁱ	3.33ᵉᶠ	0ᶠ	0ᵃ
景糯 318	30.00ᵇᶜ	6.67ʰⁱ	3.33ᵉᶠ	13.33ᵈᵉᶠ	0ᵃ
银色年华	10.00ᵈᵉᶠ	46.67ᵇᶜ	10.00ᵈᵉᶠ	3.33ᵉᶠ	0ᵃ
花糯 3 号	16.67ᶜᵈᵉ	6.67ʰⁱ	10.00ᵈᵉᶠ	10.00ᵉᶠ	0ᵃ
先正达库普拉	0ᶠ	16.67ᶠᵍʰⁱ	40.00ᵃᵇᶜ	46.67ᵃ	0ᵃ
先正达 OVERLAND	10.00ᵈᵉᶠ	6.67ʰⁱ	40.00ᵃᵇᶜ	20.00ᶜᵈᵉᶠ	0ᵃ
和甜一号	0ᶠ	0ⁱ	10.00ᵈᵉᶠ	3.33ᵉᶠ	0ᵃ
京科糯 623	0ᶠ	16.67ᶠᵍʰⁱ	33.33ᵇᶜᵈ	0ᶠ	0ᵃ
先正达米哥	0ᶠ	20.00ᵉᶠᵍʰ	43.33ᵃᵇᶜ	40.00ᵃᵇᶜ	0ᵃ
先正达脆王	0ᶠ	0ⁱˡ	10.00ᵈᵉᶠ	6.67ᵉᶠ	0ᵃ
京科糯 2000	10.00ᵈᵉᶠ	3.33ʰⁱᴴᴵ	26.67ᶜᵈᵉ	10.00ᵉᶠ	0ᵃ
T1	0ᶠ	6.67ʰⁱ	26.67ᶜᵈᵉ	23.33ᵇᶜᵈᵉ	0ᵃ
W625	0ᶠ	6.67ʰⁱ	26.67ᶜᵈᵉ	33.33ᵃᵇᶜᵈ	0ᵃ

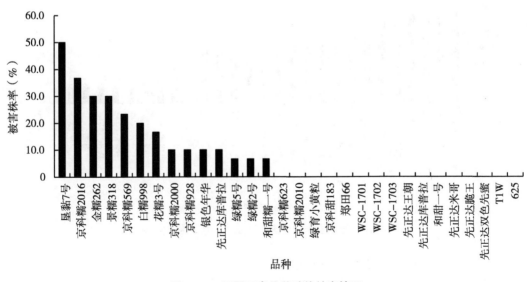

图 2-14 不同玉米品种叶片被害情况

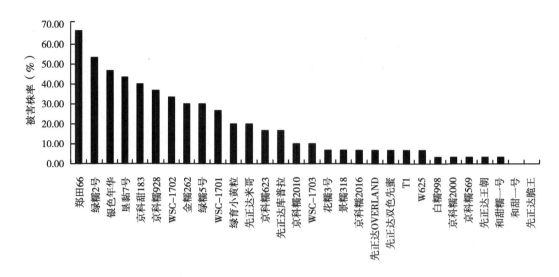

图 2-15 亚洲玉米螟钻蛀不同玉米品种的蛀孔株率

由图 2-16 可以看出，雌穗被害率达到 30% 以上的有 12 个品种，其中'垦黏 7 号'最高为 63.33%，其次是'WSC-1701'为 60%，两者间无明显差异。无品种雌穗被害率为 0，与叶片被害率和钻蛀率相比较，雌穗被害比两者略高，说明雌穗被害较为严重。

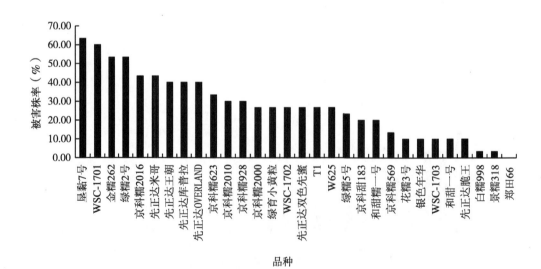

图 2-16 亚洲玉米螟为害不同玉米品种雌穗被害情况

由图 2-17 可得，折茎率最高的品种是'先正达库普拉'，达到 46.67%，其次是'先正达王朝'为 43.33%，'先正达米哥'为 40.00%，三者之间差异不显著；被害率超过 30% 的品种有 5 个，有 4 个品种被害率低于 5%，其中'京科糯 928''京科甜

183''白糯 998''京科糯 623'四个品种的被害率为 0。

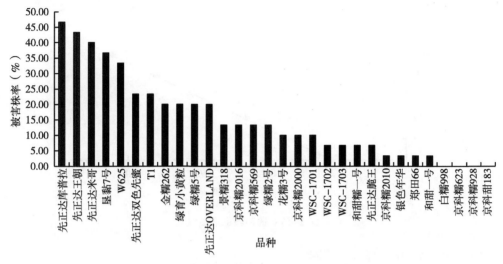

图 2-17　亚洲玉米螟为害不同玉米品种折茎情况

从图 2-18 可以看出,折雄率最高的品种是'先正达王朝',其次是'绿育小黄粒'和'郑田 66','京科糯 2010''京科糯 2016''白糯 998'等 15 个品种折雄率均为 0。相比较而言,玉米螟对雄穗为害不严重。

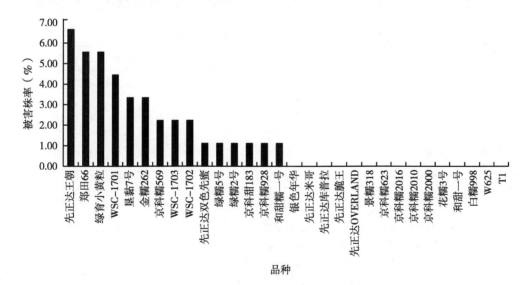

图 2-18　亚洲玉米螟为害不同玉米品种折雄情况

（四）玉米植株生理生化指标测定

1. 玉米不同品种可溶性糖含量的测定

（1）绘制葡萄糖糖标准曲线

以葡萄糖标准液的吸光值为 x 轴,标液含糖量作为 y 轴,通过 Microsoft Excel 2003

绘制葡萄糖标准曲线，如图 2-19。含糖量和吸光值可拟合为方程 $y = 156.87x - 33.637$（$R^2 = 0.9966$）。

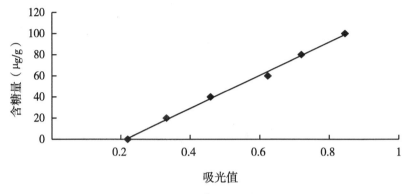

图 2-19　葡萄糖标准曲线

（2）玉米不同品种含糖量比较

将测定的吸光值代入葡萄糖标准曲线，计算出各品种中可溶性糖含量（表 2-9）。根据表 2-9 可知，'雷奥 402'茎秆中含糖量最高，每 1g 可溶性糖提取液中含有 14.31μg 可溶性糖，含糖量最少的为'海禾 558'，仅有 2.86μg/g，它们之间存在显著差异。各品种含糖量由高到低排列为：'雷奥 402'＞'濮单 6'＞'吉农 212'＞'郑单 958'＞'郑单 25'＞'郝育 418'＞'冀玉 9'＞'龙单 46'＞'天农九'＞'海禾 558'。

表 2-9　玉米不同品种可溶性糖含量

品种	吸光值	含糖量（μg/mL）
龙单 46	0.235	3.22±3.09[abA]
天农九	0.233	2.97±2.65[aA]
濮单 6	0.290	11.86±4.75[bcA]
冀玉 9	0.235	3.28±1.07[abA]
吉农 212	0.275	9.55±7.98[abcA]
海禾 558	0.233	2.86±1.57[aA]
郝育 418	0.249	5.42±2.16[abA]
郑单 958	0.260	7.20±3.08[abcA]
雷奥 402	0.306	14.31±8.99[cA]
郑单 25	0.257	6.68±1.88[abcA]

2. 玉米不同品种过氧化物酶（POD）活性的测定

玉米不同品种植株过氧化物酶的活性如表 2-10，最高的为品种'天农九'，活性值为 21.33U/（min·g），与其他品种之间存在极显著差异。POD 的活性大小顺序依次为'天农九'＞'郑单 958'＞'冀玉 9'＞'龙单 46'＞'吉农 212'＞'海禾 558'＞

'郑单25'>'郝育418'>'濮单6'>'雷奥402'。活性较低的'濮单6'和'雷奥402'与活性较高的'郑单958'和'冀玉9'之间存在显著差异，其余各品种间POD活性有差异但均不显著。

表 2-10　玉米不同品种过氧化物酶活性

品种	POD［U/（min·g）］
龙单 46	9.84±2.47[abA]
天农九	21.33±4.92[cB]
濮单 6	5.56±0.59[aA]
冀玉 9	10.94±2.22[bA]
吉农 212	9.22±2.66[abA]
海禾 558	9.00±1.32[abA]
郝育 418	7.22±2.51[abA]
郑单 958	11.95±4.11[bA]
雷奥 402	5.00±1.37[aA]
郑单 25	8.67±1.92[abA]

3. 玉米不同品种超氧化物歧化酶（SOD）活性测定

根据表 2-11 可知，不同品种玉米植株间 SOD 的活性不同。'天农九'活性最高，'雷奥402'品种活性最低，二者之间无差异且与其他品种之间差异不显著。SOD 为植物体内一种保护酶，其活性增加，说明植物体受到逆境胁迫，细胞膜结构受到伤害。

表 2-11　玉米不同品种超氧化物歧化酶活性

品种	SOD［U/（min·g）］
龙单 46	174.66±11.37[a]
天农九	183.87±42.87[a]
濮单 6	163.08±43.02[a]
冀玉 9	167.39±40.99[a]
吉农 212	121.97±3.83[a]
海禾 558	158.45±33.67[a]
郝育 418	140.09±103.19[a]
郑单 958	141.18±6.34[a]
雷奥 402	116.02±16.41[a]
郑单 25	119.54±17.35[a]

（五）玉米蛀孔率与其体内生理生化指标含量的关系

根据图 2-20 可知，蛀孔率最高的品种为'海禾 558'，其可溶性糖含量为供试 10 个品种中的最低值，蛀孔率最低的品种为'雷奥 402'，它的可溶性糖含量在 10 个品种中最高；SOD 活性最大的品种为'天农九'，其蛀孔率在供试品种中较高；POD 活性最大的品种也为'天农九'。可见，保护酶活性的大小与蛀孔率基本一致。

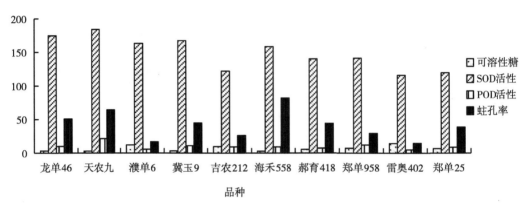

图 2-20　玉米不同品种间蛀孔率与生理生化指标

三、小　结

本研究 2010 年调查玉米螟对不同玉米品种的为害情况表明，'青油 1'的折茎率最低，较其他品种受害轻；'郑单 958'的折茎率最高，在苗期受害较其他品种重些。'哲单 37'的折雄率最低，但老熟幼虫蛀孔数最多，幼虫数最多，说明玉米螟在雄穗为害轻但越冬基数较高。'兴垦 3 号'的折雄率最高，但是蛀孔数最少，说明雄穗受害重越冬基数低。其次，'垦单 5 号'的老熟幼虫数最少，说明越冬基数也较低。另外，在调查中我们对不同玉米品种收获期茎秆内越冬的老熟幼虫的体重进行了称量，结果表明'兴垦 3 号'的虫体重最小，'哲单 37'的虫体重最大。综合上述调查结果分析原因可能是：'兴垦 3 号'是较抗虫品种，虫体体重相对较小，而'哲单 37'是较感虫品种。

研究表明玉米不同品种抗虫性水平各不相同（张颖等，2009；罗梅浩等，2007），本研究在 2013 年调查了 10 个玉米主栽品种不同时期玉米螟的为害情况，并测定了相应品种植株可溶性糖含量、过氧化物酶活性及超氧化物歧化酶活性。调查和测定对比发现蛀孔率大的品种的植株含糖量小于蛀孔率小的品种，由于取样时已是玉米收获前期，茎秆危害已经形成，可见抗虫品种植株后期的含糖量较高，这可能是因为抗虫品种为了合成防御系统提高自身免疫力，消耗糖分转化为能量，从而达到抗虫效果，此结果与陈威（2006）在不同水稻品种对虫害胁迫的生理响应中的研究结果相一致，即经虫害威胁后，可溶性糖含量减少为植物启动防御系统提供能量，另外可转化成次生物质，营养成分相应缺失，阻碍昆虫取食。李进步（2008）的研究表明经蚜虫胁迫后棉花的抗性品种可溶性糖含量上升，此结果也同样支持本结论。

SOD 和 POD 活性与玉米植株可溶性糖的含量相反，与植株的被害率大小一致，即被害情况严重的品种，过氧化物酶和超氧化物歧化酶活性均高于玉米螟为害较轻的品种，SOD 和 POD 为植物体内的两种保护酶，它们之间有相互协同作用，POD 参与木质素合成，SOD 可清除植物体内活性氧，保护细胞膜不受伤害（曲东等，1996；周晓慧等，2007），植物体遭受虫害胁迫时，两种酶活性提高可保护作物减小伤害。过氧化物酶能使组织中的某些碳水化合物转化为木质素，增加木质化程度，在受到昆虫啃噬时，细胞壁加速木质化从而保护植物组织细胞，因而 POD 活性上升，降低玉米适口性，减轻昆虫为害（Read and Stokes，2006；Clissold，2007）。

2017 年，通过对 30 种不同鲜食玉米品种的亚洲玉米螟为害情况发现：从折雄率、折茎率、蛀孔率、叶片被害率、雌穗被害率这 5 个指标综合分析，'WSC-1703''和甜糯一号''花糯 3 号''和甜一号''先正达脆王''白糯 998'相对被害率较低，可见这 6 个品种对玉米螟的抗性较强。'垦黏 7 号''金糯 262''绿糯 2 号''先正达米哥'4 个品种的被害率较高，说明其对玉米螟的抗性较差。因此在玉米螟的防治上可以将以上抗性较强的 6 个品种采取轮作的方式合理种植，能减少玉米螟对玉米的为害，导致减产以及经济损失。

第五节　不同施肥方式玉米田玉米螟为害情况

一、材料与方法

（一）试验材料

玉米品种：'郑单 958'。

肥料成分：氮肥、钾肥、磷肥、有机肥、根利多掺混肥等玉米田常规用肥。

（二）施肥方法

选择大庆市和肇州县两个试验地点开展玉米田不同施肥处理，每个处理田块小区面积 667m²，3 次重复，田间耕作管理统一进行，耕作方式常规垄作。

1. 肇州县玉米田施肥方法

试验于 2018 年在肇州县农业技术推广中心实验区进行，施肥方法如表 2-12 所示。

表 2-12　2018 年肇州试验区施肥方案

处理	施肥方案
高肥	常规肥+根利多掺混肥（亩施 50kg）
中肥	常规肥+根利多掺混肥（亩施 45kg）
低肥	常规肥+根利多掺混肥（亩施 40kg）
有机肥	常规肥+有机肥（亩施 30kg）

各处理施用氮、磷、钾按纯量为 N：220kg/hm²、P_2O_5：120kg/hm²、K_2O：90kg/hm²，作为种肥一次施入。磷肥和钾肥施在种下 5~10cm，氮肥分别施在种下 5~

10cm、15~20cm、25~30cm。

2. 大庆市玉米田施肥方法

试验于 2018 年在大庆市绿丰园黑龙江八一农垦大学实验区进行，施肥方法如表 2-13 所示。分别于 2018 年调查大庆市高新区收获期及肇州县试验区玉米整个生育期不同施肥方式下亚洲玉米螟发生为害情况。根据调查亚洲玉米螟落卵期的监测，在亚洲玉米螟落卵期开始调查直至玉米收获前，采用 5 点取样法，每点调查 60 株，共计 300 株，调查农业措施不同栽培模式、不同施肥方式和不同品种田亚洲玉米螟 1~3 龄幼虫（钻蛀前）和 4 龄、5 龄幼虫（钻蛀后）为害情况。统计叶片被害率、钻蛀率、折茎率、雌穗被害率、折雄率等指标，明确黑龙江西部半干旱区不同施肥方式对亚洲玉米螟发生与为害的影响。

表 2-13　2018 年大庆市绿丰园施肥方案

施 N 量	施肥深度		
	5~10cm	15~20cm	25~30cm
CK	0	0	0
PU$_1$	100%N	0	0
PU$_2$	100%N（60%种肥+40%追肥）		
PU$_3$	20%N	30%N	50%N

二、结果和分析

（一）2018 年肇州县试验区不同施肥方式对玉米螟发生与为害的影响

由表 2-14 可看出在施高肥、中肥、底肥、有机肥以及对照 5 组处理中，平均被害株率最高的是低肥处理，其次是对照，有机肥和高肥处理平均被害株率相同且最低，各组处理差异显著；平均叶片被害率最高的为底肥处理，其次是对照，最低的是有机肥处理（图 2-21）；平均钻蛀率、平均雌穗被害率、平均折茎率、平均折雄率等指标被害率最高的均是底肥处理，其次是对照；平均钻蛀率最低的是高肥处理，平均雌穗被害率最低的是有机肥处理，平均折茎率最低的是高肥处理，平均折雄率最低的是高肥处理。

表 2-14　2018 年肇州县试验区不同施肥处理玉米收获期亚洲玉米螟发生为害情况

处理	平均被害株率（%）	平均叶片被害率（%）	平均钻蛀率（%）	平均雌穗被害率（%）	平均折茎率（%）	平均折雄率（%）
高肥	0.67±0.33^a	1.22±0.42^a	0.28±0.05^a	1.25±0.14^a	0.39±0.06^a	0.28±0.05^a
中肥	1.00±0.57^a	0.56±0.19^a	1.11±0.86^{ab}	2.83±1.09^a	0.72±0.15^a	1.11±0.87^{ab}
低肥	10.00±0.57^c	16.22±1.89^c	4.89±0.72^d	10.08±1.20^b	3.61±0.86^b	4.89±1.39^b
有机肥	0.67±0.33^a	0.89±0.23^a	0.39±0.22^a	0.42±0.22^a	0.44±0.15^a	0.61±0.20^{ab}
对照	3.33±0.33^b	4.59±0.44^b	2.83±0.26^{bc}	8.00±0.52^b	2.72±0.73^b	3.56±0.0.75^{ab}

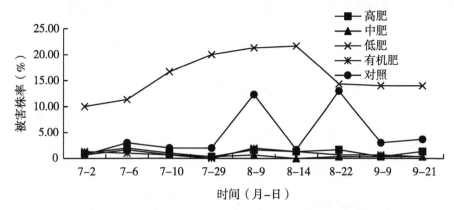

图 2-21　2018 年肇州县试验区不同施肥方式叶片被害情况

由图 2-22 可以看出，钻蛀被害株率最高的是低肥处理，在 7 月 29 日至 9 月 9 日，被害率稳定在 6% 以内，在 9 月 9 日以后被害株率直线上升，在 9 月 21 日达到最高被害株率；对照处理、中肥、有机肥和高肥处理在 7 月 29 日至 8 月 14 日被害株率为 0，在 8 月 14 日后开始缓慢上升。有机肥处理上升较快，在 8 月 14 日到 9 月 9 日呈直线上升，9 月 21 日到达最高点。对照和高肥处理在 9 月 21 日又降至 0。

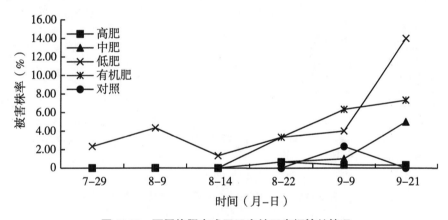

图 2-22　不同施肥方式田玉米被玉米螟钻蛀情况

由图 2-23 可以看出 5 种施肥方式中折茎被害株率最高的是底肥处理，在 9 月 9 日后急剧上升，9 月 21 日达到最高被害株率；对照处理被害株率较高，在 8 月 14 日后开始上升，在 9 月 9 日达到最高值，之后缓慢下降。其余施肥方式折茎被害株率相对较低。

由图 2-24 可以看出，所有处理在 8 月 14—22 日间雌穗被害株率均为 0，在 8 月 22 日以后各个施肥方式雌穗被害株率都开始上升，底肥处理急剧上升，在 9 月 21 日达到最高点，其次是对照处理，依次是中肥、高肥、有机肥。施高肥和有机肥的玉米被害率低于 5%。

由图 2-25 可以看出各种施肥方式中，低肥处理的折雄被害株率是最高的 7 月 29 日至9月9日，被害株率在2%~6%波动，在8月14日是被害株率有所下降，在9月9日后被害株率急剧上升，到9月21日达到最高；对照处理是总体被害率第二高，在7月29日至8月14日被害株率先上升再下降，在此之后，呈上升趋势，在9月21日达到最高值；高肥、中肥、有机肥被害率相对较低，从7月29日至9月9日，三者折雄被害株率不超过2%，但中肥处理在9月9日后开始小幅度上升，在9月21日被害株率达到最高。

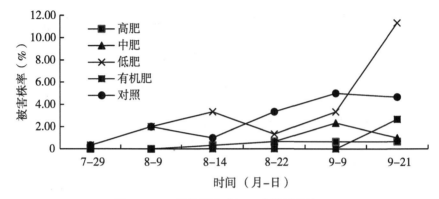

图2-23　不同施肥方式田玉米的折茎情况

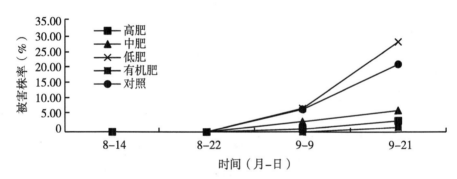

图2-24　不同施肥方式田玉米雌穗被害情况

（二）大庆市高新区不同施肥深度对玉米螟发生与为害的影响

2018年对大庆市试验区玉米田调查结果见表2-15，由表2-15可看出在4种不同施肥深度PU_1、PU_2、PU_3和CK处理中，平均被害株率最高的是对照处理，其次是PU_2，PU_1和PU_3处理平均被害株率相较低，各组处理差异显著；平均叶片被害率最高的为CK处理，其次是PU_1，最低的是PU_3处理，4个处理的差异性显著；平均钻蛀率被害率最高的是CK处理，其次是PU_3，差异不显著；平均雌穗被害率最高的是PU_3，最低的是PU_3处理，差异不显著；平均折茎率最高的是PU_2，最低的是PU_3处理，差异显著；平均折雄率最高的PU_2，最低的是PU_3处理。通过各组数据可以看PU_3处理各受害株率相对较低，5~10cm（20%N）、15~20cm（30%N）、25~30cm（50%N）的施肥方式比较合适。

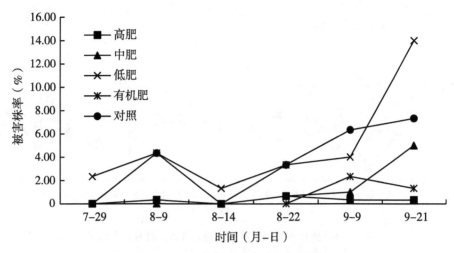

图 2-25　不同施肥方式田玉米折雄情况

表 2-15　大庆市高新区不同施肥方式玉米田亚洲玉米螟发生为害情况

处理	平均被害株率/%	平均叶片被害率/%	平均钻蛀率/%	平均雌穗被害率/%	平均折茎率/%	平均折雄率/%
PU$_1$	2.67±0.33^a	10.76±0.56^a	1.94±0.06^a	1.87±0.93^a	3.33±1.10^{ab}	1.91±0.65^a
PU$_2$	3.00±0.58^a	12.24±1.91^a	2.28±1.15^a	1.47±0.67^a	4.75±0.87^b	2.25±0.76^a
PU$_3$	2.33±0.33^a	9.62±1.70^a	2.33±0.82^a	0.80±0.23^a	1.33±0.79^a	0.50±0.14^a
CK	5.00±1.15^a	25.67±8.23^b	2.89±1.00^a	1.33±0.93^a	4.08±0.88^{ab}	2.25±0.29^a

由图 2-26 可以看出，叶片被害株率最高的是 CK，被害株率在 15%～30% 波动，在 7 月 17 日左右被害率最低，7 月 28 日达到最高，在 8 月 16 日后趋于平稳；PU$_1$、PU$_2$、PU$_3$3 个处理之间没有太大差异，三者在 7 月—13 日左右叶片被害株率均较其他日期低，低于 10%。

由图 2-27 关于钻蛀被害株的图中可以看出，所有处理在 7 月 13 日至 8 月 2 日左右，钻蛀率不超过 3%，在 7 月 13 日、7 月 17 日、7 月 28 日、8 月 2 日，4 个处理有出现被害率为 0，在 8 月 2 日以后，钻蛀被害率开始呈上升趋势；PU$_3$ 在 8 月 2—22 日，钻蛀率变化不大，被害率上升缓慢，在 8 月 22 日后突然急剧上升，被害率达到最高，在 10 月 13 日以后到达最高点。对照处理在 7 月 28 日以后被害率变化较大，在 8 月 28 日到 8 月 11 日被害率迅速上升，8 月 11 日后又急剧下降，在 8 月 22 日又上升到峰顶，9 月 1 日又降至低谷，之后又迅速上升，到达最高点。PU$_2$ 和 PU$_1$ 的变化相对平缓，且被害率低于其余两者。

由图 2-28 可以看出，雌穗被害株率在 9 月 16 日前比较低，玉米螟在 9 月 16 日以后对雌穗的为害比较严重，CK 的被害株率最高，其次是 PU$_2$。

由图 2-29 可以看出，玉米折茎被害株率最低的是 PU$_3$，被害株率最高不超过 4%，在 8 月 2 日和 8 月 11 日，被害株率为零，10 月 13 日被害率最高；其余 3 组处理差异不

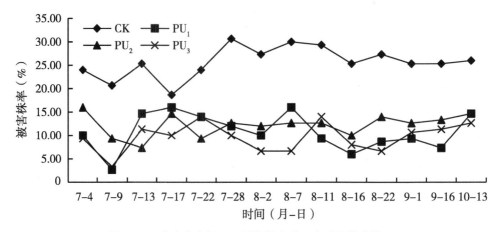

图 2-26　大庆市高新区不同施肥方式玉米叶片被害情况

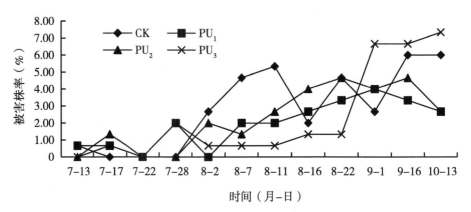

图 2-27　大庆市高新区不同施肥方式玉米钻蛀情况

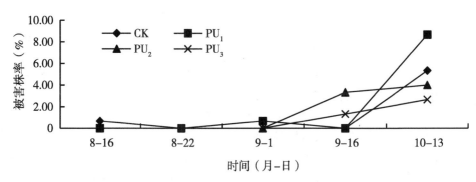

图 2-28　大庆市高新区不同施肥方式雌穗被害情况

大，在 10 月 13 日均达到最高值，在 9 月 1 日前，3 组处理被害株率相对较低，且变化不大，在 9 月 1 日以后开始上升，且变化较大。

从图 2-30 可以看出，玉米的折雄情况比较复杂，PU_3 处理折雄被害株率最低，且变化不大，8 月 2 日至 10 月 13 日，被害株率最高出现在 8 月 16 日，不过被害率不超过

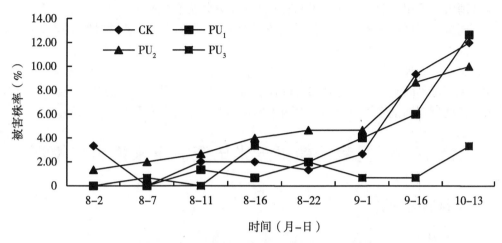

图2-29 大庆市高新区不同施肥方式玉米折茎情况

1.5%；PU$_1$处理，在8月2—11日，被害株率处于最高，在8月16日至9月16日折雄率低，9月16日以后又开始上升；PU$_2$处理玉米雄穗在8月7日才开始被玉米螟为害，并且迅速上升，到达峰顶，8月11日后又开始下降，又上升，在9月1日到达最高点；CK处理变化也较大，在8月7是到达峰顶后又开始下降，8月16日后开始上升，在10月13日到达峰顶。

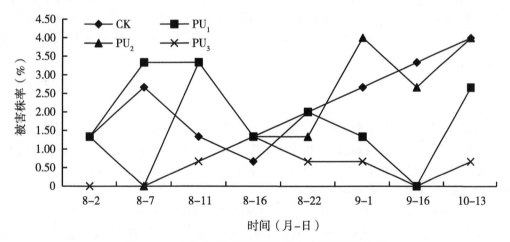

图2-30 大庆市高新区不同施肥方式玉米折雄情况

三、小 结

不同施肥方式的玉米田：低肥田、对照田较高肥、中肥、有机肥差异性显著。叶片被害株率最高的是低肥，其次是对照田，其他处理没有显著性差异。钻蛀率，低肥较其他处理田差异性较显著。雌穗被害率最高的为对照田和低肥田，其他处理间没有显著差异。折茎率，对照田、低肥田显著性大于其他处理田。折雄率，低肥相对与其他处理田差异性显著。综上所述，肇州县试验区不同施肥方式下，低肥田亚洲玉米螟为害相对于其他处理田受害相对较重,高肥田和有机肥田玉米螟为害较轻。

不同施肥深度的玉米田:平均被害率各处理之间差异不显著,对照田受害相对较重。叶片被害率,CK较其他处理田存在显著性差异。钻蛀率、雌穗被害率、折雄率,不同施肥深度处理田差异性不显著。折茎率,PU$_2$较PU$_3$处理田存在显著性差异。综上所述,大庆市不同施肥深度处理田,叶片被害率CK受害重、PU$_2$折茎率受害重。整体来看,各处理亚洲玉米螟发生为害对照不施任何肥料田较其他处理田受害重。

第六节　不同栽培模式玉米田亚洲玉米螟为害情况

一、材料与方法

(一) 材　料

玉米品种:郑单958。

(二) 玉米栽培模式方法

2017年和2018年分别于大庆和肇州两个试验地点开展玉米不同栽培模式对玉米螟为害的调查研究,不同栽培模式田每个小区面积667m^{2}以上,设3次重复。

2017年,大庆市绿丰园试验田玉米栽培模式为:平作(密疏疏密)、垄作(密疏疏密)、平作、平作双行、大垄双行、垄作二比空、平作二比空、垄作。2018年,大庆绿丰园试验田玉米栽培模式:秋深翻垄作、秋旋耕垄作、常规春整地平作、秋旋耕深松平作、免耕。2018年,肇州试验田玉米栽培模式:无秸秆免耕、有秸秆免耕、有秸秆宽窄行免耕、垄作。

结合玉米栽培试验进行了大垄双行、膜下滴灌和常规栽培模式3种模式下的调查。

(三) 调查方法

根据亚洲玉米螟落卵期的监测,在亚洲玉米螟落卵期开始调查直至玉米收获前,采用5点取样法,每点调查60株,共计300株,调查玉米不同栽培模式下亚洲玉米螟1~3龄幼虫(钻蛀前)和4、5龄幼虫(钻蛀后)为害情况。统计叶片被害率、钻蛀率、折茎率、雌穗被害率、折雄率等指标。

大垄双行、膜下滴灌和常规栽培模式3种模式下的调查从玉米出苗开始至玉米收获前(6月5日至9月10日),每7d调查1次,雨天顺延,共调查10次,每种栽培模式田调查时重复3次。

二、结果与分析

(一) 不同栽培模式对亚洲玉米螟发生与为害的影响

2017年,大庆市高新区不同栽培模式田玉米螟发生为害的研究结果详见表2-16。由表2-16可见,不同栽培模式处理田被害率、叶片被害率、钻蛀率、折茎率、折雄率差异性不显著。雌穗被害率,平作(密疏疏密)、大垄双行、平作二比空显著性大于垄作(密疏疏密)、平作。综上所述,不同栽培模式处理田,从雌穗被害率来看平作二比空、平作（密疏疏密）、大垄双行相对受害重，亚洲玉米螟为害后导致玉米折雄情况来看，垄作比平作折雄情况严重。

表 2-16 2017 年大庆市高新区不同栽培模式亚洲玉米螟发生为害情况

处理	被害株率（%）	叶片被害率（%）	钻蛀率（%）	雌穗被害率（%）	折茎率（%）	折雄率（%）
平作（密疏疏密）	17.44±2.79[a]	9.2±2.73[a]	29.2±8.87[a]	32.0±5.02[c]	9.2±1.2[a]	0.4±0.20[a]
垄作（密疏疏密）	10.24±1.10[a]	10.0±2.53[a]	17.6±5.74[a]	13.2±2.58[a]	12.0±1.78[a]	2.4±0.96[a]
平作	12.08±1.55[a]	11.6±3.49[a]	19.6±6.14[a]	16.8±2.24[ab]	12.0±2.28[a]	0.4±0.40[a]
平作双行	15.12±1.11[a]	14.4±5.56[a]	15.6±6.20[a]	27.6±5.08[bc]	16.4±4.78[a]	4.0±1.1[ab]
大垄双行	14.96±1.56[a]	14.4±5.03[a]	16.0±6.21[a]	31.6±4.71[c]	13.2±3.00[a]	3.6±1.82[ab]
垄作二比空	15.68±2.64[a]	16.8±5.68[a]	22.4±6.79[a]	23.2±4.84[abc]	14.2±2.78[a]	2.8±1.94[ab]
平作二比空	18.64±2.33[a]	17.2±4.76[a]	25.6±7.22[a]	34.4±4.12[c]	14.0±2.82[a]	1.6±1.16[a]
垄作	16.72±2.32[a]	21.6±4.87[a]	18.8±5.24[a]	24.4±5.30[abc]	8.0±1.88[a]	6.8±1.85[b]

（二）不同栽培模式亚洲玉米螟的发生与为害的影响

2018 年，大庆市高新区不同栽培模式垄作、免耕田玉米螟发生为害的调查，结果详见表 2-17 和图 2-31 至图 2-35。由图表可见，免耕田、秋旋耕垄作平均被害率叫其他处理田存在显著性差异。叶片被害率最高的为免耕，其次是秋旋耕垄作，再次是常规春整地平作，各耕作模式间差异显著。免耕的钻蛀率最高，其他处理间没有显著差异。折雄率最高的是免耕和秋深翻垄作。雌穗被害率和折茎率各个耕作模式间没有明显差异。综合分析结果可知，免耕的耕作模式玉米螟为害较重，其次为秋旋耕垄作。

表 2-17 2018 年大庆市高新区不同玉米栽培模式亚洲玉米螟发生为害情况

处理	平均被害株率（%）	平均叶片被害率（%）	平均钻蛀率（%）	平均雌穗被害率（%）	平均折茎率（%）	平均折雄率（%）
秋深翻垄作	3.00±0.00[b]	6.64±0.62[a]	1.64±0.37[a]	1.87±0.57[a]	1.46±0.21[a]	2.71±0.27[d]
秋旋耕垄作	5.00±0.00[c]	12.02±0.46[c]	2.19±0.22[a]	1.33±0.18[a]	2.62±0.59[a]	1.04±0.18[ab]
常规春整地平作	3.67±0.33[b]	9.83±0.64[b]	2.83±0.26[ab]	2.07±0.41[a]	1.92±0.23[a]	0.67±0.17[a]
秋旋耕深松平作	2.00±0.00[a]	7.69±0.26[a]	1.50±0.08[a]	1.13±0.18[a]	1.62±0.07[a]	1.75±0.40[bc]
免耕	5.67±0.33[c]	14.19±0.52[d]	3.97±0.84[b]	2.13±0.29[a]	2.79±0.76[a]	2.25±0.07[cd]

（三）2018 年肇州县试验区不同栽培模式对亚洲玉米螟发生与为害的影响

2018 年肇州县试验区不同栽培模式田玉米螟发生为害的研究结果详见表 2-18 和图 2-36 至图 2-40。垄作、有秸秆免耕叫其他处理田差异性显著。叶片被害率，有秸秆免耕田、对照田显著性大于有秸秆宽窄行免耕田、无秸秆免耕。钻蛀率，对照田显著性相对其他处理田较大。雌穗被害率差异性不显著。折茎率、折雄率，对照田与其他处理田存在显著性差异。综上所述，2018 年肇州县试验区不同栽培模式处理田，垄作和有秸秆免耕受害相对较重。

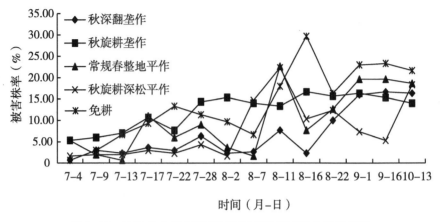

图 2-31　2018 年大庆市高新区不同栽培模式叶片被害情况

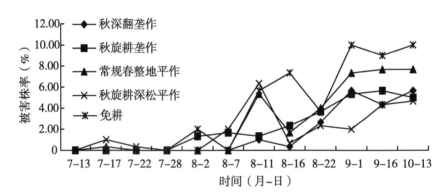

图 2-32　2018 年大庆市高新区不同栽培模式茎秆钻蛀情况

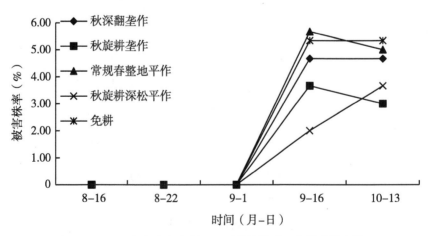

图 2-33　2018 年大庆市高新区不同栽培模式玉米雌穗被害情况

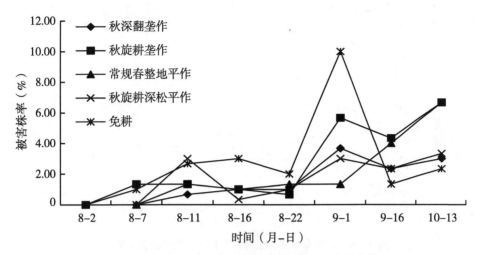

图 2-34　2018 年大庆市高新区不同栽培模式玉米折茎情况

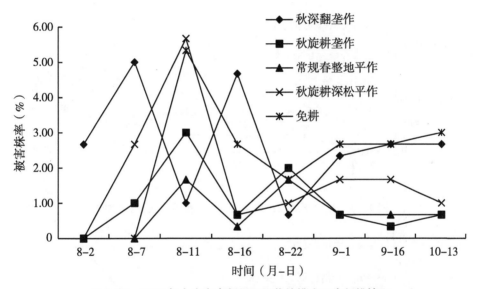

图 2-35　2018 年大庆市高新区不同栽培模式玉米折雄情况

表 2-18　2018 年肇州县试验区不同玉米栽培模式亚洲玉米螟发生为害情况

处理	平均被害株率（%）	平均叶片被害率（%）	平均钻蛀率（%）	平均雌穗被害率（%）	平均折茎率（%）	平均折雄率（%）
无秸秆免耕	11.33±0.88[a]	23.52±1.56[ab]	8.67±0.24[a]	23.00±3.29[a]	6.39±1.17[a]	8.48±1.24[a]
有秸秆免耕	18.33±1.20[b]	32.26±2.47[b]	12.28±0.43[bc]	26.44±2.06[a]	4.89±1.06[a]	12.28±0.92[bc]
有秸秆宽窄行免耕	10.67±1.20[a]	13.19±1.09[a]	10.09±1.36[ab]	20.33±3.29[a]	4.94±0.97[a]	10.09±0.69[ab]
垄作	20.00±2.52[b]	33.44±5.78[b]	14.04±0.21[c]	27.22±2.98[a]	11.72±1.89[b]	14.05±1.46[c]

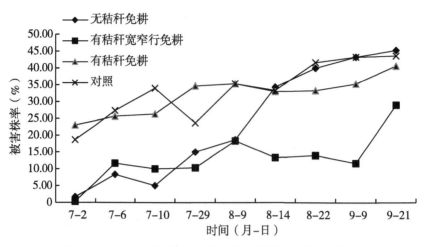

图2-36 2018年肇州县试验区不同栽培模式叶片被害情况

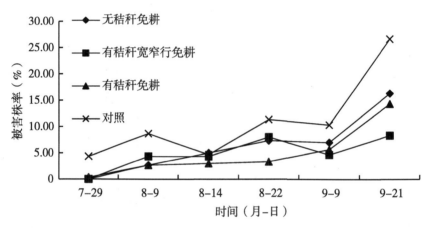

图2-37 2018年肇州县试验区不同栽培模式茎秆钻蛀情况

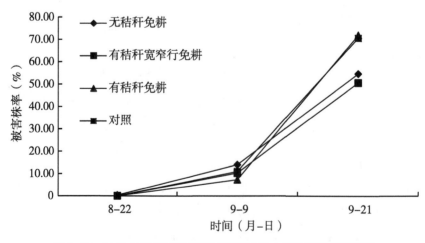

图2-38 2018年肇州县试验区不同栽培模式玉米雌穗被害情况

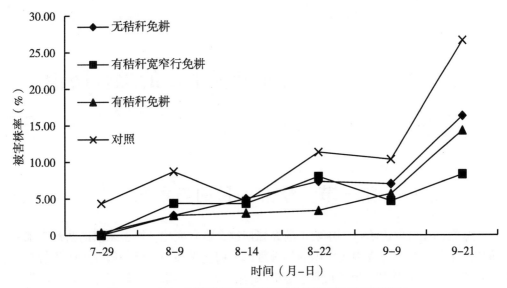

图 2-39　2018 年肇州县试验区不同栽培模式玉米折茎情况

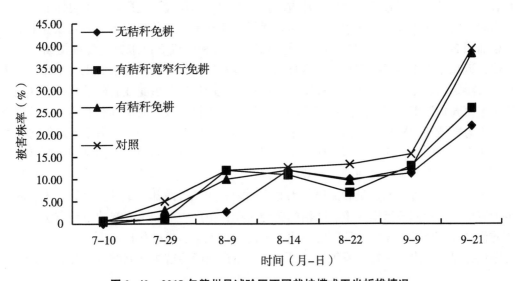

图 2-40　2018 年肇州县试验区不同栽培模式玉米折雄情况

三、小　结

　　2017 年和 2018 年两年调查大庆市和肇州县试验区的不同栽培模式的玉米田，玉米螟为害情况结果表明：玉米植株的叶片被害、折茎率、折雄率、雌穗被害率、钻蛀率结果有不同程度的变化。大庆地区采用免耕的玉米耕作方式较其他常规平作、垄作等方式玉米螟受害重，植株被害率、折茎率及雌穗被害率均较高。肇州县地区，垄作和有秸秆免耕较有秸秆宽窄行免耕相对较重。上述结果表明，与垄作栽培相比，大庆市区平作和免耕栽培玉米螟为害比较重，而肇州县免耕较垄作耕作方式玉米螟为害比较轻。

第三章　黑龙江省亚洲玉米螟的综合防治

第一节　研究的目的与意义

玉米螟因受气候影响每一年发生的高峰期都会略有变化，给玉米螟的防治带来一定难度，玉米螟在防治过程中大发生的年份可以采用化学药剂，但一般发生的年份或轻发生的年份可以采用生物防治或农业措施等综合防治。近年来，气候变化导致全球气候变暖越来越明显，黑龙江地区所处的纬度较高，气候变暖带来温度上升的幅度更高。有研究表明，全省气候变暖已经对黑龙江省农业生产和生态环境产生影响，主要体现在干旱发生频率高，病虫害发生率和数量增多。而黑龙江省是玉米种植大省，黑龙江省玉米的种植面积 2013 年高达 738.1 万 hm²，创中华人民共和国成立以来黑龙江种植面积的最高值，近几年由于结构的调整，玉米种植面积也有所调整，玉米种植面积大小和丰产丰收，直接影响黑龙江省突破千亿斤粮食总产量的生产目标。黑龙江省西部半干旱区地跨第一至第五积温带，因积温和环境不同玉米播期、长势、收获时期等有所不同，玉米螟的发生为害情况差异较大，给防治带来一定困难。在黑龙江玉米生产中玉米螟的防治均采用化学药剂防治，而且很多地区对玉米螟的发生为害以及防治的关键时期不明确，导致用药时间和用药量不合理，防治效果下降，或者不防治，农药残留大等一系列问题，严重影响黑龙江省玉米产量和品质。因此，明确黑龙江省西部半干旱区亚洲玉米螟的发生为害情况，亚洲玉米螟发生和防治的关键时期；生产中亚洲玉米螟的防治方法，以及在防治过程中低毒、无毒的药剂的选用；如何少用人工、机械化作业提高，如何形成一套绿色环保的玉米螟防控体系等，是目前玉米生产上亟待解决的问题，故开展本研究。

第二节　文献综述

一、玉米螟的防治措施

20 世纪 50 年代后我国确立了"预防为主，综合防治"的植保方针，在玉米病虫害中，玉米螟一直被列入国家重点攻关课题并取得了显著成绩（佟屏亚，2000）。玉米螟的防治技术应贯彻综合防治的原则，实行消灭越冬虫源、杀灭田间螟卵和防治初龄幼虫三道防线的方法，采用农业防治、生物防治、物理防治、化学防治等手段，因地制宜，因虫情而异进行有机结合和配套组装。从生态农业和持续农业的观点看，生物防治同其他方法比具有省工、无公害的特点，并且可以提高秸秆利用率。当前我国仍要继续推广赤眼蜂、白僵菌等生物防螟技术，并努力提高防治水平（刘宏伟等，2005）。

（一）农业防治

农业防治方法主要是结合耕作栽培技术进行的，虽然在害虫大量发生时仅起辅助作用，但在作物生长过程中可长期控制害虫，不污染环境，比较符合综合治理的指导思想，尤其是抗虫育种的利用是当今研究比较多的生态控制途径之一。农业防治就是把整个农田生态系统多因素的综合协调管理，调控作物、害虫和环境因素，创造一个有利于作物生长而不利于螟虫发生的农田生态环境。如利用处理玉米螟越冬寄主、改革耕作制度、种植抗螟品种、种植诱集田和间作等措施控制玉米螟的为害。不同种植方式对减少玉米螟的为害具有一定的效果。

农业防治方面可以选择种植抗螟品种，这无疑是防治玉米螟的最佳途径。中国农业科学院联合 15 家单位，从 1975 年起耗时 7 年对玉米品种进行了抗螟性鉴定，先后鉴定出高抗品种（系）47 份，抗型 86 份，中抗型 64 份（全国玉米抗螟性鉴定选育组，1983）。张颖等（2009）鉴定了河南农业大学试验田中 20 个玉米品种的抗螟性。张海燕等（2013）筛选了黑龙江不同积温带的抗螟品种。黄凯等（2014）对不同玉米品种的抗螟性进行测定，结果显示不同玉米品种的抗螟性存在差异，并鉴定出供试品种的抗性级别。目前广泛应用的抗螟品种主要有'郑单 958''农大 413''中农大 311'和'中科 4 号'等品种。然而玉米抗螟性与玉米植株体内的生理生化指标的关系却鲜有报道。另外，还可配合栽培技术防治玉米螟，如玉米与花生间作可降低玉米螟的为害，玉米与红薯套作时防治效果最好；播种期的改变也对防治玉米螟有很好的效果，可错开虫口盛期和玉米的高被害期（孙志远，2012）。

（二）物理机械防治

物理机械防治即利用各种物理因素、人工或器械防治有害生物的方法，包括人工捕杀、利用昆虫趋性可设置黑光灯或糖醋盘进行诱杀，乃至近代新技术直接或间接消灭害虫，这些方法或破坏害虫的正常生理活动，或破坏环境导致昆虫不能继续生存。张荣等（1991）研究发现在玉米螟发生严重的年份，在合理设置诱虫灯并管理良好的情况下，防效可以达到 65%~70%，然而此方法对设备和管理条件要求较高。随后，一些地区利用高压汞灯诱杀，也取得了一定防效，随着频振式杀虫灯的问世，高压汞灯逐步被取代（孙志远，2012）。近年来，利用性引诱剂来防治害虫备受青睐，它具有专一性强、安全有效、不伤害天敌昆虫等优点，吴畏等（2014）探究了玉米螟性信息素对玉米螟田间诱捕和防治效果，结果表明玉米螟性信息素诱芯对玉米螟成虫有一定的诱捕作用，可以进行短期预报，同时利用其诱捕成虫可减少卵和幼虫的数量，从而减轻为害。近年来，性信息素被广泛应用，其原理是利用亚洲玉米螟雌成虫释放的性信息素吸引雄成虫。主要是将人工合成的性信息素置于田间，从而干扰亚洲玉米螟雄成虫的正常交配，使雌成虫错过交配期，致使雌成虫无法交配，不能产卵，降低田间亚洲玉米螟卵量，达到防治亚洲玉米螟的目的。孙淑兰等（1995）、陈炳旭等（2010）、张振泽等（2010）做了有关不同类型、不同颜色、放置不同高度等性诱剂诱捕器对亚洲玉米螟进行田间防效试验，得到较好的防治效果。

（三） 化学防治

化学防治玉米螟是一项传统的防治措施，有较好的防治效果，化学药剂防治仍作为防治玉米螟的主要方法，它具有见效快、操作简便、经济效益高等优点，在田间被广泛应用。由于玉米螟有钻蛀的特点，玉米心叶期施放高效颗粒剂能有效阻断高龄幼虫蛀茎，玉米心叶期投撒颗粒剂是一项广泛应用的防治措施。研究表明，对硫磷、辛硫磷等有机磷杀虫剂可以成功地取代有机氯杀虫剂配制成高效颗粒剂，并大面积推广应用，其与拟菊酯类农药混用效果更佳。鲁新等（1998）进行了根区施药防治玉米螟的试验研究，认为使用内吸性杀虫剂在玉米根区施药防治螟虫是可行的。田间应用的药剂种类越来越多，有研究表明氯虫苯甲酰胺2 000倍液和甲氨基阿维菌素甲酸盐1 500倍液对玉米螟也有一定的防治效果（方志峰，2014），具有速效、简便和经济效益高的特点，特别是在大发生情况下，是必不可少的应急措施。但是化学防治存在一些弊端，如农药残留、选择性差、污染环境、为害人畜健康，并且大量使用化学农药会出现"3R"现象。基于对玉米螟的绿色防控，筛选高效低毒低残留化学药剂势在必行，同时根据此害虫的为害特点，确定化学防治的时期也是非常关键的。

（四） 生物防治

生物防治是利用生物间的相互关系，用一种或一类有机体抑制另一种或另一类有机体的方法，该方法具有无环境污染、无抗药性等优点，且对其他生物没有影响。亚洲玉米螟的天敌种类很多，主要有赤眼蜂、黑卵蜂、寄生蝇、白僵菌、细菌、病毒等。捕食性天敌，如瓢虫、步行虫、草蛉等，都对虫量有一定的抑制作用。目前生产上主要应用的是田间释放赤眼蜂、白僵菌、苏云金芽孢杆菌防治玉米螟。赤眼蜂寄主广泛，可寄生400多种害虫，是亚洲玉米螟卵期的重要天敌昆虫，应用赤眼蜂防治亚洲玉米螟成本低、效果好、使用方便、不污染环境，长期大面积的应用赤眼蜂防治亚洲玉米螟收到了良好的防治效果和经济效益。我国北方松毛虫赤眼蜂作为防治亚洲玉米螟的一个优势种，根据连续3年应用松毛虫赤眼蜂防治亚洲玉米螟的防治效果表明，放蜂对亚洲玉米螟防治效果可达65%以上，被害株率减少60%以上。我国利用赤眼蜂防治玉米螟的研究工作最早是在20世纪50年代开始的，现如今已形成一套成熟的繁殖、生产及田间放蜂方法并取得一定效果。2009年在黑龙江省齐齐哈尔市龙江县放蜂结果表明，赤眼蜂寄生玉米螟卵的校正寄生率达到71.69%，可挽回损失率为6.47%（赵秀梅，2010）；2007年起，连续3年在辽宁省放蜂结果显示，放蜂对当代玉米螟卵平均寄生率为75.1%，平均防效62.8%对2代玉米螟的持续效果有所降低（杨长城，2011）。生防菌的选择上，白僵菌被广泛研究并应用，利用白僵菌封垛，可明显提高越冬幼虫的僵虫率，减少越冬虫口数，有效降低翌年春天的成虫基数和卵的数量（徐艳聆等，2010）。目前白僵菌的用量及作用时间仍需进一步研究和探索。苏云金杆菌（*Bt*）变种对亚洲玉米螟具有高致病力，工业产品拌颗粒，心叶末期撒入心叶，穗期防治使用 *Bt* 200～300倍液滴灌在雌穗花丝。对亚洲玉米螟平均防效可达80%以上。近年来，将外源 *Bt* 毒蛋白基因转入玉米，已成为各国科学家研究的重要课题之一。与现有的其他害虫防治措施相比，转 *Bt* 毒蛋白基因玉米能更好地控制玉米螟。而且，与对照玉米相比，转 *Bt* 毒蛋白基因玉米上欧洲玉米螟卵和幼虫的被捕食率和寄生率以及捕食性天敌的数量差异不显著（徐艳聆等，2006；毛刚等，2018）。另外，芜菁夜蛾线虫 Agriotos（*Steinernema feltiae* Agriotos）对亚洲玉米螟幼虫具有很强的侵染力，心叶中末期一次施用 Agriotos 线虫可望完全控制心叶期螟害，Agriotos 线虫是防治玉米螟极有希望的线虫，是生物防治的新措施（刘宏伟，2005）。

二、防治上存在的问题与对策

我国对玉米螟的综合防治做了大量的研究工作，也取得了很大进展，但目前的防治措施仍不能满足生产上的要求。存在的主要问题是：我国对玉米螟的研究多为经验型、描述性的，而对玉米螟的发生、为害及种群动态等机理型的、量化的研究尚不够深入，而这对玉米螟种群动态的可预测性是至关重要的。玉米品种抗螟性的利用，能有效地阻击初孵幼虫，但目前生产上对主栽品种的抗螟性，缺乏清楚的了解，特别是对雄穗的抗螟性，更有待于进一步研究。化学防治方法对玉米螟的幼虫危害有较好的防治效果，但是，施药工具不过关、施药时期与玉米螟发生时期的吻合程度等因素，均影响防治效果。另外，对化学药剂的毒性、玉米螟的抗药性以及不育剂的安全性等，都有待于进一步的研究和探索。生物防治也存在着一定的局限性。如利用赤眼蜂防治玉米螟时，无论螟害发生程度如何，均需一定的投资，费用高。利用白僵菌、*Bt* 生物制剂、线虫等防治玉米螟，费工、残效时间短，尤其是利用线虫防治玉米螟，还处于研究阶段，因其不能产生新的下一代侵染期线虫，所以，仅对心叶期害虫有效，还不能有效地防治玉米生育后期螟害。玉米螟的预测预报技术还不成熟、不完善，预报准确率低，尤其是年度的发生趋势分析和长期发生量预报，参照因素的可依据性差，导致预报不准确，在一定程度上影响了防治效果。

为此，对今后玉米螟的研究与综合防治提出几点建议，以供参考。第一，应加强对玉米螟的发生规律、取食习性、化性问题、经济损失率、防治指标、田间死亡因子、生态条件与玉米螟发生关系及抗药性等问题的研究，揭示其发生、为害特点，为生产上科学地预测、防治玉米螟提供理论依据。第二，应加强玉米螟的预测预报研究。科学准确的预报，以增强玉米螟防治工作的针对性，克服盲目性，从而提高防治效果。为此，加强玉米螟预测预报的网点建设，培训高素质预报人员，更新监测手段和技术，是目前提高玉米螟综合防治效果的重要保证。第三，加强抗螟品种的选育工作。培育抗螟品种是今后防治玉米螟安全、有效措施，同时也是最有前景的。但目前国内对抗螟品种的研究很少，尤其是玉米生殖生长期抗性研究更少。今后应加强高产、抗螟品种的选育和推广，加快转基因抗螟玉米的研究，尽早、尽快地为农业生产提供优质、高产、抗螟的新玉米品种类型。第四，积极开展玉米螟综合防治技术研究。目前生产上玉米螟的防治多以单一的化学防治为主，而害虫的综合防治实践证明，单一的防治措施只能暂时压低虫口密度，只有采取综合防治措施，才能改变害虫种群自然繁殖趋势，使虫口密度得到有效的控制。

第三节　温度与亚洲玉米螟生长发育的关系

一、材料与方法

（一）供试虫源

春季采集玉米茎秆中的老熟幼虫，室内饲养，以越冬代成虫产卵所孵化的幼虫作为试验的供试材料。

（二）试验方法

在相对湿度为75%的条件下，设置5个恒温梯度：即15℃、20℃、25℃、30℃和35℃，L：D=16h∶8h。每一温度内各放置初产的卵块6块，约60粒，孵出幼虫后，10头为一组，每温度6组，喂以人工饲料，饲料配制方法同周大荣稍做改动。每天观察其生长发育情况，蜕皮后用解剖针挑去头壳记为2龄，依此类推。化蛹后，将蛹取出，单头饲养在直径约8cm的罐头瓶中，内置湿棉球保湿。羽化后雌雄配对，令其交配，以10%蜂蜜水饲喂直至死亡。成虫产卵后，将卵块挑出放在培养皿中继续饲养使其孵化。

（三）数据处理及计算方法

数据使用Excel 2003、SPSS 19.0进行处理。

生命表参数计算根据丁岩钦（1994）的方法：

净生殖力 $R_0 = \sum l_{xi} m_{xi}$；平均世代历期 $T = \sum x l_{xi} m_{xi} / \sum l_{xi} m_{xi}$；内禀增长率 $r_m = \ln R_0 / T$；周限增长率 $\lambda = e^{r_m}$；种群加倍时间 $t = \ln 2 / r_m$。其中 l_{x_i} 为某龄开始时存活率，m_{x_i} 为单雌平均产卵数。

存活率参考张治科等（2007）的方法，存活率（%）为某一虫龄存活数与进入该虫龄的比值。

二、结果与分析

（一）不同温度下玉米螟卵的孵化率及幼虫存活率

表3-1表明，在5个温度环境下，卵孵化率最高的为25℃和30℃，达到100%，20℃和35℃下也可达80%以上，15℃下孵化率最低，只有78%，且15℃下卵孵化率与35℃有显著差异，与其他温度有极显著差异；除15℃下1龄幼虫存活率为63%外，其他温度均可达80%左右，25℃下最高，为85%，低温下的存活率与其他温度下的有极显著差异；长至2龄时，25℃下的存活率依旧最高，为98%，20℃（93%）和30℃（89%）下存活率相差甚微，35℃下最低，为77%，各温度间只有15℃和25℃之间存在极显著差异；3龄幼虫同样在25℃存活率最高为96%，15℃下最低为71%，20℃和25℃与其他温度下存活率差异极显著；4龄时，20℃、25℃、30℃下的存活率均达到90%以上，35℃存活率最少为76%，且与其他温度差异显著；5龄幼虫存活率最高的为

25℃，达到91%，最低的为20℃，为82%，5个温度下的存活率无差异。

表3-1　不同温度下玉米螟卵孵化率及各龄幼虫存活率 （%）

温度（℃）	卵孵化率	1龄幼虫	2龄幼虫	3龄幼虫	4龄幼虫	5龄幼虫
15	78.33±0.76[aA]	63.67±0.07[aA]	81.00±0.07[abAB]	71.00±0.04[aA]	87.67±0.11[abA]	85.00±0.13[aA]
20	95.00±0.05[bcB]	82.33±0.03[bB]	93.33±0.01[cBC]	93.67±0.06[bB]	95.00±0.04[bA]	82.33±0.03[aA]
25	100.00±0.00[cB]	85.00±0.05[bB]	98.00±0.03[cC]	96.00±0.03[bB]	96.00±0.03[bA]	91.67±0.07[aA]
30	100.00±0.00[cB]	80.00±0.05[bB]	88.67±0.04[bcABC]	88.33±0.10[bAB]	94.67±0.05[bA]	88.67±0.10[aA]
35	88.33±0.57[bAB]	79.00±0.07[bB]	77.00±0.07[aA]	75.00±0.06[aA]	75.67±0.12[aA]	89.67±0.09[aA]

注：表中数据为平均值±标准差，同一行数据后有相同小写字母表示经 Duncan 多重比较后差异不显著（$P \geq 0.05$），不同大写字母表示极不显著（$P \geq 0.01$），下同

（二）不同温度下玉米螟成虫的羽化率及繁殖力

根据表3-2可知，不同温度下玉米螟成虫羽化情况不同。在25℃下，能够成功羽化进入成虫期的亚洲玉米螟有40头，羽化率高达95%，而15℃下仅有11头成功羽化，但20℃下羽化数为27头，羽化率却仅为84%，低于其他温度，5种温度下羽化率无明显差异。总体来看，在15~25℃的温度范围内，随着温度升高，能够羽化成功的成蛾增加，羽化率也呈上升趋势，温度继续升高至30℃，羽化数却有所下滑，羽化率随之下降，当温度达到35℃时，进入成虫期的数量仅为14头。

表3-2　不同温度下成虫羽化率及繁殖力

温度（℃）	羽化数（头）	羽化率（%）	产卵量（粒）
15	11	88.67±0.19[aA]	36.80±13.33[aA]
20	27	84.33±0.06[aA]	93.17±30.51[bB]
25	40	95.00±0.04[aA]	159.86±40.21[cC]
30	29	89.67±0.09[aA]	105.29±33.04[bB]
35	14	88.67±0.19[aA]	90.26±55.30[aA]

由表3-2可见，25℃下的成虫平均产卵约为159.86粒，30℃下为105.29粒，其他温度均产卵量均未达到100粒，15℃下的成虫产卵量最少，平均仅为36.80粒，25℃的成虫产卵量与其他温度下有极显著差异；玉米螟在5个温度下的产卵量呈抛物线趋势，产卵量计算公式如下。

$$y = -8.0514x^2 + 407.73x - 4204 \quad (R^2 = 0.9041) \qquad （式1）$$

式中：y 为产卵量（粒），x 为环境温度（℃）。

（三）不同温度下玉米螟各虫态的发育历期

根据表3-3，在5个温度范围内，玉米螟均能完成整个生育期，但发育天数有所不同。卵的发育历期为从成虫产卵到卵成功孵化所经历的天数，在6~9d，温度越

高，发育历期越短，除 25℃ 和 30℃ 之间无差异外，其他温度下的发育历期均有极显著差异；1 龄幼虫在 15℃ 中发育最慢，5.8d 可蜕皮发育，明显高于其他温度下的历期，20℃ 中，平均 4.72d 长至 2 龄，其他 3 个温度下 1 龄幼虫的发育历期分别为 3.63d、3.38d 和 3.36d，它们之间无差异；2 龄幼虫的发育历期在 2~6d，随着温度升高，所需时间缩短，30℃ 和 35℃ 的发育历期与另外 3 个有极显著差异；从 3 龄发育至 4 龄期间，30℃ 下的幼虫用时最短，为 2.37d，15℃ 下用时最长，为 6.00d，在供试的 5 种温度间的发育历期存在显著和极显著差异；4 龄幼虫发育用时最短温度的为 35℃，平均 2.50d，最长为 6.67d，出现在 15℃ 下，各温度间均有极显著差异；幼虫从 5 龄发育至蛹期间，30℃ 下需要 5.91d，与其他温度差异极显著，15℃ 下需要 8.62d，用时最长，与其他温度差异也是极显著；蛹发育历期为从 5 龄幼虫吐丝结茧到成虫羽化所经历的天数，最长为 15℃ 下的 8.91d，最短为 35℃ 下的 6.29d，15℃ 的历期与其他温度有极显著差异，20℃ 与 35℃ 之间也有极显著差异；成虫发育历期（即成虫寿命），15℃ 下玉米螟寿命最短，为 4.00d，与 35℃ 下的成虫寿命无差异，与其他温度中的发育历期差异极显著，25℃ 和 30℃ 下成虫寿命相同为 5.38d，与 15℃ 和 35℃ 下历期差异极显著，与 20℃ 下的无差异。

表 3-3 不同温度下玉米螟发育历期 (d)

温度 (℃)	卵	1 龄	2 龄	3 龄	4 龄	5 龄	蛹	成虫
15	9.30±0.46^{aA}	5.80±0.93^{aA}	5.29±0.46^{aA}	6.00±0.79^{aA}	6.67±0.49^{aA}	8.62±0.51^{aA}	8.91±0.70^{aA}	4.00±0.78^{aA}
20	7.98±0.74^{bB}	4.72±0.85^{bB}	4.66±0.81^{bB}	5.37±1.22^{bA}	4.51±0.76^{bB}	7.42±0.50^{bB}	7.33±0.73^{bB}	4.96±0.85^{bcBC}
25	7.15±0.36^{cC}	3.63±0.89^{cC}	3.32±0.96^{cC}	3.38±1.04^{cB}	3.59±0.93^{cC}	6.81±0.74^{cC}	6.98±1.09^{bcBC}	5.38±0.93^{cC}
30	7.12±0.32^{cC}	3.38±0.95^{cC}	2.47±0.74^{dD}	2.37±0.49^{dC}	3.11±0.79^{dC}	5.91±0.78^{dD}	6.55±1.12^{cdBC}	5.38±0.82^{cC}
35	6.13±0.56^{dD}	3.36±0.98^{cC}	2.50±0.72^{dD}	2.54±0.72^{dC}	2.50±0.70^{eD}	6.44±0.51^{cC}	6.29±0.99^{dC}	4.50±0.65^{abAB}

由图 3-1 可知，总体来看，玉米螟各虫态（龄）的发育历期随着温度升高而减少。但 2 龄、3 龄、5 龄幼虫的发育历期在 35℃ 时有所增加。成虫的寿命在 25℃ 和 30℃ 时达到最高，较低和较高的温度均不利于成虫生存。

（四）玉米螟实验种群生命表

1. 亚洲玉米螟实验种群参数

根据室内饲养所记录的观察资料，分别计算其种群参数，结果如表 3-4。

由表 3-4 可以看出：不同温度下玉米螟实验种群的生长参数明显不同。25℃ 下，种群净生殖力（R_0）最高（60.14）；世代平均周期（T）随着温度升高而下降，说明高温可加快玉米螟生长发育及繁殖速率；高温时的内禀增长率（r_m）和周限增长率（λ）均高于低温，如 35℃ 下 r_m 比 15℃ 下高 28.57%，λ 比 15℃ 下高 2.80%；30℃ 和 35℃ 的种群加倍时间不到 7d，而 15℃ 下的种群加倍时间则延长至 10d 之多。

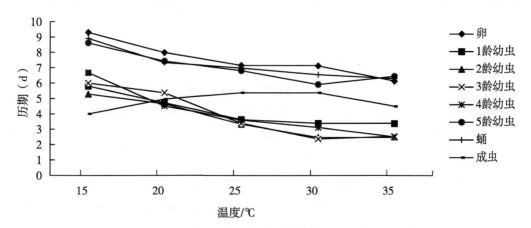

图 3-1 玉米螟发育历期随温度的变化情况

表 3-4 玉米螟种群增长参数

温度（℃）	净生殖力	世代平均周期	内禀增长力	周限增长率（%）	种群加倍时间（d）
15	36.80	53.71	0.07	1.07	10.33
20	56.77	50.32	0.08	1.08	8.64
25	60.14	42.49	0.10	1.10	7.19
30	56.59	39.28	0.10	1.10	6.75
35	43.84	37.90	0.09	1.10	6.94

2. 亚洲玉米螟实验种群生命表

根据各温度下不同发育期的存活情况组件玉米螟实验种群生命表，如表 3-5。起始卵量为 60 粒，其他各生育期存活数为实际观察值，最高产卵量为 1 119 粒，雌雄比假定为 1:1，正常♀×2＝♀×2×（平均产卵量/最高产卵量），平均产卵量根据方程 1 推算，预测下一代产卵量＝正常♀×平均产卵量。20~35℃种群趋势指数均大于 1，则表明，下一代种群数量呈上升趋势，20℃、25℃和 30℃下的玉米螟种群趋势指数大于 100，表明其种群成百倍增长。玉米螟试验种群趋势指数（I）呈抛物线变化，可拟合为如下公式。

$$I=-55.328t^2+335.15t-293.4 \quad (R^2=0.861) \qquad （式2）$$

表 3-5 不同温度下的玉米螟实验种群生命表

发育期	温度（℃）				
	15	20	25	30	35
初始卵	60	60	60	60	60

（续表）

发育期	温度（℃）				
	15	20	25	30	35
卵孵化率（%）	78.33[aA]	95.00[bcB]	100.00[cB]	100.00[cB]	88.33[bAB]
一龄幼虫	47	57	60	60	53
一龄幼虫存活率（%）	63.67[aA]	82.33[bB]	85.00[bB]	80.00[bB]	79.00[bB]
二龄幼虫	30	47	51	48	42
二龄幼虫存活率（%）	81.00[abAB]	93.33[cBC]	98.00[cC]	88.67[bcABC]	77.00[aA]
三龄幼虫	24	44	50	43	32
三龄幼虫存活率（%）	71.00[aA]	93.67[bB]	96.00[bB]	88.33[bAB]	75.00[aA]
四龄幼虫	17	41	48	38	24
四龄幼虫存活率（%）	87.67[abA]	95.00[bA]	96.00[bA]	94.67[bA]	75.67[aA]
五龄幼虫	15	39	46	36	18
五龄幼虫存活率（%）	85.00[aA]	82.33[aA]	91.67[aA]	88.67[aA]	89.67[aA]
蛹	13	32	42	32	16
羽化成虫	11	27	40	29	14
♀×2	11	27	40	29	14
正常♀×2	0.99	17.61	34.21	20.26	2.55
预测下一代卵量	49.53	6 429.79	16 373.34	7 916.83	259.27
种群趋势指数（I）	0.83	107.16	272.89	131.95	4.32

三、小　结

以人工饲料为食物，探究了在不同温度下玉米螟的生长发育情况，分析了温度对卵孵化率、各龄幼虫的存活率、成虫羽化及繁殖情况的影响，统计了各温度下的发育历期和生命表参数，制作了玉米螟实验种群生命表。

研究表明：玉米螟在所试温度下均能完成整个生育期，卵的孵化率在25℃下最大，各虫态在25℃下存活率最高，成虫羽化数和羽化率也在25℃下达到最大值，繁殖力最强，说明，25℃为玉米螟生长发育繁殖的最佳温度。这与袁福香等（2008）研究的吉林省一代玉米螟的发生情况基本吻合。通过统计玉米螟的发育历期发现，各温度下玉米螟的生长发育历期均超过一个月，但随温度升高所需时间逐渐缩短，如15℃时完成整个生育期需要54d之多，35℃时仅需34.26d，此规律与吴兴富等（2000）和徐世才等（2011）研究的其他多种昆虫有相似之处。

除15℃外，各温度下的种群趋势指数均大于1，表明在5个温度下，玉米螟种群都呈增长趋势，只是增长幅度不同，20～30℃下成百倍增长，同时也可以说明20～

30℃是玉米螟生长繁殖的适宜温度。根据玉米螟实验种群参数可知，高温下的种群内禀增长率和周限增长率均大于低温下，因此可说明，高温环境更有利于玉米螟的繁殖。

随着全球变暖，黑龙江省全年平均温度有所升高，该试验所设定的温度符合黑龙江省近年来玉米螟生长发育旺季的温度趋势，然而实验种群所表现的生活史情况与现实还有一定的差别，在自然环境中，玉米螟的生长发育及繁殖情况还与玉米品种、栽培模式及化学农药的使用有关。因此，得出的结论需进一步在生产实践中验证。

第四节　亚洲玉米螟室内药剂毒力测定

一、材料与方法

（一）供试虫源

在黑龙江八一农垦大学玉米试验田采集玉米螟幼虫，带回实验室饲养繁殖，取3龄幼虫供试。

（二）供试杀虫剂

根据目前农业生产上需求，选4种杀虫剂和一种生物农药进行毒力测定，为田间可持续防控提供依据。

4种杀虫剂：5%氯虫苯甲酰胺悬浮剂（美国杜邦公司），4.5%高效氯氰菊酯微乳剂（中国农业科学院植物保护研究所廊坊农药中试厂），40%辛硫磷乳油（江苏宝灵化工股份有限公司），25g/L溴氰菊酯乳油（浙江威尔达化工有限公司）。球孢白僵菌Bb107菌株（来自黑龙江八一农垦大学植物保护实验室）。

（三）化学杀虫剂室内毒力测定

参考刘泽文等（2002）点滴法：选取生长一致的玉米螟3龄幼虫，放入培养皿中。在预实验的基础上将4.5%高效氯氰菊酯微乳剂用丙酮稀释为0.022 5 mg/L、0.011 3mg/L、0.005 6mg/L、0.004 5mg/L和0.002 8mg/L5个浓度梯度，将25g/L溴氰菊酯乳油稀释为0.250 0mg/L、0.125 0mg/L、0.062 5mg/L、0.031 3mg/L和0.015 6mg/L5个浓度梯度，用微量进样器吸取1μL药液，滴于玉米螟头壳与身体衔接处，从低浓度到高浓度逐一操作。在盒内添加人工饲料，并置于25℃，RH为75%的恒温培养箱中饲养。每浓度3次重复，每重复30头幼虫，对照组只滴丙酮。分别记录24h、48h、72h后各处理中玉米螟幼虫的死亡情况。

参考王利霞等（2014）毒叶法：在预实验的基础上，将5%氯虫苯甲酰胺悬浮剂用丙酮稀释为0.025 0mg/L、0.012 5mg/L、0.006 3mg/L、0.003 1mg/L和0.001 6mg/L5个浓度梯度，将40%辛硫磷乳油用丙酮稀释为0.100 0mg/L、0.050 0mg/L、0.030 0mg/L、0.010 0mg/L和0.005 0mg/L5个浓度梯度。选取生长一致的玉米叶片，剪成大小约2cm×2cm正方形，在对应浓度的药液中浸泡10s，取出晾干后以毒叶饲喂生长一致的3龄玉米螟幼虫。以浸泡丙酮的叶片作为对照。每个浓度重复3次，每重复30头幼虫。

分别记录24h、48h、72h后各处理中玉米螟幼虫的死亡情况。

(四) 白僵菌室内毒力测定

菌液制备：取分离纯化后的菌株接种到PDA平板上，并置于25℃的恒温箱中培养10d的产孢菌株，以2mL 0.03%吐温-80无菌水冲洗分生孢子至三角瓶内，将此悬浮液用磁力搅拌器搅拌30min后用蒸馏水稀释$1.0×10^2$倍，镜下用血球计数板计数，分别配制10^5、10^6、10^7、10^8、10^9孢子/mL的5个梯度孢子悬浮液。

白僵菌室内毒力测定：选取生长一致的玉米螟3龄幼虫，放入灭菌后的培养皿中。用微量进样器吸取1μL孢子悬浮液，滴于玉米螟头壳与身体衔接处，从低浓度到高浓度逐一操作。在盒内添加人工饲料，并置于25℃，RH为75%的恒温培养箱中饲养。每浓度3次重复，每重复30头幼虫，以0.03%吐温-80无菌水作为对照。每天观察并记录死亡情况，连续记录至化蛹。

(五) 数据处理

以药剂浓度（mg/L）的对数值为X，校正死亡率的概率值为Y，用SPSS 19.0计算毒力回归方程、致死中浓度（LC_{50}）和置信区间。并用SPSS 19.0对数据进行分析，用Duncan氏新复极差法检验数据，比较其显著性。

$$死亡率（\%）=（死亡数/供试总数）×100$$
$$校正死亡率（\%）=［（处理组死亡率-对照组死亡率）/$$
$$（100-对照组死亡率）］×100$$

二、结果与分析

(一) 化学杀虫剂室内毒力测定

1. 化学杀虫剂药剂不同浓度处理玉米螟幼虫死亡率比较

化学杀虫剂不同浓度处理对玉米螟幼虫死亡率的影响见表3-6，高下氯氰菊酯处理24h，药剂浓度从低到高（0.002 8mg/L、0.004 5mg/L、0.005 6mg/L、0.011 3mg/L、0.022 5mg/L）幼虫的死亡率分别为23.33%、53.33%、61.11%、78.89%、88.89%，除0.005 6mg/L和0.004 5mg/L外，其他各浓度之间差异显著。处理48h后，0.022 5mg/L的死亡率达到94.44%，与其他处理差异极显著；浓度为0.011 3mg/L、0.005 6mg/L、0.004 5mg/L时，幼虫死亡率分别为81.11%、74.44%、68.89%，彼此之间不表现极显著差异；药剂浓度为0.002 8mg/L时的死亡率仅为35.56%，与另外4个浓度之间有极显著差异。处理72h后，各浓度的死亡率均有所上涨，最高的仍为浓度为0.022 5mg/L的处理，高达98.89%，0.011 3mg/L其次，为90%，2个处理间差异显著；0.005 6mg/L死亡率为78.89%，0.004 5mg/L的死亡率下降到76.67%，二者与前两个浓度之间均差异显著；供试最小浓度0.002 8mg/L的死亡率为52.22%，与其他4个处理间均有极显著差异。分析以上结果可见，随着化学杀虫剂处理浓度增加，玉米螟幼虫的死亡率增加；同时，随着处理时间的延长，死亡率也上升。

表 3-6　不同浓度高效氯氰菊酯处理玉米螟后死亡率

浓度 （mg/L）	供试虫数 （头）	24h		48h		72h	
		死亡率 （%）	校正死亡 率（%）	死亡率 （%）	校正死亡 率（%）	死亡率 （%）	校正死亡 率（%）
0.022 5	3×30	88.89±5.09[bcAB]	88.64	94.44±1.92[abA]	94.25	98.89±1.92[aA]	98.84
0.011 3	3×30	78.89±6.94[dBC]	78.41	81.11±5.09[cdBC]	80.46	90.00±3.33[bAB]	89.53
0.005 6	3×30	61.11±5.09[fgDE]	60.23	74.44±1.93[deC]	73.56	78.89±5.09[dBC]	77.91
0.004 5	3×30	53.33±6.67[ghE]	53.33	68.89±5.09[efCD]	68.89	76.67±3.33[deC]	76.67
0.002 8	3×30	23.33±3.34[jG]	21.59	38.89±8.39[iF]	36.78	52.22±5.09[hE]	50.00
CK	3×30	2.22		3.33		4.44	

注：表中数据为平均值±标准差，同一行数据后有相同小写字母表示经 Duncan 多重比较后差异不显著（$P \geq 0.05$），不同大写字母表示极不显著（$P \geq 0.01$），下同

不同浓度溴氰菊酯对玉米螟幼虫的影响见表 3-7，施药 24h 后 0.250 0mg/L 的死亡率为 48.89%，0.125 0mg/L 和 0.062 5mg/L 的死亡率分别为 36.67% 和 33.33%，与0.250 0mg/L 间存在极显著差异；0.031 3mg/L 和 0.015 6mg/L 的死亡率分别为 18.89% 和 7.78%，两者之间差异极显著，与其他处理间也存在极显著差异。48h 后各浓度的死亡率分别增长至 81.11%、75.56%、66.67%、54.44% 和 45.56%，0.250 0 mg/L 与0.125 0mg/L 之间不表现显著差异，但与其他浓度之间有极显著差异，且其他浓度互相表现为差异极显著。72h 后，0.250 0mg/L 和 0.125 0mg/L 的死亡率分别增长至 87.78% 和 81.11%，0.062 5mg/L 和 0.031 3mg/L 的死亡率分别增长至 71.11% 和 65.56%，与0.250 0mg/L 和 0.125 0mg/L 两个处理之间有极显著差异；0.015 6mg/L 的死亡率增长至53.33%，与其他浓度处理之间差异极显著。

表 3-7　不同浓度溴氰菊酯处理玉米螟后死亡率

浓度 （mg/L）	供试虫数 （头）	24h		48h		72h	
		死亡率 （%）	校正死亡 率（%）	死亡率 （%）	校正死亡 率（%）	死亡率 （%）	校正死亡 率（%）
0.250 0	3×30	48.89±5.09[efEF]	48.89	81.11±1.92[bAB]	80.00	87.78±1.92[aA]	86.90
0.125 0	3×30	36.67±3.33[gG]	36.67	75.56±1.92[bcBC]	74.12	81.11±1.92[bAB]	79.76
0.062 5	3×30	33.33±3.33[gG]	33.33	66.67±3.33[dD]	66.67	71.11±1.92[cdCD]	71.11
0.031 3	3×30	18.89±1.92[hH]	18.89	54.44±5.09[eE]	51.76	65.56±1.92[dD]	63.09
0.015 6	3×30	7.78±1.92[iI]	7.78	45.56±5.09[fF]	42.35	53.33±3.33[eE]	50.00
CK	3×30	0		5.56		6.67	

根据不同浓度辛硫磷处理玉米螟 3 龄幼虫后的死亡率显示（表 3-8），药剂处理24h 后，0.100 0 mg/L 的死亡率为 92.22%，0.050 0 mg/L 的死亡率为 76.67%，

0.030 0mg/L的死亡为52.22%，0.010 0mg/L的死亡率为20%，0.005 0mg/L死亡率仅为2.22%，他们彼此之间不表现显著差异。处理48h后，0.100 0mg/L的死亡率上升至98.89%，0.050 0mg/L的上升至93.33%，0.030 0mg/L死亡率为76.67%，与前两个浓度处理间有极显著差异；0.010 0mg/L和0.005 0mg/L的死亡率分别上升至54.44%和14.44%，它们之间有极显著差异，且与其他处理之间也差异极显著。处理72h后，0.100 0mg/L的死亡率仍为98.89%，0.050 0mg/L的死亡率为97.78%，0.030 0mg/L死亡率为91.11%，三者之间无明显差异；0.010 0mg/L死亡率为78.89%，与前3个较高浓度处理之间存在极显著差异；0.005 0mg/L的死亡率为47.78%，与其他浓度之间均存在极显著差异。

表3-8　不同浓度辛硫磷处理玉米螟后死亡率

浓度 (mg/L)	供试虫数 (头)	24h		48h		72h	
		死亡率 (%)	校正死亡率 (%)	死亡率 (%)	校正死亡率 (%)	死亡率 (%)	校正死亡率 (%)
0.100 0	3×30	92.22±1.92[aA]	92.13	98.89±1.92[aA]	98.86	98.89±1.92[aA]	98.84
0.050 0	3×30	76.67±10.00[bB]	76.40	93.33±3.33[aA]	93.18	97.78±1.92[aA]	97.67
0.030 0	3×30	52.22±6.94[cC]	51.68	76.67±10.00[bB]	76.14	91.11±3.85[aA]	90.70
0.010 0	3×30	20.00±3.33[dD]	19.10	54.44±8.39[cC]	53.41	78.89±5.09[bB]	77.91
0.005 0	3×30	3.33±3.33[eE]	2.22	14.44±1.92[dDE]	14.44	47.78±5.09[cC]	47.78
CK	3×30	1.11		2.22		4.44	

以不同浓度的氯虫苯甲酰胺处理玉米螟幼虫的死亡率见表3-9。处理24h后，0.025 0mg/L的死亡率为58.89%，0.012 5mg/L和0.006 3mg/L的死亡率分别为42.22%和31.11%，两者之间差异显著，与0.025 0mg/L间存在极显著差异；0.003 1mg/L和0.001 6mg/L的死亡率分别为17.77%和13.33%，它们之间无显著差异，但与其他浓度处理之间差异极显著。48h后，各浓度处理的死亡率均有所增加，0.025 0mg/L，0.012 5mg/L和0.006 3mg/L的死亡率分别上升至63.33%，46.67%和36.67%，三者之间差异显著；0.003 1mg/L和0.001 6mg/L的死亡率分别增长至23.33%和17.78%，与另外3个浓度处理之间差异显著。药剂处理72h后，死亡率仍随着浓度的增加而升高，各浓度死亡率从高到低依次为83.33%、70.00%、58.89%、48.89%和30.00%，最高浓度和最低浓度之间差异极显著，且与3个中间浓度之间有极显著差异。

表3-9　不同浓度氯虫苯甲酰胺处理玉米螟后死亡率

浓度 (mg/L)	供试虫数 (头)	24h		48h		72h	
		死亡率 (%)	校正死亡率 (%)	死亡率 (%)	校正死亡率 (%)	死亡率 (%)	校正死亡率 (%)
0.025 0	3×30	58.89±7.70[cBC]	57.95	63.33±10.00[bcB]	62.50	83.33±3.33[aA]	82.76

（续表）

浓度 （mg/L）	供试虫数 （头）	24h		48h		72h	
		死亡率 （%）	校正死亡率 （%）	死亡率 （%）	校正死亡率 （%）	死亡率 （%）	校正死亡率 （%）
0.012 5	3×30	42.22±5.09^{deDE}	40.90	46.67±8.82^{dCD}	45.45	70.00±3.33^{bB}	68.97
0.006 3	3×30	31.11±1.92^{fgEFG}	29.55	36.67±6.67^{efDEF}	35.23	58.89±5.09^{cBC}	57.47
0.003 1	3×30	17.77±5.09^{hGH}	15.90	23.33±3.34^{ghFGH}	21.59	48.89±3.85^{dCD}	47.13
0.001 6	3×30	13.33±3.34^{hH}	10.23	17.78±1.92^{hGH}	15.91	30.00±6.67^{fgEFG}	27.59
CK	3×30	2.22		2.22		3.33	

2. 化学杀虫剂对玉米螟幼虫的毒力

根据 4 种药剂不同浓度处理玉米螟 3 龄幼虫的死亡率结果，以药剂浓度对数为横坐标，以死亡概率值为纵坐标作图，得出回归方程并计算出对应处理时间的 LC_{50}。由表 3-10 可知，各药剂不同处理时间下拟合成回归方程的相关系数均大于 0.9，因此方程成立。高效氯氰菊酯处理 24h、48h 和 72h 后的 LC_{50} 分别为 0.005 0mg/L、0.003 2mg/L 和 0.003 1mg/L，即用药 72h 后毒力最强，但与 48h 后的无差异。溴氰菊酯同样在处理 72h 时药剂毒力最强，各处理之间差异也极显著。对玉米螟幼虫施用辛硫磷后 24h 致死中量为 0.027 0mg/L，48h 的致死中量为 0.012 2mg/L，72h 的致死中量为 0.004 6mg/L，它们之间差异极显著，毒力递增。氯虫苯甲酰胺各处理时间后的致死中量分别为 0.360 7mg/L、0.284 2mg/L 和 0.251 3mg/L，它们之间差异显著，在 72h 时毒力最强。

表 3-10　4 种药剂对玉米螟幼虫的致死中浓度

药剂名称	处理时间 （h）	回归方程	相关系数	LC_{50}致死中浓度 （mg/L）
高效氯氰菊酯	24	$y=2.062\ 4x+9.741\ 8$	0.966 3	0.005 0^{iI}
	48	$y=1.864\ 3x+9.650\ 0$	0.957 9	0.003 2^{jJ}
	72	$y=2.589\ 1x+11.462\ 2$	0.942 2	0.003 1^{jJ}
溴氰菊酯	24	$y=1.104\ 9x+5.662\ 7$	0.990 1	0.086 8^{dD}
	48	$y=0.887\ 5x+6.422\ 8$	0.992 6	0.024 9^{fF}
	72	$y=0.911\ 1x+6.666\ 2$	0.998 5	0.014 8^{gG}
辛硫磷	24	$y=2.544\ 1x+8.992\ 5$	0.994 5	0.027 0^{eE}
	48	$y=2.413\ 5x+9.622\ 6$	0.987 7	0.012 2^{hH}
	72	$y=1.764\ 5x+9.126\ 5$	0.986 8	0.004 6^{iI}
氯虫苯甲酰胺	24	$y=1.231\ 5x+5.545\ 4$	0.997 1	0.360 7^{aA}
	48	$y=1.098\ 1x+5.599\ 9$	0.994 4	0.284 2^{bB}
	72	$y=1.211\ 4x+6.286\ 1$	0.993 4	0.251 3^{cC}

（二）白僵菌室内毒力测定

1. 不同浓度 Bb107 球孢白僵菌下亚洲玉米螟的死亡率比较

由表 3-11 可以看出不同浓度球孢白僵菌对亚洲玉米螟的杀虫活性不同，随着孢子浓度的增加，药效增强。接种 1d 后，所有浓度玉米螟 3 龄幼虫无影响。$1×10^5$ 孢子/mL 和 $1×10^6$ 孢子/mL 白僵菌接种后 2d，玉米螟 3 龄幼虫仍未出现死亡虫，而 $1×10^7 \sim 1×10^9$ 孢子/mL 的校正死亡率分别为 6.67%、13.33% 和 23.33%，且 $1×10^7$ cfu/mL 与 $1×10^9$ 孢子/mL 差异极显著。接种 3d 后，所有浓度处理均出现死亡，最高的为 $1×10^9$ 孢子/mL 处理，累计校正死亡率不到 50%，最低的为 $1×10^5$ 孢子/mL，仅为 1.11%，它们之间有极显著差异。第 4d 时，累计校正死亡率最高的仍为孢子浓度最大的 $1×10^9$ 孢子/mL 接近 60%，$1×10^8$ 孢子/mL 处理累计校正死亡率次之，为 48.89%，二者之间差异显著，与其他浓度之间差异极显著。接种后第 5d，$1×10^5$ 孢子/mL 累计校正死亡率达到 15% 之多，$1×10^9$ 孢子/mL 为 67.78%，与其他处理之间有极显著差异。接种白僵菌 6d 后，$1×10^5 \sim 1×10^9$ 孢子/mL 的供试幼虫累计校正死亡率均有所增加，浓度最大的 $1×10^9$ 孢子/mL 累计校正死亡率为 80%，除与 $1×10^8$ 孢子/mL 的 74.44% 无差异外，与其他处理浓度的校正死亡率均存在极显著差异。第 7d，累计校正死亡率继续上升，$1×10^9$ 孢子/mL 时达到峰值 92.22%，$1×10^5$ 孢子/mL 累计校正死亡率未达到 50%，它们之间差异极显著。

表 3-11　球孢白僵菌 Bb107 菌株对玉米螟幼虫死亡率的影响

孢子浓度（孢子/mL）	供试虫数（头）	累计校正死亡率（%）						
		1d	2d	3d	4d	5d	6d	7d
$1×10^5$	3×30	0.00	0.00^{cC}	1.11^{daB}	5.56^{eC}	15.56^{dC}	27.78^{cC}	44.44^{eC}
$1×10^6$	3×30	0.00	0.00^{cC}	3.33^{cdabB}	20.00^{dB}	25.56^{dC}	37.78^{cBC}	54.44^{eBC}
$1×10^7$	3×30	0.00	6.67^{bcBC}	14.44^{cbB}	31.11^{cB}	41.11^{cB}	54.44^{bB}	67.78^{bB}
$1×10^8$	3×30	0.00	13.33^{bAB}	34.44^{bcAB}	48.89^{bA}	52.22^{bB}	74.44^{aA}	86.67^{aA}
$1×10^9$	3×30	0.00	23.33^{aA}	48.89^{aaAB}	57.78^{Aa}	67.78^{aA}	80.00^{aA}	92.22^{aA}
CK	3×30	0.00	0.00	0.00	0.00	0.00	1.11	2.22

2. Bb107 球孢白僵菌对亚洲玉米螟室内毒力

球孢白僵菌 Bb107 菌株对亚洲玉米螟致死中浓度测定结果如表 3-12，接菌前 2d 有 2 个较低孢子浓度处理没有出现死亡虫，3d、4d、5d、6d、7d 后玉米螟幼虫死亡率与孢子浓度的对数值之间可拟合为方程如表 3-12，相关系数 r 均大于 0.9，因此回归方程成立。接菌 $3 \sim 7d$ 后 LC_{50} 分别为 $7.68×10^8$ 孢子/mL、$1.64×10^8$ 孢子/mL、$5.65×10^7$ 孢子/mL、$4.69×10^6$ 孢子/mL 和 $4.25×10^5$ 孢子/mL，可知随着处理时间增加，白僵菌对玉米螟 3 龄幼虫的毒力增强。

表 3-12　球孢白僵菌 Bb107 菌株对亚洲玉米螟致死中浓度

处理时间（d）	回归方程	相关系数	LC$_{50}$致死中浓度（孢子/mL）
3	$y=0.595\,1x-0.287\,5$	0.994	7.68×10^8
4	$y=0.522\,6x+0.706\,7$	0.952	1.64×10^8
5	$y=0.366\,2x+2.161\,4$	0.998	5.65×10^7
6	$y=0.387\,3x+2.416\,4$	0.990	4.69×10^6
7	$y=0.417\,1x+2.652\,3$	0.988	4.25×10^5

三、小　结

（一）不同杀虫剂对玉米螟 3 龄幼虫毒力测定

由室内毒力测定结果得出，高效氯氰菊酯对亚洲玉米螟 3 龄幼虫的毒力最强，辛硫磷其次，该 2 种药剂也是在实际生产中防治玉米螟应用较为广泛的。罗兰等的研究结果表明，辛硫磷还具有一定的杀卵活性，也是作为防治玉米螟主要手段的原因之一；王丽霞等（2014）利用 10 种杀虫剂对亚洲玉米螟幼虫进行毒力测定，在供试药剂中 40%辛硫磷乳油的杀虫效果显著高于其他药剂，与吡虫啉复配具有显著增效作用。除玉米螟外，辛硫磷对多种农业害虫也有良好防效。

（二）球孢白僵菌 Bb107 菌株对亚洲玉米螟 3 龄幼虫毒力测定

白僵菌对多种农业害虫均有良好的防治效果，不同种类的白僵菌之间致病力不同，顾丽嫱等（2009）分别用球孢白僵菌和布氏白僵菌对甜菜夜蛾进行了室内毒力测定，结果显示相同孢子浓度情况下球孢白僵菌的杀伤力更强；同种白僵菌对不同种昆虫的毒力作用也有一定差异，如在对小菜蛾和棉铃虫的室内毒力测定中，同一菌株对小菜蛾的致病力较高（曹伟平等，2013）。

本次试验利用实验室预留球孢白僵菌菌株对亚洲玉米螟 3 龄幼虫进行室内毒力测定，试验结果表明：供试的 5 个孢子浓度白僵菌对亚洲玉米螟 3 龄幼虫均有不同程度的毒力作用，浓度之间差异较大，随着浓度升高毒力增强，这与其他生防菌作用效果类似（林德锋等，2012）。从不同处理时间的致死中浓度变化上可以看出，随着处理时间的延长，致死中浓度值呈下降趋势，即白僵菌的作用时效长，此规律与袁盛勇等（2011）、徐艳聆等（2010）的研究结果一致，因此在实际生产防治中应注意施药时间和害虫的发生盛期配合。

第五节　利用赤眼蜂和生防菌剂防治玉米螟

一、云山农场赤眼蜂释放新方法防治玉米螟效果研究

（一）材料与方法

1. 蜂种

松毛虫赤眼蜂 *Trichogramma dendrolimi* Matsumura（柞蚕卵繁殖）。

2. 时间：

2013 年 6—10 月。

3. 地点

黑龙江省虎林市云山农场。

4. 放蜂面积

每个放蜂地点玉米种植面积约 500 亩，每块地间隔 500m 以上；另设对照田不施用任何化学农药。

5. 放蜂方式

常规方法一种是直接用牙签别卡；另一种是撒施（将寄生好的柞蚕卵粒不黏成卡片，而是顺着垄直接扬撒到玉米植株上）。

6. 放蜂适期

从 5 月开始，室外选择越冬代玉米螟越冬场所（玉米垛等）调查越冬代玉米螟化蛹率，当化蛹率达 20%~30%，后推 9~11d 既是田间落卵始期，结合玉米螟田间落卵量调查，以累计百株卵量达 1.5~2 块时，为第一次放蜂适期，以便使赤眼蜂和玉米螟卵相遇。

7. 放蜂方法

根据赤眼蜂的迁飞能力计算，每亩放蜂四点为宜，两点之间距离 20m。实验设定点人工别卡 1 万头/亩。人工别卡的蜂卡，在玉米上用牙签将卵卡别在玉米第 4 或 5 叶片背面，注意风、雨、阳光等外界因素，尽量利用雨季的良好湿度。

8. 调查内容及方法

玉米螟田间卵量调查方法，按 5 点取样法，每点固定玉米 100 株，共检 500 株，每隔 3d 调查 1 次，逐株叶（背）检查卵块，发现卵块做好标记。赤眼蜂释放后 3d，在对照区、放蜂区采取随机或五点式采卵回室内观察，以 3d 后未孵化的饱满黑卵即为寄生，统计寄生率。玉米螟卵寄生率不能完全说明放蜂效果，必须结合调查玉米植株被害情况及玉米产量损失情况才能正确反映放蜂的当年效果。在玉米收获之前调查植株被害情况，包括百株被害率、百株残虫率、百株折雄率、百株折茎率、百株钻蛀率和防治效果，同时结合玉米产量损失情况，综合评价释放赤眼蜂的综合效果。

防治效果（%）= 放蜂区被害率−对照区被害率/对照区被害率×100

（二）结果与分析

1. 玉米螟田间落卵量调查

2013 年 7 月 5—24 日，对田间玉米螟落卵量进行调查，19 日之前有卵株树以及百株卵块数数量很小，21 日有卵株树和百株卵块数有上升趋势。因此选择 7 月 21 日开始放蜂（表 3-13）。

表 3-13　不同放蜂时间玉米螟田间落卵量调查

调查日期 月-日	调查株数	有卵株数	百株卵块数
7-5	500	0	0
7-9	500	0	0
7-13	500	3	1
7-15	500	0	0
7-17	500	0	0
7-19	500	6	1.2
7-21	500	9	1.8
7-24	500	8	1.6

2. 不同方法放蜂其寄生情况调查

根据常规放蜂、撒施放蜂、以及不放蜂的对照。不同方法放蜂赤眼蜂寄生的情况调查结果见表 3-14。常规放蜂、撒施放蜂以及对照的放蜂区玉米螟卵被寄生率分别为 41.44%、49.30%、0.94%。校正寄生率分别达到 67.5%、80.6%。撒施释放赤眼蜂寄生的总卵粒数要比常规的增加 58 粒。说明撒施的方式放蜂玉米螟卵被赤眼蜂寄生的概率大。

表 3-14　不同方法释放赤眼蜂寄生情况调查

调查项目	不同放蜂方法玉米田		
	常规	撒施	CK（不放蜂）
取样卵块数（块）	15	17	12
卵块寄生数（块）	9	6	1
卵块寄生率（%）	60.00±12.32[b]	35.29±7.31[a]	83.33±12.12[c]
调查总卵粒数（粒）	523	581	462
平均卵粒数（粒）	34.87±4.54[a]	34.18±3.42[a]	38.50±2.32[a]
寄生卵粒数（粒）	14.45±2.63[b]	16.85±2.52[b]	4.32±2.13[a]
寄生卵粒率（%）	41.44±6.52[b]	49.30±6.34[b]	0.94±0.01[a]

（续表）

调查项目	不同放蜂方法玉米田		
	常规	撒施	CK（不放蜂）
卵粒杀伤率（%）	26.67 ± 6.67^b	27.62 ± 6.57^b	11.12 ± 6.21^a
校正寄生率（%）	67.5	80.6	—

3. 放蜂后玉米被害情况统计

放蜂后玉米被害情况见表3-15。百株被害率平均数分别为29.76%、31.33%；百株残虫率平均数分别为8.32%、8.11%；百株折雄率平均数分别为1.54%、1.23%；百株折茎率平均数分别为1.21%、2.01%；百株钻蛀率平均数为19.23%、18.13%；防治效果分别为43.32%、40.33%。由以上数据可以看出撒施放蜂对玉米田防治不明显，没有常规放蜂防治效果好。

表3-15　放蜂后玉米被害情况统计

调查项目	不同放蜂方法玉米田		
	常规	撒施	CK（不放蜂）
调查株数	500	500	500
百株被害率（%）	29.76 ± 5.43^a	31.33 ± 5.32^a	41.21 ± 3.54^b
百株残虫率（%）	8.32 ± 2.46^a	8.11 ± 2.68^a	10.40 ± 3.81^a
百株折雄率（%）	1.54 ± 1.22^a	1.23 ± 1.56^a	3.54 ± 4.34^b
百株折茎率（%）	1.21 ± 1.24^a	2.02 ± 2.15^a	3.52 ± 2.09^b
百株钻蛀率（%）	19.23 ± 4.42^a	18.13 ± 6.03^a	31.21 ± 6.88^b
防治效果（%）	43.32 ± 3.56^a	40.33 ± 4.12^a	—

通过云山农场探索适合黑龙江垦区玉米田释放赤眼蜂防治玉米螟的最佳方法，以及生物防治的潜力，减少化学农药的使用，维护垦区粮食安全生产。本研究应用撒施蜂卵的方式，主要是考虑到能否直接利用飞机释放赤眼蜂来防治玉米螟，研究表明：不同方法放蜂，赤眼蜂寄生在玉米螟卵内寄生率不同。撒施的方式对玉米田的防治效果不是很理想，百株被害率、百株折茎率都要高于常规撒施的概率，但是寄生的效果要比常规的效果好，不过撒施造成资源浪费，且有效出蜂数降低，如何提高防效，如果能研制出适合飞机释放赤眼蜂的更高效的释放器即可实现，同时还需要开展更多的田间实验进一步探讨，本研究为寻找更适合农场的释放赤眼蜂防治玉米螟应用的新方法提供参考。

二、九三管理局赤眼蜂防治玉米螟效果

应用赤眼蜂防治九三管理局下辖3个农场玉米田中玉米螟的田间试验，结果表明，玉米田释放松毛虫赤眼蜂后玉米植株的被害率、折雄率、残虫率以及钻蛀率较未放蜂田

均得到降低，同时防治效果明显，增加了玉米亩产量，大西江农场、尖山农场和嫩北农场赤眼蜂防治效果分别为 60%、66.7% 和 56.67%，比未放蜂田亩产分别提高 39kg、47.5kg 和 67.04kg。整个九三管理局玉米田玉米螟平均防治效果为 61.12%，亩产平均提高 51.18kg。释放赤眼蜂防治玉米螟对提高玉米产量和品质、挽回经济损失，保护生态环境意义重大。

（一）材料与方法

1. 材料

释放用蜂种为松毛虫赤眼蜂 *Trichogramma dendrolimi* Matsumura。

2. 时间和地点

2014 年 5—10 月，黑龙江省嫩江地区九三管局尖山农场、大西江农场和嫩北农场。

3. 放蜂适期

5 月开始，室外选择越冬代玉米螟越冬场所（玉米垛等）调查越冬代玉米螟化蛹率，当化蛹率达 20%～30%，后推 9～11d 既是田间落卵始期，结合玉米螟田间落卵量调查，以累计百株卵量达 1.5～2 块时，为第一次放蜂适期，以便使赤眼蜂和玉米螟卵相遇。

4. 放蜂面积

九三管局尖山农场、大西江农场和嫩北农场 3 个农场各选择地势平整、栽培管理统一的玉米田一块，面积各 500 亩以上。

5. 放蜂方式

常规方法直接用牙签别卡。

6. 放蜂方法

根据赤眼蜂的迁飞能力计算，每亩放蜂 4 点为宜，两点之间距离 20m。将释放每亩用的蜂卡分成 4 块，每点放 1 块，如第一次放蜂每亩地 10 000 头，分 4 个点，每点约 2 500 头；第 2 次放蜂 12 000 头，分 4 个点每点 3 000 头（一般每块地赤眼蜂释放 2 次，第 1 次释放完，7d 后再释放 1 次）。卵卡注意风、雨、阳光等外界因素，尽量利用雨季的良好湿度。

7. 调查内容及方法

按 5 点取样法，赤眼蜂释放后 3d，在对照区、放蜂区采取随机或 5 点式采卵回室内观察，以 3d 后未孵化的饱满黑卵即为寄生，统计寄生率。玉米螟卵寄生率不能完全说明放蜂效果，必须结合调查玉米植株被害情况及玉米产量损失情况才能正确反映放蜂的当年效果。在玉米收获之前调查植株被害情况，包括百株被害率、百株残虫率、百株折雄率、百株折茎率、百株钻蛀率和防治效果，同时结合玉米产量损失情况，综合评价释放赤眼蜂的综合效果。

防治效果（%）＝放蜂区被害率–对照区被害率/对照区被害率×100

（二）结果与分析

1. 大西江农场放蜂后的防治效果

大西江农场玉米田释放赤眼蜂后玉米植株受害和玉米产量统计结果表明，未放蜂的对照田玉米百株被害率为10%，而放蜂田的玉米百株被害率为4%，释放赤眼蜂可以降低6%的植株被害率。百株残虫率放蜂田为4%，而对照田为8%，释放赤眼蜂可以减少4%的植株残虫率。秋收前玉米螟的钻蛀率放蜂田为6%，而未放蜂田为11%，释放赤眼蜂可以减少5%的钻蛀率。释放赤眼蜂后防治效果达到60%，亩产644kg，较未放蜂玉米田增加39kg。

2. 尖山农场放蜂后的防治效果

尖山农场玉米田释放赤眼蜂后玉米植株受害和玉米产量统计结果表明，未放蜂的对照田玉米百株被害率为6%，而放蜂田的玉米百株被害率为2%，释放赤眼蜂可以降低4%的植株被害率。百株残虫率放蜂田为7.2%，而对照田为1.6%，释放赤眼蜂可以减少4.6%的植株残虫率。秋收前玉米螟的钻蛀率放蜂田为2%，而未放蜂田为6%，释放赤眼蜂可以减少4%的钻蛀率。释放赤眼蜂后防治效果达到66.7%，亩产620kg，较未放蜂玉米田增加47.5kg。

3. 嫩北农场放蜂后的防治效果

嫩北农场玉米田释放赤眼蜂后玉米植株受害和玉米产量统计结果表明，未放蜂的对照田玉米百株被害率为15%，而放蜂田的玉米百株被害率为6.5%，释放赤眼蜂可以降低8.5%的植株被害率。百株残虫率放蜂田为0。释放赤眼蜂后也出现了1%的玉米植株折雄情况。秋收前玉米螟的钻蛀率放蜂田为15%，而未放蜂田为3%，释放赤眼蜂减少12%的钻蛀率，释放赤眼蜂后防治效果达到56.67%，亩产924.31kg，较未放蜂玉米田增加67.04kg。

4. 九三管理局放蜂后的防治效果

整个九三管理局3个农场释放赤眼蜂后的平均玉米被害情况和产量统计结果可以看出整个九三管局3个农场释放赤眼蜂后，与未放蜂的玉米田相比，折雄率没有明显差异外，百株被害率总体减少6.16%，百株残虫率总体减少4.86%，百株折茎率总体减少1.67%，百株钻蛀率总体减少7%，平均防治效果为61.12%。从产量测定来看，释放赤眼蜂玉米田亩产为729.44kg，比未放蜂玉米田亩产平均增加51.18kg（表3-16）。

表3-16 九三管理局3个农场放蜂后玉米平均被害和平均产量统计

调查项目	放蜂处理田	CK	调查项目	放蜂处理田	CK	产量相对增加量
调查株数	500	500	玉米品种	德美亚2号	德美亚2号	
百株被害率（%）	4.17	10.33	取样垄长（m）	10.53	10.53	—
百株残虫率（%）	1.87	6.73	取样垄宽（m）	1.10	1.10	—
百株折雄率（%）	0.40	0.40	每垄鲜重（kg）	31.33	30.17	1.16
百株折茎率（%）	0.00	1.67	10穗鲜重（kg）	2.85	2.78	0.07
百株钻蛀率（%）	3.67	10.67	10穗干重（kg）	1.82	1.71	0.11
防治效果（%）	61.12	—	亩产（kg）	729.44	678.26	51.18

从黑龙江省九三管理局 3 个农场的玉米田间实验结果可以看出，释放赤眼蜂防治玉米螟有较好的防治效果，其中大西江农场玉米田放蜂后，防治效果为 60%，每亩挽回产量 39kg；尖山农场玉米田放蜂后，防治效果更高达 66.7%，每亩挽回产量 47.5kg；嫩北农场玉米田放蜂后，防治效果为 56.67%，每亩挽回产量达 67.04kg，3 个农场释放赤眼蜂均取得了较好的效果，整个九三管理局 3 个农场释放赤眼蜂防治玉米螟防效平均达 60% 以上，平均亩产增加 50kg 以上。

三、无人机释放赤眼蜂和喷洒 Bt 防治玉米螟效果

（一） 材料与方法

1. 试验材料

（1）试验材料

玉米品种：先玉 335。

蜂种：松毛虫赤眼蜂 Trichogramma dendrolimi Matsumura （柞蚕卵繁殖）。

苏云金杆菌 Bt：山东鲁抗生物农药有限责任公司。

（2）实验仪器

亚洲玉米螟性诱剂装置和诱芯：北京中捷四方生物科技有限公司。

虫情测报灯：广州沪瑞明仪器有限公司。

新式释放赤眼蜂无人机载具：沈阳云天自动化有限公司。

植保用无人机：大疆创新有限公司。

2. 试验方法

结合前期玉米田玉米螟的发生动态调查结果开展无人机释放赤眼蜂，喷洒苏云金杆菌防治玉米螟。

（1）赤眼蜂蜂种驯化及无人机防治亚洲玉米螟新技术

赤眼蜂释放时间：大庆市高新区放蜂时间在 2017 年 6 月 27 日。在肇州县试验区（一代放蜂时间为 6 月 13 日、6 月 20 日；二代放蜂时间：8 月 15 日）。

无人机喷洒 Bt 时间：2018 年在肇州县试验区 8 月 14 日。

（2）驯化对松毛虫赤眼蜂寄生和羽化的影响

将松毛虫赤眼蜂释放到田间寄生亚洲玉米螟卵，田间取被赤眼蜂寄生的亚洲玉米螟卵回室内，观察自然环境条件对松毛虫赤眼蜂生长发育的影响。共设 5 个处理，每处理 1 粒柞蚕卵各接 1、2、3、4、5 头蜂，结合室内未经释放的松毛虫赤眼蜂，对比观察野外驯化赤眼蜂的寄生羽化能力，统计寄生率、羽化率、残留率等情况。

（3）放蜂适期

放蜂时间：5 月开始，室外选择越冬代亚洲玉米螟越冬场所（玉米垛等）调查越冬代亚洲玉米螟化蛹率，当化蛹率达 20%~30%，后推 9~11d 既是田间落卵始期，结合亚洲玉米螟田间落卵量调查，以百株卵量 1.5~2 块时，为第一次放蜂适期，以便使赤眼蜂和亚洲玉米螟卵相遇。

准确放蜂日期根据田间玉米螟化蛹、羽化进度及田间卵量调查预测。必须提前确定放蜂时间，确保放蜂顺利进行。

（4）放蜂次数

肇州县试验区防治亚洲玉米螟第一代放蜂2次，第一次在亚洲玉米螟化蛹率25%~35%后推10d人工释放赤眼蜂（玉米生育期株高在1.4m以上时）；间隔7d后第2次放蜂。防治亚洲玉米螟第二代，无人机释放赤眼蜂1次。大庆市高新区只防治第一代亚洲玉米螟，释放赤眼蜂1次。

（5）放蜂数量

根据赤眼蜂的迁飞能力计算，每亩地放4点，每亩地放蜂数量为1.5万头（一般每块地赤眼蜂释放2次，第一次释放完7d后再释放1次）。卵卡采用新式简约式卵卡，注意风、雨、阳光等外界因素，尽量利用雨季的良好湿度。

（6）卵寄生率调查

按5点取样法，赤眼蜂释放后3d，在对照区、放蜂区采取随机或五点式采卵回室内观察，采回卵块分别放入小瓶内，卵块上卵粒全部变黑或出蜂、亚洲玉米螟幼虫孵化后，统计各次卵块和卵里的寄生率、杀伤率及总寄生效果。在调查中应把被赤眼蜂寄生的黑色卵和由于亚洲玉米螟幼虫的头壳而变黑色的卵正确的区别开来，前者卵粒全部呈黑色，而后者则仅在卵的中央部分为黑色。

卵块寄生率（%）=被寄生卵块数/（被寄生卵块数+为被寄生卵块数）×100

卵粒寄生率（%）=被寄生卵粒数/（被寄生卵粒数+为被寄生卵粒数）×100

卵粒杀伤率（%）=被刺伤卵粒数/调查总卵粒数×100

防治效果（%）=（放蜂区被害率-对照区被害率）/对照区被害率×100

（7）无人机喷洒生防菌苏云金杆菌（Bt）

亚洲玉米螟4龄幼虫开始钻蛀茎秆，在3龄前（肇州县试验区2018年8月14日）使用无人飞机喷洒Bt的方法防治亚洲玉米螟。

防治效果（%）=（对照区被害率-被害区被害率）/对照区被害率×100

（二）结果与分析

1. 赤眼蜂蜂种驯化及无人机防治玉米螟新技术

驯化后赤眼蜂寄生和羽化情况见表3-17，可知室内饲养及室外环境锻炼后松毛虫赤眼蜂各处理之间寄生数、与羽化数显著提高，且一粒柞蚕卵接3头蜂、5头蜂时寄生率最高。室内饲养1粒柞蚕卵接3头蜂、5头蜂寄生数达150头以上，室外锻炼接1粒柞蚕卵接3头蜂、5头蜂寄生数达170头以上。综上所述，松毛虫赤眼蜂经室外锻炼后寄生率显著提高，且3头蜂接1粒柞蚕卵寄生率最高。

表3-17　室外驯化对松毛虫赤眼蜂寄生和羽化的影响

处理	室内			室外		
	寄生数	羽化数	残留数	寄生数	羽化数	残留数
1头蜂	99.60±11.81[ab]	87.80±9.69[a]	11.80±9.58[ab]	137.40±4.82[a]	129.20±5.21[ab]	8.20±3.41[a]
2头蜂	81.80±11.32[a]	77.60±11.43[a]	4.20±1.85[a]	137.60±15.34[a]	113.80±6.48[b]	23.80±16.83[ab]
3头蜂	153.60±17.11[b]	113.00±12.28[a]	40.60±18.92[ab]	177.20±3.95[b]	130.60±16.27[ab]	46.60±17.42[b]

（续表）

处理	室内			室外		
	寄生数	羽化数	残留数	寄生数	羽化数	残留数
4 头蜂	138.80±14.27[ab]	80.00±25.30[a]	58.80±29.00[ab]	158.20±8.91[ab]	128.60±3.97[ab]	29.60±5.19[ab]
5 头蜂	157.20±32.64[b]	78.80±32.30[a]	78.40±32.71[b]	179.80±15.77[b]	156.40±14.52[a]	23.40±4.84[ab]

2. 无人机释放赤眼蜂后亚洲玉米螟防治效果

（1）2017 年大庆市高新区放蜂后防治效果

从表 3-18 和 3-19 结果表明，大庆市绿丰园放蜂后，卵块寄生率达 60% 以上，寄生卵粒率达 40% 以上，较不放蜂田寄生效果较好。放蜂后玉米田被害率、折茎率、折雄率、钻蛀率较对照田均明显下降，防治效果达到 40% 以上。

表 3-18　2017 年大庆市试验区释放赤眼蜂后亚洲玉米螟卵寄生效果

调查项目	放蜂田	CK（不放蜂）
卵块寄生率（%）	60.00±12.32[a]	8.33±1.21[b]
寄生卵粒率（%）	41.44±6.52[b]	0.94±0.01[a]
卵粒杀伤率（%）	26.67±6.67[b]	11.12±6.21[a]

表 3-19　2017 年大庆市高新区玉米田放蜂后玉米螟防治效果

调查项目	放蜂田	CK（不放蜂）
调查株数	500	500
百株被害率（%）	29.76±5.43[a]	41.21±3.54[b]
百株折雄率（%）	1.54±1.22[a]	3.54±4.34[b]
百株折茎率（%）	1.21±1.24[a]	3.52±2.09[b]
百株钻蛀率（%）	19.23±4.42[a]	31.21±6.88[b]
防治效果（%）	43.32±3.56	—

（2）2018 年肇州县试验区放蜂后防治效果

从表 3-20 和表 3-21 可以看出，肇州县试验区两次释放赤眼蜂后寄生效果明显，调查表中可以看出，释放赤眼蜂后玉米田第一代玉米螟的卵块寄生率在 70% 以上，第二代玉米螟卵块寄生率达到 80%，同时赤眼蜂对玉米螟卵有一定的杀伤力，寄生效果较好。

表3-20　2018年肇州县试验区释放赤眼蜂后第一代亚洲玉米螟卵寄生效果

调查项目	放蜂田	CK（不放蜂）
卵块寄生率（%）	71.40±10.51[b]	20.00±4.23[a]
卵粒寄生率（%）	60.00±9.76[b]	16.67±4.12[a]
卵粒杀伤率（%）	3.50±0.09[a]	1.10±0.03[a]

表3-21　2018年肇州县试验区释放赤眼蜂后第二代亚洲玉米螟卵寄生效果

调查项目	放蜂田	CK（不放蜂）
卵块寄生率（%）	80.12±13.67[b]	25.34±9.23[a]
卵粒寄生率（%）	93.33±19.67[b]	42.31±11.34[a]
卵粒杀伤率（%）	6.67±1.01[a]	5.38±1.45[a]

3. 2018年肇州县试验区无人机释放赤眼蜂、喷洒生物药剂 *Bt* 后亚洲玉米螟防治效果

从表3-22可以看出，防治玉米田相对对照玉米田，植株被害率、折茎率、折雄率、钻蛀率较对照田均明显下降。统计玉米田产量可知，平均每亩挽回将近50kg的玉米，防治效果达到防治效果达70.45%。说明释放赤眼蜂和喷洒 *Bt* 对亚洲玉米螟防治起到了较好的效果。

表3-22　2018年肇州县试验区亚洲玉米螟综合防治效果

调查项目	防治田	CK
调查株数	500	500
百株被害率（%）	22.12±4.23[a]	73.12±14.78[b]
百株折雄率（%）	2.56±1.47[a]	12.21±5.12[b]
百株折茎率（%）	5.05±3.47[a]	27.67±3.52[b]
百株钻蛀率（%）	7.12±2.01[a]	39.78±9.55[b]
产量（kg/亩）	855.9	807
防治效果（%）	70.45±6.65	—

4. 玉米植株亚洲玉米螟残虫量

玉米收获期调查大庆市试验区和肇州县试验区防治区和对照区玉米残虫量，从表3-23可以看出，肇州县试验区防治后亚洲玉米螟百株残虫率为20%。大庆市试验区，防治后亚洲玉米螟百株残虫率为8%以上。结果表明，防治后亚洲玉米螟的残虫率较对照区均有下降。防治亚洲玉米螟起到了一定的防治效果。

表 3-23　不同地区百株残虫量调查

调查地点	百株残虫率（%）	
	防治田	对照田
大庆市试验区	8.32±2.46[a]	10.40±3.81[a]
肇州试验区	20.12±3.57[a]	32.62±4.34[b]

（三）小　结

黑龙江省是我国重要的商品粮生产基地，为玉米种植大省。亚洲玉米螟 *Ostrinia furnacalis* (Guenée) 为害玉米，一般年份减产 10% 左右，严重时可导致玉米减产 30% 以上，受害株率高达 90% 以上（胡志凤等，2013；高圆圆等，2013；冯建国，1996）。据报道，亚洲玉米螟在黑龙江省一年发生 1~2 代，大部分为一代区。肇州县因属于第一积温带，试验区近些年都是亚洲玉米螟的 2 代区，2018 年的调查数据显示，该地区亚洲玉米螟越冬基数很大，已经到了不得不防治的程度，这可能与春季遇到雨水大、气候变暖亚洲导致玉米螟越冬基数大有关。张海燕等（2010，2012）调查中西部（大庆市高新区）亚洲玉米螟发生情况表明，亚洲玉米螟该地区每年发生 1 代，田间有极少数老熟幼虫化蛹现象，但不能完成两代，而本研究调查 2018 年的数据显示，同样的调查地点，大庆市高新区亚洲玉米螟已经能够形成完整的 2 代，出现了世代增加的情况。这可能与近几年气候变暖使害虫出现越冬基数大，越冬后羽化时间提前，田间发生时期提前，或者发生不整齐，甚至世代增加等情况（潘飞等，2014）。黑龙江省的 6、7 月降水量大，更有利于亚洲玉米螟的化蛹羽化及卵的孵化，致使亚洲玉米螟发生连年偏重，严重降低玉米的产量及品质（赵秀梅等，2011）。因此掌握黑龙江省亚洲玉米螟在田间发生动态，是防治亚洲玉米螟的关键。

亚洲玉米螟是玉米上的重大害虫，玉米种植区均有亚洲玉米螟的为害，且亚洲玉米螟的防治措施多样，目前生产上已有的防治措施主要有农业防治、化学防治、生物防治、物理防治等综合防治措施（高春梅，2018）。黑龙江省近些年由于玉米种植面积大，机械化作业程度高，亚洲玉米螟的防治基本采用药剂防治，见效快、经济效益较高（张海燕等，2013），在大的发生年份，是作为防治亚洲玉米螟的重要应急措施，但易造成农药残留，产生抗药性，对人畜、天敌造成伤害，污染环境。

关于玉米螟的绿色防控黑龙江省早已开展过类似研究，但因近几年气候变化异常，性诱剂产品开发迅速，机械化无人机等现代化机械作业程度加强，原有的防控技术已经不适应现在的农业生产，比如，气候变化导致玉米螟每一年的发生变化很大，每一年都需要调查玉米螟的发生为害规律，赤眼蜂的释放技术人工别卵已经过时，必须采用无人机或大飞机方式作业，目前综合考虑无人机释放较省力。各种农业栽培管理措施也在发生改变，对玉米螟的发生为害程度也需要明确。

农业防治是生产上较传统防治病虫害的防治方法，可选择种植抗虫品种，减少亚洲玉米螟为害，张海燕等（2013）对大庆市高新区种植 7 种玉米品种进行了抗虫性分析，在一定程度上反映不同玉米品种对玉米螟的耐害性。本研究中对 30 个鲜食玉米品种开展了抗螟性分析，筛选出较抗、感虫的鲜食玉米品种。赵秀梅等（2014）研究发现，农业不同耕作、栽培模式对降低亚洲玉米螟越冬基数有一定的防治效果，一般可降低越冬虫量15%~30%。本研究通过分析不同栽培模式，不同肥料和耕作措施等处理对亚洲玉米螟发生与为害的影响，发现不同措施控制玉米螟为害有一定的作用，肥料的施用成分和施用量也能够影响玉米螟的为害。且农业防治不需要增加农本及工本，应用易掌握、易推广，符合农业可持续发展要求，对推广绿色综合防治技术具有重要意义。

本研究利用性诱剂田间诱集亚洲玉米螟雄蛾效果较好，一天诱集成蛾数高达100头以上，利用性诱剂防治亚洲玉米螟的方法，其选择性较高、环保无污染、对天敌无影响，但是性诱剂的设备需要改进，装置成本较高，在选择利用上对于田间预测预报具有较高的应用价值，或者将诱集装置进行改良，可以适当降低成本，农民容易接受。利用黑光灯诱集亚洲玉米螟成蛾，羽化高峰期可达500头以上，效果很好，利用黑光灯为田间病虫害统计而研制的简易、实用工具，通过诱集成虫至箱体内，同时又避免了害虫抗药性的发生和喷洒农药对害虫天敌的误杀。

利用玉米螟的天敌赤眼蜂防治玉米螟已经有很悠久的历史，赤眼蜂防治玉米螟成本低，甚至低于农药，效果好，释放到田间可以永久受益，但是目前由于赤眼蜂的释放出现新的难题，人工释放费时费力，所以利用新式无人机释放赤眼蜂已经备受关注，目前无人机释放赤眼蜂停留在小卵（米蛾卵）释放阶段，且效果不明显，而大卵（柞蚕卵）释放的无人机载具刚刚起步，本研究采用的无人机释放赤眼蜂载具为释放大卵的设备，每亩放蜂时间20s，大大减少劳动力的投入，使玉米螟防治更加简便。

综合分析亚洲玉米螟防控措施，仍要以"公共植保，绿色植保"理念，以农业防治为基础，结合物理防治、生物防治等绿色防控技术，达到有效防治亚洲玉米螟的目的。本研究主要通过调查黑龙江省西部半干旱区亚洲玉米螟发生情况，以大庆市高新区、肇州县试验区两个地区为主研究了农业措施对亚洲玉米螟发生与为害的影响，包括玉米品种，肥料利用，耕作栽培模式，赤眼蜂释放的新技术、生物农药的施用新技术等以待筛选出一套适合黑龙江省中西部半干旱区的玉米螟防控技术。

亚洲玉米螟 *Ostrinia furnacalis*（Guenée）是玉米生产中最严重的虫害之一，一般年份可造成减产10%左右，严重时减产30%以上。由于全球气候变化及局部地区环境条件的改变，玉米螟的发生为害规律也发生不同程度的变化，给该类害虫的生物防治带来了新的挑战。一方面对黑龙江省西部半干旱地区的亚洲玉米螟的发生为害规律进行调查分析，选取大庆地区代表性试验地块，主要采用诱芯和诱集灯与田间定点调查相结合的方法，对不同栽培方式和玉米品种、不同施肥量和施肥深度试验区种植玉米害虫的田间消长动态进行解析；另一方面结合玉米螟田间发生规律，探索建立基于无人机的赤眼蜂释放和苏云金杆菌喷洒的卵和幼虫兼控的玉米螟生防体系。为玉米绿色防虫体系的构建提供理论指导和技术支持。

第六节　黑龙江省中西部春玉米田玉米螟绿色防控技术集成

玉米螟的防治不能是单一方法的利用，无论哪项措施都不会起到一劳永逸的效果，要根据玉米螟田间发生的情况来确定玉米螟的防治措施，一般轻发生年份，可以合理利用节肢动物的多样性，选择好抗虫品种，适当的采用物理防治措施及生物防治措施，但是如果春季虫口基数大的发生年份，就要考虑抗虫品种、物理防治及生物防治基础上合理的利用化学农药，利用化学农药要避免农药的残留，选择低残留高效的化学药剂。综合本研究对玉米田害虫综合防治的研究结果最终形成一套以抗虫品种为基础，生物防治为核心，多项技术集成的黑龙江中西部春玉米重大虫害绿色防控技术体系，具体内容如下。

一、农业措施防治玉米螟

（一）利用抗性品种和新的栽培管理模式防治玉米田重大害虫玉米螟

抗性品种对虫害的控制是持续有效的，在玉米螟抗虫品种利用上也取得了很大成功。但随着玉米种植年限的延长，品种也在不断更替，不同区域选中的品种也不尽相同。

本项目结合黑龙江玉米产区的种植特点，研究了当前生产上玉米不同品种和鲜食玉米不同品种田（30个甜糯）玉米螟的发生特点，根据折雄率、折茎率、蛀孔率、叶片被害率、雌穗被害率的调查及生理生化指标的筛选测定，发现不同品种在抗虫性方面表现的抗性不同，在实际生产中可以有针对地筛选和利用抗虫品种，比如根据叶片被害率，根据折雄率、折茎率、蛀孔率、雌穗被害率以及产量等指标可以有针对地筛选不同的抗性品种，掌握了供试品种对玉米螟的抗性特点，也了解了玉米品种抗性与生理生化指标的关系，这些研究结果可为玉米的田间种植和玉米螟的可持续控制提供理论依据。

（二）利用耕作栽培措施防治玉米螟

结合栽培管理措施，创造有利于作物丰产稳产而不利于有害生物发生的环境条件，达到控制有害生物的目的。前人通过作物轮、间、套作等耕作方式来调节作物与害虫、害虫与天敌之间的关系。轮、间作可以促进作物生长、增强作物抗虫能力，轮作使生态系统出现间断性变化，恶化单食性及寡食性害虫的营养条件和生活条件，可减少虫源，降低其发生为害程度；种植诱集作物或间套作过渡性作物，创造天敌生存繁衍的生态环境，起到保护天敌并使之发挥或增强持续控害能力的作用。通过作物生长发育调控措施来控制害虫。灌水、施肥及施用作物生长调节剂在改善或控制作物农艺性状的同时，也起到了调控作物与虫害关系的作用。通过调节作物播种期，使害虫发生高峰期与作物受害敏感生育期错位，可避减害虫为害。栽培控螟是应用这种措施的成功实例。

随着玉米高产种植研究的深入，发现种植模式在不断地变化更替中，本项目结合生产需求研究了玉米8种种植模式〔垄作、平作双行、大垄双行、垄作二比空、垄作

（密疏疏密）、平作二比空、平作（密疏疏密）、平作] 下玉米螟的发生特点，发现垄作（密疏疏密）玉米的被害率低，平作（密疏疏密）玉米的被害率相对较高，所以为控制玉米螟的发生为害程度可以采取垄作（密疏疏密）栽培模式。

二、生物防治方法的利用有效防治玉米螟

应用苏云金杆菌、白僵菌、赤眼蜂等防治玉米螟技术已经很成熟且取得很好效果，但随着生产的机械化、高效化、节能化的要求，生物防治的蜂种、产品及释放方法需要不断的改进和更新。本项目在前人研究的基础上，研究和利用性诱剂、赤眼蜂和生物农药，新蜂种及蜂种驯化等，研究了孤雌产雌赤眼蜂优良蜂种筛选及生物学特性，增加赤眼蜂雌蜂的繁殖率，节药生产和防治成本；将传统别卡式赤眼蜂释放技术改为定点撒卵释放方式。为了减少损失，将赤眼蜂释放方式改为无人机投放圆球的方式，这种释放方法操作简便，适合垦区大面积应用，也为无人机释放赤眼蜂技术提供理论依据。

在黑龙江农垦九三管理局（尖山、大西江及嫩北农场）、云山农场及肇州县、肇东市、大庆农技推广中心玉米种植田防治玉米螟，应用面积共 1 500 亩以上，防效均达到 60%左右。同时研究了白僵菌对玉米螟幼虫的毒力测定，根据毒力效果可以在玉米螟越冬期和大喇叭口期利用其进行防治。

三、利用生物多样性、预警技术及化学药剂优化等多项技术综合防治玉米田重大害虫

（一）利用生物多样性原理对害虫进行自然调控

在玉米田的生态系统中，节肢动物群落是一个以玉米为中心的多种害虫、天敌、中性昆虫共存的复杂网络系统。在该系统中一种天敌可以取食多种害虫；一种害虫又受多种天敌的控制。而中性昆虫在群落食物网中也起着重要的作用，它为中位和顶位物种提供食物，通过自身种类和数量的变化，对中位和顶位物种的数量和效能发挥影响，从而对害虫起到间接的调节控制作用。

根据本项目的田间调查发现，玉米天的节肢动物种类有 55 种以上。捕食性天敌（农田蜘蛛、瓢虫、草蛉、步甲等）、寄生性天敌（赤眼蜂等）和昆虫病原微生物（细菌、真菌等）是最主要的自然控制因素，它们对害虫的控制作用是很大的，中性昆虫（蚊、蝇等）可为天敌提供食料，一旦在生态系统中建立稳定的种群，对害虫的作用往往是持久有效的，因此应保护和利用天敌自然种群。

本项目结合目前农业生产上玉米的种植特点，研究了玉米不同品种和不同种植模式对玉米田节肢动物多样性的影响，研究发现品种和栽培模式对节肢动物群落的稳定性影响较大，因而提出在玉米生产中结合生产需求合理选用品种和耕作栽培技术，合理用药或不用药，既有利于高产稳产又可做到可持续控制害虫。

（二）主要害虫的预警技术

害虫预测预报是害虫持续控制中必不可少的基础工作。根据害虫的发生规律，综合各种相关因子，对害虫的发生期、发生量和为害程度做出近期、中期、长期预报，指导

防治。在害虫达到防治指标时，才采取防治行动。

本项目研究了玉米螟在黑龙江中西部地区的发生规律及玉米螟的生长发育与温度的关系，明确了玉米螟在黑龙江中西部的各虫态的发生期、各虫态发生的最适合温度及气候变暖后玉米螟提早发生的特点，为玉米螟的田间施化学农药及生物防治（放蜂和施撒生物农药）的时间提供了依据。

同时，明确了玉米田新发害虫双斑萤叶甲的发生为害规律和特点，为其防控提供了研究基础。

（三）不用药或优化化学药剂的方法防治玉米田重大害虫

结合目前生产上化学防治带的一系列问题，如化学药剂滥用、超标等带来的化学药剂残留大、污染重等现象，本研究明确不用化学药剂和对化学药剂进行优化的方法控制玉米田主要害虫玉米螟，明确了4种常用的杀虫剂对玉米螟的毒力作用，发现对玉米螟的3龄幼虫都有很好的作用，在玉米螟未钻蛀茎秆之前可以集中施用。

结合上述研究，形成以玉米田重大害虫玉米螟进行预测预报的预警技术，利用生物多样性、抗性品种和栽培管理新模式控制为基础，生物防治为核心，化学防治为辅助的多项技术集成的黑龙江垦区春玉米重大虫害防控技术体系。

四、物理防控方法

利用灯光诱杀玉米螟对其进行控制，可以有效诱集玉米螟进行预测预报和防控，目前灯光诱集产品多样，太阳能发电的设备可以应用到野外，电子信息系统自动计数省时省力。也有将灯光和性诱剂一起设置防控诱测效果更好。

第四章 孤雌产雌赤眼蜂的研究与利用

第一节 研究的目的与意义

研究表明赤眼蜂因体内感染一种共生菌沃尔巴克氏体（*Wolbachia*）而引起生殖方式发生改变，大多数生殖方式会表现孤雌产雌生殖。因孤雌产雌生殖的赤眼蜂在生产中具有很大优势，所以本研究尝试通过人工水平转染等方法将感染共生菌 *Wolbachia* 的赤眼蜂体内的共生菌转染到其他生产用赤眼蜂及其他昆虫体内。因共生菌 *Wolbachia* 不能离体培养所以转染有很大难度。首先要进行供体赤眼蜂的筛选，选择感染 *Wolbachia* 的卷蛾赤眼蜂（*Trichogramma cacoeciae*）、食胚赤眼蜂（*T. embryophagum*）和短管赤眼蜂（*T. pretiosum*）生殖方式均为孤雌产雌生殖，理论上都可以作为供体蜂种进行 *Wolbachia* 向未感染受体蜂种赤眼蜂体内的水平传播，获得生产上优良的赤眼蜂品系，研究表明 *Wolbachia* 水平传播的成功与否受很多因素的影响，如 *Wolbachia* 品系的优良，*Wolbachia* 与宿主之间的适合度，新转入宿主后宿主的生态适合度等等，这些因素的存在决定我们在选择供体宿主的过程中要从中筛选出在其体内存在稳定、诱导的宿主生殖方式稳定、宿主的生理生化等指标近正常的 *Wolbachia* 品系。鉴于目前国内外还没有用于 *Wolbachia* 筛选的统一标准，我们采用筛选优良宿主的方法筛选 *Wolbachia* 品系用于转染供体赤眼蜂。很多研究表明高温和抗生素可以抑制 *Wolbachia* 的作用，并将其在宿主内去除，使被诱导的宿主生殖方式恢复。孤雌产雌生殖的赤眼蜂体内 *Wolbachia* 被去除后，生殖方式恢复为两性生殖，羽化出雄性个体。赤眼蜂产生的雌性个体越少说明 *Wolbachia* 越能稳定存在，这也是我们选择赤眼蜂种间水平人工转染 *Wolbachia* 供体赤眼蜂的标准之一。本研究通过观察 3 种感染 *Wolbachia* 孤雌产雌赤眼蜂，经抗生素处理后 *Wolbachia* 在其体内的稳定性，从中筛选出稳定携带有 *Wolbachia* 的赤眼蜂品种，这是提高水平人工转染 *Wolbachia* 成功率的关键。同时观察了抗生素处理后 3 种赤眼蜂的寄生、羽化情况，探讨 *Wolbachia* 作用被抑制后宿主赤眼蜂的生殖能力变化情况。

Grenier 等（1998）第一次通过微注射的方法实现了短管赤眼蜂向松毛虫赤眼蜂体内 *Wolbachia* 的水平转染，获得成功的松毛虫赤眼蜂生殖方式传至第 26 代。研究表明通过共享同一寄主食物源的方法实现了食胚赤眼蜂向松毛虫赤眼蜂的水平转染，且可以获得孤雌产雌生殖方式稳定的松毛虫赤眼蜂品系。*Wolbachia* 成功水平转染方法主要是微注射和共享食物源，微注射方法操作比较复杂，能否成功影响因素较多，而共享食物源法存在成功率小，是否还有更好的方法对于实现 *Wolbachia* 的水平转染是很有价值的研究，我们在上述两种方法的基础上，又尝试了通过直接取食菌悬液探索能否成功水平转染 *Wolbachia*。

本研究通过共享食物源的方法已经成功水平转染了诱导孤雌产雌的 *Wolbachia* 于松毛虫赤眼蜂（*T. dendrolimi*）体内，获得了松毛虫赤眼蜂孤雌产雌品系。该品系赤眼蜂在温度25℃左右已经繁殖数代，且孤雌产雌生殖方式稳定。室内研究表明，感染 *Wolbachia* 的松毛虫赤眼蜂对本实验室所饲养的几种鳞翅目昆虫的卵均能寄生，为明确感染 *Wolbachia* 的松毛虫赤眼蜂对害虫卵的寄生能力，尤其对玉米螟卵的寄生能力，开展了本项研究。在5个不同恒温下，观察了温度对孤雌产雌品系松毛虫赤眼蜂发育、存活和繁殖的影响，组建了相应温度下的实验种群生命表。同时明确了室内繁殖感染 *Wolbachia* 的孤雌产雌松毛虫赤眼蜂的理想温区。本研究通过抗生素、温度、与雄性个体交配等环境因子处理，对感染 *Wolbachia* 的松毛虫赤眼蜂寄生、羽化情况进行监测，明确外界生态因子对感染 *Wolbachia* 松毛虫赤眼蜂孤雌产雌生殖方式的遗传稳定性的影响，为感染 *Wolbachia* 的松毛虫赤眼蜂的田间释放提供理论依据。同时通过分析转染前后的 *Wolbachia* 在赤眼蜂中的基因序列明确共享食物源方法水平转染获得的孤雌产雌生殖的松毛虫赤眼蜂体内的 *Wolbachia* 菌系与为之提供 *Wolbachia* 菌的食胚赤眼蜂体内的 *Wolbachia* 菌系是否是同一菌系。通过以感染 *Wolbachia* 且营孤雌产雌生殖的食胚赤眼蜂为对象，进行不同温度梯度下连续培养后生殖方式、性比等生物学特性的观察；同时通过 AQ-PCR 方法定量分析感染态食胚赤眼蜂生物学特性与其体内 *Wolbachia* 滴度的相关性，明确了温度和四环素对宿主昆虫体 *Wolbachia* 滴度的影响。在方法上有创新性，且对揭示温度和四环素影响 *Wolbachia* 调控宿主的生殖机理，探索 *Wolbachia* 与宿主之间相互作用的机制有较高的参考价值。

因携带 *Wolbachia* 的赤眼蜂具有潜在优势：一是无雄性产生，从而使赤眼蜂的种群增长速率增加。二是仅产生雌性，降低规模化培养的成本。三是在低密度种群下，孤雌产雌生殖赤眼蜂不需要花费时间来寻找雄性交配，使其更容易进入新生境并建立种群。此外，两性生殖的赤眼蜂通过与携带有 *Wolbachia* 赤眼蜂接触而成为孤雌产雌生殖的赤眼蜂，使其在生物防治中具有更大的潜能。如何通过人工方法实现有效的转染，在赤眼蜂的生殖生物学、生物防治应用等方面意义重大。

第二节　文献综述

一、赤眼蜂研究概况

赤眼蜂是世界上防治对象最多、应用面积最广的天敌昆虫，是赤眼蜂科 Trichogrammatidae 的模式属，大多数种寄生于鳞翅目昆虫卵内。由于赤眼蜂身体很小，仅为0.5~1mm，种间的外部形态差异不明显，种内变异却很大，因此给分类鉴定上带来困难。赤眼蜂寄主广泛，主要靠雌蜂将卵产入害虫卵内杀死害虫，达到控制害虫的目的，具有很悠久的应用历史。赤眼蜂的生殖方式一般是雌雄交配的两性生殖，也有孤雌产雌的生殖方式，但一般是因体内含有共生菌而发生生殖改变，赤眼蜂在田间的扩散范围一般无风天气在 200~500m，有风天气会随气流扩散。田间自然环境及天敌等对赤眼蜂的影响很大，在赤眼蜂释放防治害虫过程中要考虑自然因素的影响。

（一）生产上常用的赤眼蜂种类及应用情况

蜂种或种型的选择是赤眼蜂繁殖利用的基础。世界上已知的赤眼蜂种类约有 50 多种。我国报道的有 19 种，赤眼蜂的不同种或不同生态型都各自具有一定的生物学和生态学特性，表现出明显的生境选择和寄主喜好（宗良炳，1983）。不同蜂种或生态型对害虫的寄生效果差异很大，在实际应用中蜂种的选择是很重要的。赤眼蜂种型对某些生境和寄主有特别的适应，表现出明显的生境选择和寄主喜好。20 世纪 30—40 年代对赤眼蜂分类的研究除形态观察外，很大程度上也依据生境类型来区分，因为食胚赤眼蜂（T. embryophagum）和微小赤眼蜂（T. minutum）等常见于树林，广赤眼蜂（T. evenescens）和短管赤眼蜂（T. pretiosum）等常见于大田，而稻螟赤眼蜂（T. iapanicum）和显棒赤眼蜂（T. semblidis）则常见于水田、沼泽（王敏慧，1978）。

世界各国 51 种赤眼蜂的寄主种类，共计有鳞翅目、双翅目、鞘翅目、膜翅目、广翅目、脉翅目以及同翅目 7 个目，44 个科，203 个属，40 多个种，其中又以麦蛾科、夜蛾科居首位，分别有 153 种和 136 种寄主。应用赤眼蜂进行害虫防治时，要进行寄主选择性实验。寄主选择主要是指某个种的赤眼蜂对害虫不同的种或同种害虫不同龄期的嗜好程度。这是研究赤眼蜂与其寄主害虫关系的一个重要方面，直接关系到应用效果的成败。在中国北方，用于防治玉米螟的主要是松毛虫赤眼蜂，而在南方用于防治甘蔗田害虫的主要是螟黄赤眼蜂 T. chilonis。

当前应用赤眼蜂的方法是以大量释放为主。为了降低成本又保证效果，放蜂策略在不断改进。可将不同发育阶段的赤眼蜂（即被寄生的寄主卵）混合。由于发育不齐，赤眼蜂在田间的羽化可以持续较长的时间，搜寻寄主卵的机会也就延长了。将发育阶段不同的 3 个龄期的赤眼蜂混合，在玉米螟开始产卵的两周之前一次释放；收到很好的效果，放蜂田作物被害率减少 82%，而在螟蛾产卵之后一次释放，被害率仅减少 48%（陆庆光，1992）。

虽然人工寄主卵现可成功地用于大量繁殖，但目前大量应用的仍然是昆虫寄主，主要包括麦蛾、地中海粉螟、柞蚕和米蛾。不少生防工作者仍在努力探索如何进一步改进中间寄主的饲养技术、提高机械化程度，以保证中间寄主的质量并降低饲养成本。在蜂蜜中加入少量维生素或醋酸生育酚做为米蛾成虫的食料，可使米蛾产卵量提高 70% 以上（刘树生和施祖华，1995）。近年来，赤眼蜂的防治对象已达 20 余种。广东、山东、吉林三省应用赤眼蜂防治甘蔗、果树、甜菜等经济作物害虫防治成本降低 50% 以上。随着生防工作的展开，北方又发现了人工繁殖赤眼蜂的另一优良寄主——柞蚕卵。它与蓖麻蚕相比，具有较高的繁殖效率，且资源丰富、价格低廉。此外，许多地区也展开了用米蛾卵繁殖赤眼蜂的辅助资源饲养研究，形成了大小卵结合、大量繁殖赤眼蜂的研究局面，总之，随着赤眼蜂的大面积应用，各种繁蜂方法应运而生，已形成了几种有代表性的繁蜂方法和系列化机械繁蜂方法。但是，关于赤眼蜂的分类、区系、种型及其生物学、生态学特性等方面的研究较少。

我国生物防治起步较晚，基础薄弱，但 20 世纪 90 年代以来有了长足的发展，并取得了较好的成效。预计今后将有更好的发展前景，目前客观上有许多有利因素。一是世界各国环保意识的增强，为生防工作创造了有利条件。二是持续农业、持续植保的发展，要求对农作物病虫害防治组建更加优化的综防体系，生物防治在其中具有举足轻重的作用。无公害果蔬、无农药残留的绿色食品的畅销，标志着我国生防应用前景广阔。三是我国天敌资源丰富。四是已初步形成了一支生防队伍；拥有一定的生防科技成果，并积累了珍贵的生防资料。在现有基础上，今后应进一步完善赤眼蜂工厂化生产的研究，实现天敌工厂化、产业化，走向国际大市场；加强基础研究，如赤眼蜂的分类、生物学、生态学等研究，为优良品种选育奠定基础；注意"外引内联"，逐步组建我国天敌资源国外引种的科研推广体系，在此基础上，与国际接轨，同世界各国交流；大力宣传推广赤眼蜂释放技术和成果，促进农业发展，不断开拓生物防治科技新领域（王玉玲和肖子清，1998）。

（二）赤眼蜂的生物学特性

1. 种间竞争

室内繁殖赤眼蜂或者田间利用赤眼蜂防治害虫经常会出现两种甚至两种以上赤眼蜂同时存在同一空间，赤眼蜂在寄主卵内的种间竞争也是十分激烈的。李丽英阐明了以米蛾卵为寄主，欧洲玉米螟赤眼蜂与稻螟赤眼蜂或与拟澳洲赤眼蜂群体存在接蜂竞争现象，证实不论是先接蜂或后接蜂还是同时接蜂，欧洲玉米螟赤眼蜂均不能占优势，因此，室内用米蛾卵繁蜂时，欧洲玉米螟赤眼蜂需与稻螟赤眼蜂或拟澳洲赤眼蜂隔离，否则会有被淘汰的危险（李丽英，1984）。

2. 产卵行为

（郭明昉等，1992）实验证明赤眼蜂母代不同雌蜂量对其子代数量和子代性比会产生影响。室内以米蛾卵作为寄主大量繁殖稻螟赤眼蜂时，雌蜂与寄主卵的适宜比例以 1：20 为宜，适宜接蜂时间为 24h。稻螟赤眼蜂雌蜂具有与雄蜂多次交配特性，雌蜂与雄蜂交配产子代为两性，当雌蜂营孤雌生殖时，其子代皆为雄性；当雄蜂多次交配会明显增加其子代雄性比例，而降低雌蜂有效繁殖力，最终导致种群数量下降。室内大量繁蜂时，当亲蜂雌雄比达 1：（1~2）时，即雄蜂比例占 50%~67% 时，应将赤眼蜂群体交配时间控制在 2h 以内，也可通过扩大繁蜂空间来减少雌雄蜂相遇机会从而减少亲蜂交配次数来提高子代雌性比例。（郭明昉，1993）证实赤眼蜂在不同体积的寄主卵上产卵时具有性比调控行为。雌蜂在产卵时可利用腹部运动来控制其子代性别，不同赤眼蜂蜂种之间其产雌产雄信号并无甚大差异，而且均明显可辩。研究发现 3 种赤眼蜂群体中的大部分个体在羽化的第一日产下高偏雌性的后代，第二日产下的后代逐渐向雄性偏移，而第一日和第二日的后代性比持平后的综合性比便形成了整个种群（群体）的子代性比。赤眼蜂具有根据寄主卵体积大小分配及调整其子代数量和子代性别的能力，同一蜂种（松毛虫赤眼蜂）在不同体积的寄主上具有明显不同子代数量安排策略和子代性比安排策略。在同一寄主（米蛾卵）上不同种赤眼蜂对子代性分配的安排存在较明显的种间差异。拟澳洲赤眼蜂和松毛虫赤眼蜂的雌蜂经产卵前补充营养，其繁殖力有所增加，而稻螟赤眼蜂雌蜂经产卵前补充营养产卵量无明显增加（郭明昉和朱涤芳，1996）。

3. 抗药性检测

在农业生产中，赤眼蜂作为农作物一些重要害虫生物防治措施，同时需要使用化学农药防治其他害虫。抗药性监测与毒力测定的研究结果将为释放赤眼蜂与化学农药协调使用提供参考。许雄等（1986）对广东省用药量不同地区田间采集的稻螟赤眼蜂抗药性测定。初步结果基本上未显现规律性，即用农药多且时间长的地区赤眼蜂抗药性最强，少用农药且时间短的地区的赤眼蜂药剂最敏感，表明在田间赤眼蜂较难以形成其抗药性。李开煌等（1986）报道赤眼蜂成虫是其一生中对农药最敏感阶段，蛹和预蛹对农药比较敏感，幼虫和卵耐药性较高，寄主卵的卵壳对赤眼蜂的卵至蛹期有保护作用。赤眼蜂的卵至蛹期死亡并非喷药处理时立即死亡，而是赤眼蜂卵在寄主卵内，受药后寄生卵可以继续发育，部分在蛹期死亡，另外一部分完成发育的成蜂能咬破寄主卵壳，在咬洞后接触药物立即死亡，这可能由于羽化出蜂时接触到卵壳的残留农药所致。赤眼蜂一生中只有成蜂期处于暴露状态，其余几个发育期都在寄生卵中度过，所以农药对其直接影响较少。因此，具杀卵作用的杀虫剂对赤眼蜂杀伤力较大，在田间释放赤眼蜂进行害虫综合防治时，若田间必须施用农药时，应考虑使用非杀卵性的具有一定选择性的农药，在放蜂 3d 后施药（李开煌等，1987）。

4. 赤眼蜂滞育情况

国内外学者对自然寄主卵繁殖赤眼蜂的生物学特性进行了详细系统的研究，我国也发现用变温和补贴光周期的方法能使赤眼蜂滞育而耐冷藏。朱涤芳等（1984）研究报道低温诱导滞育与寄主有密切关系。拟澳洲赤眼蜂变温培育在 3.7℃±1.6℃ 下冷藏 1 个月，其羽化率为 81.15%，适温（26~28℃）培育未冷藏的赤眼蜂羽化率 88.76%，两者差异不显著。冷藏 3 个月赤眼蜂的羽化率 60.91%，仍与适温发育同条件冷藏 1 个月的羽化率 63.33% 相当。即羽化率 50% 以上有效贮存期延长了两倍。欧洲玉米螟赤眼蜂经变温培育在 3.7℃±1.6℃ 下冷藏 1 个月羽化率为 79.81%，比未冷藏的羽化率 70.87% 还略高。冷藏 2 个月赤眼蜂的羽化率 59.06%，但未经处理者冷藏不足 1 个月就不能正常羽化出蜂。故变温培育处理使其有效贮存期延长约两倍。稻螟赤眼蜂在 3.7℃±1.6℃ 下冷藏有效贮存期为 2 个月，7.5℃±1.8℃ 下冷藏 3 个月，羽化率仍相当于未冷藏的（朱涤芳等，1984）。朱涤芳等证实滞育广赤眼蜂经贮存后能正常羽化，但贮存 1~2 个月者羽化率很低，要待贮存 3 个月后羽化率才增高，4~5 个月时的羽化率最高，分别为 90.45% 和 84.73%，与适温下繁育不经冷藏者无明显差异。15℃ 恒温和 23~11℃ 或 23~15℃ 变温处理，均可诱导广赤眼蜂滞育，低温下长、短光照对滞育者个体数无明显影响。广赤眼蜂末龄幼虫对低温敏感，预蛹是滞育虫态，故诱导滞育应在其末龄幼虫进行。滞育的广赤眼蜂贮存 4~5 个月羽化率为最高。李丽英等（1984）发现寄生不同寄主的不同赤眼蜂种类受滞育诱导的反应是不同的，只有寄生于麦蛾卵内的稻螟赤眼蜂、玉米螟赤眼蜂和松毛虫赤眼蜂在其幼虫末期分别受恒温 8.1℃、8.0℃、8.1℃ 处理 30d 可获得相应为 81.2%~89.5%，63.8%，96.9%~97.9% 的滞育预蛹，但它们在米蛾卵内或松毛虫赤眼蜂在柞蚕卵内均无高于 50% 的滞育预蛹，而拟澳洲赤眼蜂在麦蛾卵和柞蚕卵能受诱导而进入滞育极低，此类与寄主有关的滞育研究尚属首次。朱涤芳等（1992）在田间释放经滞育冷藏赤眼蜂防治甘蔗螟虫。松毛虫赤眼蜂、拟澳洲赤眼蜂分别以米蛾卵、松毛虫卵和柞蚕卵繁殖，让其发育至老龄幼虫期，在 8.0℃，相对湿度 75%~80%黑暗条件保存 1 个月，再贮存于 3℃ 左右的冰箱中，田间释放经滞育冷藏的两种赤眼蜂对甘蔗条螟虫卵寄生率为 52.38%，略高于非滞育蜂的 41.18%。以米蛾卵为寄主繁殖玉米螟赤眼蜂，冷藏 3~4 个月和 5~6 个月的赤眼蜂其寄生率均为 66.67%。利用滞育赤眼蜂防治害虫，可计划提前繁蜂，长时间贮存积累备用，随时供应，这与连续繁蜂积累蜂量相比，可减少寄主卵用量，节省人力，从而降低繁蜂成本（韩诗畴等，2020）。

（三）赤眼蜂的应用情况

应用赤眼蜂防治害虫的历史较悠久，我国广东省最早应用赤眼蜂防治甘蔗螟虫，取得显著的防治效果，随后用来防治松毛虫、玉米螟、二化螟等农林害虫。近年来，随着玉米新品种及高产栽培措施的应用，玉米田间生态条件有所改变，田间玉米螟的发生规律也产生了变化，表现在产卵期增长。在这个特殊的背景下，我们既要保证田间防治效果不受影响，又不能增加生产成本（耿金虎，2015）。赤眼蜂的释放方式由原来的人工释放近些年正在发展无人机释放，大大节省了人力物力。同时也开展了利用载菌赤眼蜂防治玉米螟的研究，其应用面积在不断扩大，（孙光芝等，2004）的研究表明赤眼蜂载菌以后，白僵菌对赤眼蜂羽化率无明显影响，也不影响赤眼蜂对玉米螟卵的寄生。Michele Potrich（2009，2015）等的研究也证明白僵菌对赤眼蜂羽化率、雌雄比以及寄生效果没有影响，并且白僵菌不会干扰赤眼蜂的寿命。因此，球孢白僵菌可以与赤眼蜂协同应用防治害虫。为了实现白僵菌对赤眼蜂的低成本、高效吸附，可将白僵菌分生孢子黏附于赤眼蜂寄主柞蚕卵表面，待赤眼蜂羽化后以其足部、翅膀和腹部末端等多绒毛部位携带，在其寄生过程中，将孢子传递至害虫卵表面，实现对初孵幼虫的侵染。由于白僵菌分生孢子具有很强的疏水性，很难直接吸附于赤眼蜂寄主柞蚕卵表面，根据蜂类羽化后更喜欢含糖量较高的营养成分作为补充的习性，本文比较了几种低成本的含糖且具有黏性的助剂以增强柞蚕卵对白僵菌分生孢子吸附能力，并对各种助剂以及黏附白僵菌后对赤眼蜂羽化时间、羽化量、存活时间及载菌量进行测定，以材料成本和载菌量为主要考核指标，最终筛选出 0.1%（w/v）淀粉溶液作为吸附助剂进行柞蚕卵载菌，并在此基础上建立了赤眼蜂携带白僵菌方法（杨芷等，2020）。

二、*Wolbachia* 研究概述

（一）*Wolbachia* 的发现、命名及形态

Wolbachia 首先是由 Hertig 和 Wolbach 于 1924 年在尖音库蚊（*Culex pipiens*）卵巢组织中发现并分离的（Hertig and Wolbach，1924），被界定为立克次体的微生物，能够被吸血昆虫传播的病原物形式和非吸血昆虫体内寄生或者共生的无害的形式，并暗示了其在节肢动物体内广泛分布的可能性。1936 年，为纪念 Wolbach，Hertig 将在致蜷库蚊中发现的立克次体定名为 *Wolbachia pipientis*（Herting，1936），并且作为立克次体的一个新的属和种。在分类地位上，沃尔巴克氏体 *Wolbachia* 属于细菌门（Bacteriophyta）、变形菌纲（Proteobacteria）α 亚群、立克次氏体目（Rickettsiales）、立克次氏体科（Rickettsiaceae)、沃尔巴克体族（Tribe）沃尔巴克属（Genus *Wolbachia*）。目前，研究者认为 *Wolbachia* 属仅有 *Wolbachia pipientis* 1 个种（Werren，1997）。

Wolbachia 主要包含球状和杆状两种形态：由 0.5μm 的小球孢和 1~1.8μm 的大球孢相邻构成的球状 *Wolbachia*（大球孢内含若干个小球孢）以及长度范围一般为 0.5~1.3μm 的不规则杆状 *Wolbachia*（Herting，1936）。电子显微镜观察 *Wolbachia* 的超微构造发现：*Wolbachia* 的膜结构有 3 层，内层为 *Wolbachia* 自身的原生质膜，中层为 *Wolbachia* 本身的细胞壁，外层为源自宿主组织的细胞与宿主胞质相同的膜结构（Louis and Nigro，1989）。外层膜结构可以有助于解释 *Wolbachia* 与宿主共生，当然，这些膜也可能是宿主对原核生物起控制作用的原因（龚鹏，2002）。

（二）*Wolbachia* 在自然界中的分布

West 等（1995）对 Werren 等（2004）温带地区和巴拿马雨林等不同区域感染 *Wolbachia* 的昆虫情况进行抽样调查的研究结果表明，昆虫感染率为 18.6%；其中膜翅目种类约占 17%。据统计，人们已在膜翅目昆虫的 31 个属、71 个种中检测到 *Wolbachia*。Tagami 等在 2004 年集中对日本鳞翅目昆虫中 49 个种和 9 个科进行调查的结果显示 44.9% 的种和 77.8% 的科都感染了 *Wolbachia*（Tagami and Miura，2004）。Jeyaprakash 等使用长 PCR 法提高检测的敏感性，对 63 种节肢动物的感染情况进行调查，其研究结果表明，约 76% 的节肢动物都感染 *Wolbachia*（Jeyaprakash and Hoy，2000）。Hilgenboecker 等（2008）根据已经报道的相关数据，利用 β-二项式模型估算了 *Wolbachia* 在物种中的感染率，结果认为，感染有 *Wolbachia* 的节肢动物高达 66%，且物种中的感染率依照一个 "most-or-few" 的模式，在这种模式下，一个物种中感染有 *Wolbachia* 的概率或者很高（>90%）或者很低（<10%）。实际上，在这些抽样调查数据中所采集的昆虫样本量仍然偏少，而且即使是同一种类的昆虫在不同地理种群中不一定都感染有 *Wolbachia*，因而 *Wolbachia* 在昆虫类群中的实际感染率应该高于实际测量得到的数据。可见，*Wolbachia* 在自然界中的分布非常广泛。

由于 *Wolbachia* 在自然界中分布广泛，在昆虫纲的主要目中都有分布，如直翅目（Orthoptera）（Werren *et al.*，1995）、半翅目（Hemiptera）（Watanabe *et al.*，2010）、同翅目（Homoptera）（张开军等，2012）、蜻蜓目（Odonata）（Thipaksorn *et al.*，2003）、鞘翅目（Coleoptera）（Kondo *et al.*，2011）、等翅目（Isoptera）（Bordenstein and Rosengaus，2005）、鳞翅目（Lepidoptera）（宋月等，2008）、膜翅目（Hymenoptera）（潘雪红，2007）和双翅目（Diptera）（Kittayapong *et al.*，2000）以及弹尾纲或弹尾目（Collembola）（Werren *et al.*，2008）。

除了昆虫外，还包括节肢动物门（Arthropoda）蛛形纲（Arachnida）的蜘蛛目（Araneida）（王振宇等，2008）、蝎目（Scorpiones）（Baldo *et al.*，2007）和蜱螨目（Acarina）（苗慧等，2006），甲壳纲的等足目（Isopoda）（Cordaux *et al.*，2004）以及线形动物门（Nematomorpha）的线虫纲（Nematoda）（Sironi *et al.*，1995；Bandi *et al.*，1998）。

Wolbachia 不但在自然界中广泛存在，在不同昆虫的各种体细胞中也都有分布（廖姗等，2001。果蝇（*Drosophila simulans*）、寄生蜂（*Dahibominus fuscipennis*）、卷甲（*Ar-*

madillidium vulgare）的神经组织中都曾发现有 *Wolbachia* 的感染；卷甲的血细胞及甲壳中亦检测到含量较高的 *Wolbachia*（Hertig and Wolbach，1924）。在尖音库蚊（*Culex pipiens*）中主要存在于生殖器官的细胞质中，较少见于马氏管和肌肉组织中（Herting，1936）。在舌蝇（*Glossina austeni*）中，*Wolbachia* 则分布在内脏、头、肌肉、脂肪、唾腺等不同器官组织内（Cheng *et al.*，2000）。

综上所述，正是由于 *Wolbachia* 在自然界中广泛分布，感染的宿主众多，*Wolbachia* 因此被认为是自然界中丰度最高、分布最广的共生细菌类群。随着研究的不断深入，其共生的宿主类群或物种仍在不断地被发现，所以其分布以及宿主界限目前仍不明确。

（三）*Wolbachia* 的传播方式

Wolbachia 主要是通过母系遗传的方式垂直传播的（Pintureau *et al.*，2000；Fleury *et al.*，2000）；在自然环境下，*Wolbachia* 在种内和种间亦存在一定程度的水平传播（Huigens *et al.*，2000）。

Wolbachia 由雌性宿主生殖细胞的细胞质直接传递给子代宿主的传播方式即垂直传播（Vertical Transmission），这是 *Wolbachia* 在宿主体内最基本也是最主要的传播方式。Kittayapong 等（2002）在泰国 80 个地区收集到感染有 *Wolbaehia* A 和 B 两个类群的白纹伊蚊（*Aedes albopictus*）后代共 550 个，经检测发现，其垂直传播的效率分别是 96.7% 和 99.6%。尽管 *Wolbachia* 在成虫宿主的精巢和卵巢中均有分布，但是由于成熟的精子中极少甚至几乎没有细胞质的存在，所以成熟的精子中 *Wolbachia* 极少甚至几乎没有 *Wolbachia* 的分布；也正因此，雄性宿主在 *Wolbachia* 的传播过程中起到的作用很小，*Wolbachia* 的垂直传播主要依赖于雌性宿主进行。雌性宿主即使不能将全部的 *Wolbachia* 传递给子代，却依然可以保持很高的传播效率。

另外一些研究中显示，尽管垂直传播是立克次体 *Wolbachia* 在宿主体内的主要传递模式，却并不是 *Wolbachia* 唯一的传递方式：自然界中同时存在 *Wolbachia* 在宿主种间的水平传播（Horizontal Transmission）。由于金小蜂（*Nasonia giraulti*）和它的寄主丽蝇（*Calliphora vicina*）亲缘关系较远，但其所含有的 *Wolbachia* 系统遗传关系非常接近，1995 年 Werren 等（1995）首次对该现象进行了报道，并推测 *Wolbachia* 在一些昆虫中存在不同种间的水平传递；其后这不仅得到了分子系统学的支持（Vavre *et al.*，1999），许多室内实验也对此进行了验证。Huigens 等（2000）通过室内实验，使感染和未感染 *Wolbachia* 的蚬碟赤眼蜂（*Trichogramma kaykai*）幼虫共享无 *Wolbachia* 感染的宿主卵，结果发现 *Wolbachia* 在两类赤眼蜂幼虫间发生了的水平传递：不含菌的赤眼蜂个体通过与含菌个体共享同一食物源而感染了 *Wolbachia*，并且，*Wolbachia* 在新宿主中可通过垂直传播稳定传递给其后代。另外，还有学者成功利用显微注射技术，将 *Wolbachia* 人为地从其宿主体内转入原本没有 *Wolbachia* 共生的物种中。1994 年 Braig 等（1994）从白蚊伊蚊（*Aedes albopictus*）中将 B 亚群一种引起胞质不亲和的 *Wolbachia* 成功转入了黑腹果蝇（*Drosophila melanogaster*）体内，这是亚目间的人工转移；在 Grenier（1998）以及付海滨等（2005）的研究中，实现了 *Wolbachia* 从短管赤眼蜂（*Trichogramma pretiosum*）和食胚赤眼蜂（*Trichogramma embryophagum*）到松毛虫赤眼蜂（*Trichogramma dendrolimi*）体内的种间水平转移；类似的还有樱桃实蝇（*Rhagoletis cerasi*）和拟果蝇

（*Drosophila simulans*）等（Riegler *el al*.，2004）。对通过显微注射实现 *Wolbachia* 转移的不同种群进行研究比较后发现，不同株系的共生细菌在宿主种间转移范围和效率不同：与昆虫共生的 *Wolbachia* A 群和 B 群水平传播的程度相对较高；而与线虫共生的 *Wolbachia* C 群和 D 群的水平传播率较低，且 A、B 群和 C、D 群间尚未发现存在水平传播（Bandi *et al*.，1998），这可能是由于某种 *Wolbachia* 与宿主协同进化得愈久，其水平传递的可能性愈低，该结论还有待更进一步的试验证明。

Wolbachia 为细胞内内共生菌，由于早期的研究受到技术水平的限制，不能对 *Wolbachia* 进行人工分离，因此也无法进行人工体外培养和繁殖。然而，随着科学技术手段的进步与发展，Rasgon 等（2006）已成功通过人工培育的昆虫细胞系对 *Wolbachia* 进行了体外培养。尽管体外培养的 *Wolbachia* 存活时间仅为一周，但这作为 *Wolbachia* 人工培养的重大突破，将进一步推动 *Wolbachia* 的相关研究。

（四）*Wolbachia* 与宿主的互作

通过宿主细胞质（非细胞核遗传）传播的 *Wolbachia* 可以参与到宿主体内多种生殖调控相关的活动，主要包括：诱导宿主细胞质不亲和（Cytoplasmic Incompatibility，CI）（Ghelelovitch *et al*.，1950；Zabalou *et al*.，2004），可分为单向不亲和与双向不亲和（Yen and Barr，1971）；诱导孤雌生殖（Parthenogenesis Inducing，PI）（Stouthamer *et al*.，1990），有孤雌产雌生殖（arrhenotoky，AY）与产雄孤雌生殖（thelytoky，TY）两种情况（Stouthamer，1993）；遗传雄性的雌性化（Feminization）（Rousset *et al*.，1992）；雄性致死（Male-killing）（Jiggins *et al*.，2000）；增强雌性繁殖力和雄性生育力（Fecundity and Fertility-modifying）（Sasaki，2000）。近 10 年的研究试验中，蛛形纲、等足目和一些昆虫体内都频繁发现 *Wolbachia* 在诱导宿主生殖方式发生改变（Hornett *et al*.，2006；Pannebakker *et al*.，2007）。

除了影响宿主生殖方式外，*Wolbachia* 对宿主的嗅觉反应、免疫能力和新陈代谢等其他生物学特性也有不同程度的影响。潘雪红等（2008）在试验中发现 *Wolbachia* 可以降低拟澳洲赤眼蜂（*Trichogramma confusum*）的嗅觉反应能力，只是这种影响作用会随着世代数的增加而逐渐减弱直至消失；2008 年，Peng 等（2008）通过对两种果蝇品系和 3 种 *Wolbachia* 品系的研究检测，发现 *Wolbachia* 对宿主嗅觉应答反应的影响是不同的：在拟果蝇（*Drosophila simulans*）体内自然共生的 *wRJ* 品系，能够显著增加宿主的基本嗅觉活性水平，这也包括宿主对食物的应答能力；而在黑腹果蝇（*Drosophila melanogaster*）体内自然存在的 *wMel* 品系和和 *wMelPop* 品系，除了使宿主对食物的应答能力略微降低外，并未改变宿主嗅觉的基本活性水平。2009 年，YU 等（2009）研究发现 *Wolbachia* 可能通过调节宿主体内嗅觉相关基因的表达，从而提高宿主的嗅觉反应能力，因此宿主体内 *Wolbachia* 的密度越高，其嗅觉反应能力越强。

通过抗生素来消除线虫体内的 *Wolbachia*，发现宿主线虫发育异常甚至死亡，该研究认为 *Wolbachia* 可以为线虫宿主提供谷胱甘肽、核黄素和亚铁血红素等营养代谢物质，并与宿主体内嘌呤和嘧啶的合成相关（Foster *et al*.，2005）。这一结论在 Kremer 等在 2009 年对拟果蝇（*Drosophila simulans*）、黄蜂（*Asobara tabida*）以及埃及伊蚊（*Ades aegypti*）的营养代谢进行研究后得到充分证实：*Wolbachia* 参与宿主体内铁元素代谢。

Wolbachia 也影响宿主昆虫的寿命，例如温室白粉虱（*Trialeurodes vaporariorium*）（Manzano，2000）、拟澳洲赤眼蜂（*Trichogramma confusum*）（潘雪红等，2008）、埃及伊蚊（*Ades aegypti*）（Mc Meniman *et al.*，2009）等。

2000 年，Sasaki 等将 *Wolbachia* 从粉斑螟（*Cadra cautella*）转染到地中海粉螟（*Ephestia kuehniella*），被转染携带 *Wolbachia* 的地中海粉螟表现为杀雄，而粉斑螟原供体则表现为胞质不亲和，说明 *Wolbachia* 与宿主互作调控其功能。由此可见，*Wolbachia* 与宿主间的相互作用具有多样性、复杂性和双向性，所以探索 *Wolbachia* 与宿主互作的相互影响，明确 *Wolbachia* 调控宿主生殖机制对于维系生态安全以及生物防治应用意义重大。

（五）*Wolbachia* 的检测及系统发育

由于 *Wolbachia* 目前还只能在活体细胞内培养，所以使用传统微生物学方法对 *Wolbachia* 进行检测效果并不明显。伴随着分子生物学和系统生物学手段的快速发展，以 PCR 为基础的分子检测技术和分子系统学方法的应用，为 *Wolbachia* 的检测及系统发育研究提供了更为高效的途径（Zhou *et al.*，1998）。例如 16S rDNA、23S rDNA 和 *ftsZ* 序列等（Breeuwer *et al.*，1993；O'Neill *et al.*，1992），并以 *Wolbachia* 16S rDNA 序列和 *ftsZ* 序列为基础（Werren *et al.*，1995），将 *Wolbachia* 分为 A 亚组（A-*Wolbachia*）和 B 亚组（B-*Wolbachia*）两个亚组（subdivision）。

果蝇 *Drosophila* spp. 参与调控细胞分裂周期的 *ftsZ*（Cell division protein）基因自发现以来，便在分子遗传学研究中受到重视（Holden *et al.*，1993）。根据 *ftsZ* 基因的系统遗传学分析，*Wolbachia* 被分为 A、B、C、D 4 个群（groups）（Werren *et al.*，1995；Bandi *et al.*，1998）。*wsp* 基因作为一种编码 *Wolbachia* 表面蛋白（surface protein of *Wolbachia*，*wsp*）的基因，截至 2015 年年末，在 GenBank 中登录 *Wolbachia* 的 *wsp* 基因序列已有 600 多条，为 *Wolbachia* 系统发育的相关研究提供了资料积累。在 *wsp* 序列分析的基础上，A 亚组和 B 亚组的 *Wolbachia* 又被细分为 12 个亚群（subgroups）。A 亚组包括 *wMel*、*wAIbA*、*wMor8*、*wRiv*、*wUni*、*wHaw*、*wPap* 和 *wAus* 8 个亚群，B 亚组则包含 *wCon*、*wDei*、*wPip* 和 *wCauB* 4 个亚群（Zhou *et al.*，1998）。目前，基于 *wsp* 基因的系统发育研究已成功应用在膜翅目（王翠敏等，2005）、鳞翅目（宋月等，2008）、同翅目（龚鹏等，2002；国伟等，2004；甘波谊等，2002）、双翅目（刘锐等，2006）等昆虫以及螨类中（苗慧等，2006）。

在早期研究中，多以单基因研究其系统发生，如 16sRNA、*wsp* 基因、*ftsZ* 基因等。由于 *wsp* 基因和 *ftsZ* 基因进化速度很快，所以各株系间变化差异较大。1998 年，Zhou 等（1998）根据 *wsp* 基因的变化对 *Wolbachia* 进行了较为完整的分型体系，并确立了每个亚群的特异引物，其中差异最大者可达 23%。其后研究者相继发现 *wsp* 基因与 *ftsZ* 基因在不同昆虫宿主中都存在有遗传重组现象以及 *wsp* 基因在不同株系间的遗传重组现象（Jiggins *et al.*，2001）。因此由单基因确立的分型体系并不准确，Baldo 随即提出选择 *fbpA*、*gatB*、*coxA*、*hcpA* 和 *ftsZ* 5 个单拷贝的管家基因建立多基因位点分型体系（Multilocus Sequence Typing，MLST）对 *Wolbachia* 的系统发生进行分析（Baldo *et al.*，2006）。

目前针对 *Wolbachia* 基因组的研究也已经进行了深入开展，诱导宿主黑腹果蝇

（*Drosophila melanogaster*）产生 CI 现象的 *wMel* 株系，以及与丝氏线虫属马来线虫（*Brugia malayi*）互惠共生的 *wBm* 株系的全基因组均已经得到测定（Wu *et al.*，2004；Foster *et al.*，2005），其具有代表性的遗传多样性基因目前也正在进行充分诠释测序，这些数据对研究细胞内共生细菌 *Wolbachia* 的进化将起到重要作用。

（六）膜翅目赤眼蜂属中的 *Wolbachia*

膜翅目 Hymenoptera，细腰亚目 Apocrita，小蜂总科 Chalcidoidea，赤眼蜂科 Trichogrammatidae，赤眼蜂属（*Trichogramma*）。截至 20 世纪 90 年代后期，在世界范围内被报道的赤眼蜂属的分布已达到 180 多种，在最近 40 年中已有超过 160 多种的新种被描述。在中国，有记录的种仅为 29 种。

赤眼蜂属昆虫个体非常微小，体长通常情况下小于 1mm，最小者甚至不足 0.2mm；营寄生生殖，其宿主范围广泛分布于鳞翅目、双翅目、鞘翅目、膜翅目等昆虫中，多达几百种，其中以鳞翅目害虫卵最多。赤眼蜂属幼虫将在寄主卵内经过前蛹期、蛹期的发育后羽化。雌蜂羽化通常较雄蜂晚 1~1.5d。在米蛾等小卵上繁殖时，雄蜂先行咬破卵粒等待雌蜂羽化后再进行交尾；但当宿主卵较大时，羽化后的雄蜂并不急于咬破宿主卵壳，而是在卵壳内部等待与刚蜕去蛹膜的雌蜂进行交尾（袁佳等，2008）。经试验发现，雌蜂在羽化前就已正常受精的概率达到 50% 以上（包建中和陈修浩，1985）。据目前统计，赤眼蜂属是世界范围内害虫生物防治领域中研究最多、应用范围最广、防治面积最大且经济效益最为显著的一类卵寄生性天敌（Smith，1996；刘树生和施祖华，1996）。

21 世纪初期，国内外在赤眼蜂属方面的研究主要集中在对形态分类学、生物学、生态学和田间应用技术等各领域都进行了广泛而且深入的研究探索。例如，螟黄赤眼蜂（*Trichogramma chilonisishii*）对 *Bt* 和非 *Bt* 寄主棉花的选择能力（Wadhwa and Gill，2006）；甘蓝夜蛾赤眼蜂（*Trichogramma brassicae*）和卷蛾赤眼蜂（*Trichogramma cacoeciae*）在 3 种恒温培养下的生命周期（Ozder，2006）；广赤眼蜂（*Trichogramma evanescens*）的交配能力与其雄蜂羽化时间的关系（Doyon *et al.*，2006）；卵寄生蜂在定向选择其寄主时对寄主化学信息素的反应等（Fatouros *et al.*，2007）。在对膜翅目赤眼蜂属（*Trichogramma*）寄生蜂的调查中发现，感染 *Wolbachia* 的赤眼蜂多达 21 种，如松毛虫赤眼蜂（*T. dendrolimi*）、玉米螟赤眼蜂（*T. ostriniae*）、螟黄赤眼蜂（*T. chilonis*）、广赤眼蜂（*T. evanescens*）和蚬蝶赤眼蜂（*T. kaykai*）等（潘雪红等，2007；宋月等，2010）。

有大量研究表明，赤眼蜂在感染 *Wolbachia* 后其生物学特性产生了不同程度的变化：在实验室条件下，如产卵能力、搜索寄主能力、寿命、性比等方面。感染 *Wolbachia* 的科尔多瓦赤眼蜂（*T. cordubensis*）相比未感染的（*T. cordubensis*）其迁飞扩散能力相对较弱；在比较感染和未感染 *Wolbachia* 的两种蚬蝶赤眼蜂（*T. kaykai*）的繁殖率试验中，研究结果表明未被 *Wolbachia* 感染的 *T. kaykai* 不但繁殖率更高，卵的发育速率也更快（Miura *et al.*，2004）；蚬蝶赤眼蜂（*T. kaykai*）生活史特性的研究情况表明，未感染 *Wolbachia* 的 *T. kaykai* 比感染 *Wolbachia* 的 *T. kaykai* 寿命要稍短，但其发育至预蛹期时的蜂数、出蜂率、雌雄性比、净生殖率（R_0）和内增长率（r.）都比感染 *Wolbachia* 的 *T. kaykai* 高出许多。

也有研究表明，感染和未感染 *Wolbachia* 的赤眼蜂在某些生物学指标上并没有明显差别：Pintureau 等（2002）发现常温培养下 *Wolbachia* 对广赤眼蜂的滞育没有影响，经过低温处理后感染 *Wolbachia* 的广赤眼蜂雌性比显著下降至 94.5%，这可能是宿主体内 *Wolbachia* 浓度下降造成而引起的。在对松毛虫赤眼蜂感染和未感染 *Wolbachia* 两种品系的寄主卵选择性进行研究时发现，对同一寄主卵进行选择时两品系赤眼蜂之间没有显著差异，但对米蛾卵和柞蚕卵的选择性明显高于对亚洲玉米螟卵的选择性（付海滨等，2005；王翠敏等，2006）。除此之外，对 *Wolbachia* 的研究还包括有：内共生菌 *Wolbachia* 对卷蛾赤眼蜂（*T. cacoeciae*）孤雌产雌生殖行为的影响（项宇等，2006）；*Wolbachia* 对拟澳洲赤眼蜂寿命、生殖力和嗅觉反应的影响等。

第三节　感染 *Wolbachia* 优良供体蜂种的筛选

一、供试赤眼蜂体内 *Wolbachia* 的检测

Wolbachia 是一类侵染节肢动物生殖组织，引起寄主生殖行为改变的微生物，研究证明，寄生蜂的孤雌产雌生殖，即单性生殖类群中，一部分是由于 *Wolbachia* 的寄生侵染而诱导的，寄生蜂孤雌产雌生殖的方式可恢复成产雄孤雌生殖说明体内含有共生的细菌 *Wolbachia*。*Wolbachia* 目前还不能离体培养，Stouthamer（1990）指出，可以鉴定特定微生物存在与否的分子生物学技术可以替代传统的柯克氏法则。以下几点可以更加明确特定细菌引起的特定表现型：一是感染了某种特定细菌的寄主，表达出特定的表现型，而没有感染这种细菌的寄主则不表达此种特定表现型。二是饲喂抗生素或高温处理，可以导致感染特定细菌的寄主的特定表现型在本代或后代中消失。三是原本没有感染的寄主被从感染寄主中收集到的接种体感染后能够检测到这种细菌的存在，同时在本代或后代中表达出特定表现型。

（一）材料与方法

1. 试验材料

（1）供试蜂种

食胚赤眼蜂（*T. embryophagum*）（联邦德国农林生物研究中心）、卷蛾赤眼蜂（*T. cacoeciae*）（联邦德国农林生物研究中心）、短管赤眼蜂（*T. pretiosum*）（华南农业大学昆虫系）、松毛虫赤眼蜂（*T. dendrolimi*）（沈阳农业大学害虫生防室）、螟黄赤眼蜂（*T. chilonis*）（吉林省农业科学院植物保护研究所）、玉米螟赤眼蜂（*T. ostriniae*）（沈阳农业大学害虫生防室）、甘蓝夜蛾赤眼蜂（*T. brassicae*）（河北省农林科学院旱作农业研究所），供试赤眼蜂在恒温 25℃（RH 为 75%±5%，L：D＝16h：8h）条件下，用米蛾（*C. cephalonica*）卵保种繁殖。

（2）化学药品与耗材

CTAB（溴化十六烷三甲基铵）、琼脂糖，溴乙锭、*wsp* 基因引物、DL2000 Marker、

Taq DNA 聚合酶、10×反应缓冲液、MgCl₂、dNTP 购自上海生工公司。

（3）仪器与设备

PTC-200 PCR 扩增仪、FinePix S602 ZOOM 数码相机照相、PM-10ADS 万能显微镜、微量移液器、Air Tech 无菌操作台、JA2003 型电子天平、TL-18M 型台式冷冻离心机、HH-4 型数显恒温水浴锅、85-1 型恒温磁力搅拌器、DYY6B 型稳压稳流电泳仪、WP-9403C 型紫外分析仪、SYQ LDZX-40BT 型自动立式蒸气灭菌器、KQ2200DB 型数控超声波清洗器、GlanZ 微波炉、KK26E28TI 型西门子冰箱。

2. 试验方法

（1）吉姆萨染色法检测赤眼蜂体内 *Wolbachia*

1）吉姆萨染色液

原液：取吉姆萨粉 1g 溶于 66mL 的甘油中，在研钵中逐步加入甘油研磨，冷却后再加入 33mL 甲醇搅拌均匀，装入棕色试剂瓶中，贴上标签备用。

鲜液：吉姆萨原液 3 滴加在 2mL 蒸馏水中稀释，现用现配。

2）PBS 缓冲溶液

0.8g NaCl，0.02g KCl，0.144g Na₂HPO₄，0.024g KH₂PO₄，30g 蔗糖；定容至 100mL，pH 值 7.2；灭菌。

3）昆虫共生菌 *Wolbachia* 菌悬液的配制

参考张昭琳（2003）方法进行。将适量新羽化的供体蜂食胚赤眼蜂、卷蛾赤眼蜂和短管赤眼蜂成虫，于-20℃10min 后，双蒸水清洗 2 遍后，装入灭菌的 1.5mL 离心管中，加入适量 PBS 缓冲溶液研磨至浆状；以 3 000r/min 离心 5min，取上清液，重复此步骤 3~5 次，直到看不到沉淀为止；将所得的上清液以 8 500r/min 离心 5min，收集沉淀；加 300μLPBS 溶解，-20℃储藏备用。

4）吉姆萨染色方法

将已制成的菌悬液用干净胶头滴管吸取一滴涂片于一个干净的载玻片，干燥；然后在纯甲醇中固定 3~4min；然后用吉姆萨染色鲜液，染色 15~45min；用蒸馏水洗濯后，在空气中干燥。40 倍物镜下通过蓝色滤片观察，拍照。

（2）PCR 检测赤眼蜂体内 *Wolbachia*

1）赤眼蜂基因组 DNA 提取

取灭菌的 1.5mL 离心管收集新羽化供试赤眼蜂群体（约 100 头）冻于-20℃冰箱 10min 后，用蒸馏水清洗两遍加入 50μL CTAB 提取缓冲液，置于-20℃冰箱中，5min 后取出，在冰浴中用研磨棒捣碎、匀浆；研磨棒用 150μL 提取缓冲液冲洗；离心管置于 65℃水浴保温 1h；再加入 500μL 氯仿/异戊醇（24∶1）反复混匀，13 000r/min 离心 15min；取上清液，加入 2 倍体积预冷的无水乙醇，轻轻混匀，出现少量絮状沉淀，放置于-20℃1h 以上或隔夜；12 000r/min 离心 10min，弃去上清液后于室温下无菌操作台上吹干；在离心管中加入 50μL 无菌双蒸水，溶解后，保存于-20℃冰箱中备用。

2）PCR 扩增

利用 *wsp* 基因 PCR 特异扩增方法（Zhou，1998）检测 *Wolbachia*。引物 81FOR：5′—TGG TCC AAT AAG TGA TGA AGA AAC；691REV：5′—AAA AAT TAA ACG CTA CTC CA。

PCR 反应体系为 20μL，其中含有 2μL10×反应缓冲液，2μL 25mmol/L MgCl$_2$，0.5μL 10mmol/L dNTP，上下游对引物均 0.5μL，Taq DNA 聚合酶 0.2μL 和 2μL 总 DNA，12.3μL。

无菌双蒸水。反应程序：94℃ 3min 预变性→94℃ 1min，55℃ 1min，72℃ 1min，循环 30 次→72℃ 7min 延伸，4℃下保存待测。

3）琼脂糖凝胶电泳

5×TBE 电泳缓冲液：称取 27g Tris、13.75g 硼酸，溶于适量蒸馏水中，加入 10mL 0.5mmol/L EDTA（pH8.0），蒸馏水定容至 500mL，高压蒸汽灭菌，制成 5×TBE 母液，储藏于 4℃备用。用时稀释为 1×TBE。

0.1%溴酚蓝点样缓冲液：称取溴酚蓝 100mg，加 ddH$_2$O 10mL，室温下过夜，待溶解后再称取蔗糖 50g，加 ddH$_2$O 溶解后移入溴酚蓝溶液中，混匀后加 ddH$_2$O 定容到 100mL，加 10 mol/L NaOH 1~2 滴，调至蓝色。于 4℃冰箱内保存备用。

1mg/mL 溴乙锭（EB）溶液：称取 1mg 溴乙锭溶于 1mL ddH$_2$O。

配制 1.2%琼脂糖凝胶：称取 1.2g 琼脂糖，放入三角瓶中，加入 1×TBE 缓冲液 100mL，微波炉熔解；待熔化好的琼脂糖冷却至 60℃左右时，加入 EB 溶液使其终浓度为 0.5μg/mL，混匀；将电泳胶床两端用透明胶带封口，水平放置；选择适宜的点样梳，垂直架在凝胶床的一端；倒入厚度为 3~5mm 的琼脂糖凝胶溶液，放置 25min 至胶完全硬化；小心拔出梳子，揭去胶带，将胶床放入电泳槽，插梳子的一端靠近电泳槽的负极；加入 1×TBE 缓冲液，液面高于胶面 1~2mm，待用。

取 10μL 0.1%溴酚蓝点样缓冲液加入 PCR 管中，离心混匀；取 10μL 混匀后的样品加于 1.2%琼脂糖凝胶孔中电泳，样品带型与 DL2 000 Marker 对照。80 v 稳压电泳 1h，254nm 紫外灯下观察。

4）拍照

利用 FinePix S602 ZOOM 数码相机照相。由于在紫外光下摄影，自动曝光时曝光量明显不足，所以采用"M"档（manual），手动曝光，曝光时间采用 15s 拍照，经 Photoshop 图像处理软件处理图片。

（二）结果与分析

1. 生物学染色

通过直接研磨赤眼蜂组织离心方法从中提取的菌悬液，染色后能够看到 Wolbachia 的存在，Wolbachia 的个体比细菌小，如同一般立克次氏体，Wolbachia 易为苯胺染料着色，但实验室中对它的染色通常采用 Macchiavello 或 Giemsa 染色法。利用新鲜的 Giemsa 染色液染色，Wolbachia 呈粉红色（阳性）。染色后，发现短管赤眼蜂、食胚赤眼蜂和卷蛾赤眼蜂成虫提取的菌悬液 Giemsa 染色反应均呈阳性（图 4-1，图 4-2 和图 4-3）；而没有感染 Wolbachia 的松毛虫赤眼蜂的 Giemsa 染色没有见到 Wolbachia 个体（图 4-4）。

2. 分子生物学检测结果

PCR 扩增后电泳检测结果：通过编码 Wolbachia 表面蛋白的 wsp 特异基因引物的扩增，检测了寄主及不同地理品系赤眼蜂体内的 Wolbachia，结果见图 4-5，其中寄主米蛾和 3 种孤雌产雌生殖的赤眼蜂体内检测结果呈阳性，其他赤眼蜂品种品系均没有检测

到 *Wolbachia* 的共生，我们选取没有共生的赤眼蜂品种松毛虫赤眼蜂沈阳品系、玉米螟赤眼蜂沈阳品系、螟黄赤眼蜂北京品系和甘蓝夜蛾赤眼蜂河北品系作为受体赤眼蜂进行 *Wolbachia* 的水平转染。

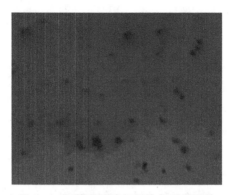

图 4-1　短管赤眼蜂组织染色后呈阳性

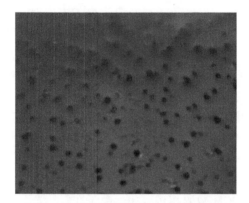

图 4-2　食胚赤眼蜂组织染色后呈阳性

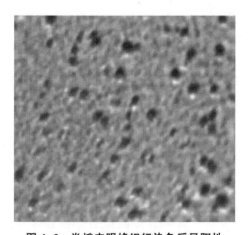

图 4-3　卷蛾赤眼蜂组织染色后呈阳性

图 4-4　松毛虫赤眼蜂组织染色后呈阴性

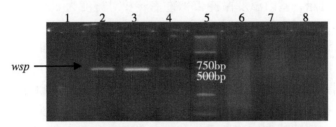

图 4-5　供试赤眼蜂体内 *Wolbachia* 的 *wsp* 基因检测结果

1. 松毛虫赤眼蜂；2. 食胚赤眼蜂；3. 卷蛾赤眼蜂；
4. 短管赤眼蜂；5. DL2000 Marker；6. 玉米螟赤眼蜂；7. 螟
黄赤眼蜂；8. 甘蓝夜蛾赤眼蜂

（三）小　结

通过从 3 种感染态赤眼蜂体内提取菌细胞悬液，染色以及分子检测后可以确定食胚赤眼蜂、卷蛾赤眼蜂和短管赤眼蜂体内 *Wolbachia* 的存在，并且经过形态观察发现有的 *Wolbachia* 个体聚集在一起。我们将菌悬液的浓度进行了 10 倍稀释，发现同样吸取一滴稀释后的菌悬液到载玻片上，经染色后菌悬液检测到的个体数量少于稀释前的数量，说明我们用离心的方法提取 *Wolbachia* 菌细胞悬液的浓度可以进行调控，为后续水平转染 *Wolbachia* 提供了基础。

二、供体孤雌产雌赤眼蜂的嗅觉反应和寄生力

（一）材料与方法

1. 供试昆虫和寄主

蜂种：食胚赤眼蜂（*T. embryophagum*）简写 *T. e*、卷蛾赤眼蜂（*T. cacoeciae*）简写 *T. cac*、短管赤眼蜂（*T. pretiosum*）简写 *T. pre*，在恒温 25℃（RH 为 75%±5%，L∶D=16h∶8h）条件下，用米蛾卵保种繁殖 5 代以上。

寄主卵：米蛾［*C. cephalonica*（Stainton）］卵，由沈阳农业大学害虫生物防治实验

室提供饲养米蛾所产新鲜卵。

2. 米蛾卵和米蛾鳞片嗅觉反应物的获得

取1g新鲜米蛾卵用15mL正己烷振荡萃取2h，取上清液为米蛾卵提取物；将羽化24h并充分交配的米蛾100头置于-20℃冰箱10min，取出用毛笔将其腹部鳞片轻轻扫下，得米蛾鳞片，称取1mg用15mL正己烷振荡萃取24h，取上清液得米蛾鳞片提取物，各取20μL进行生测。

3. 试验装置及生测方法

实验采用"Y"形嗅觉仪进行，其中"Y"形玻璃管（内径0.8cm，两侧管臂等长为6cm，75°夹角）分别与气味源或净化空气、流量计、加湿器、活性炭相连接，为处理区和对照区，直型臂（直管长5cm，直管口用于引入赤眼蜂）不接任何装置，该区是处理和对照区空气混合通过的区域，赤眼蜂在此区域会有辨别气味的行为反应。本试验采用的流速为200mL/min。根据赤眼蜂趋光性强的特点，实验时室内保持全黑暗，嗅觉仪正下方放置灯箱，室内温度保持25℃左右，相对湿度为60%左右。测试时以相同体积的正己烷作为对照。

生物测定方法：取20μL正己烷和提取液滴到灭菌的干净滤纸上，待挥发分别放入对照区和处理区的加样瓶。将1头新羽化没有嗅觉经验的赤眼蜂用毛笔轻轻从"Y"形嗅觉仪直管臂引入，记录600s内该蜂停留于嗅觉仪各区的时间和进入次数。每测1头虫后用无水乙醇擦拭各区域，每种样品至少测定30头蜂，每5头调换一下加样瓶，每次试验结束后，用洗洁精彻底清洗嗅觉仪及其部件，晾干后用无水乙醇再擦拭1遍，进行另一样品的测试。

4. 赤眼蜂寄生能力测定

寄生能力：将新鲜米蛾卵用天然桃胶均匀粘于纸上制成卵卡（100粒卵/卡），紫外灯下灭菌30min。把卵卡放入长4cm、口径1cm的玻璃试管内，分别引入羽化时间小于24h的供试蜂1头，并用牙签在管壁上沾50%蜂蜜水少许，管口用干净的脱脂棉球封口。将管放入25℃±1℃，RH 75%±5%，L：D=16h：10h的光照恒温培养箱中。待产卵寄生后，统计3种赤眼蜂的寄生率（以寄主米蛾卵变黑危寄生），重复20次。

5. 温度对食胚赤眼蜂寄生、羽化和寄主选择的测定

取被赤眼蜂寄生的米蛾卵，挑取数粒被寄生变黑的寄主卵（1粒卵里会羽化1头蜂）于指形玻璃管内，用棉花塞住管口，放在4个温度分别为25℃、28℃、30℃和35℃的恒温箱内，相对湿度均为75%，光周期L：D=16h：10h。待赤眼蜂羽化后取同一时刻羽化的赤眼蜂30头，每管1头蜂提供一张有200粒左右新鲜米蛾卵的卵卡（卵卡在紫外灯下照射10min灭活），并加入少量75%蜂蜜水，分别放在上述各温度下继续培养，作为F_1代。仍采取上述方法处理，连续处理3代，统计每个子代的寄生数、羽化数及性比。

采用生测装置改装"Y"形嗅觉仪，流速为200mL/min，"Y"形管的规格为一条中管和两臂管，三者均长10cm、内径1cm、两臂夹角75°。将25℃下同期羽化的赤眼蜂选取120头，单头置于指形玻璃管内。分别在20℃、25℃、30℃和35℃生长室内进行试验，鉴于赤眼蜂趋光性强的特点，试验时室内保持全黑暗，嗅觉仪正下方放置安有10W的日光灯管的灯箱，测试时以空白作为对照。取一小块米蛾卵（200粒左右）制成的卵卡放入加样瓶，将1头赤眼蜂用毛笔轻轻从"Y"形嗅觉仪中管引入，在"Y"形嗅觉仪两臂管5cm处做好标记，将赤眼蜂爬过标记处记为选择完毕，记录选择的方向及做出选择的时间，若150s内未做出反应记为未选择。每测1头蜂后用无水乙醇擦拭各区域，每个温度测定30头蜂，选择率以每10头蜂为一组计算。每次试验结束后，用洗洁精彻底清洗嗅觉仪及其部件，晾干后用无水乙醇再擦拭1遍，进行另一温度测试。

6. 数据统计

数据采用 SPSS 18.0 软件及 WSP 软件进行处理分析。采用 Duncan's 法和配对 t 检验方法进行比较。所有数据以平均值±标准误（Mean±SE）表示。

（二）结果分析

1. 对寄主卵和雌蛾腹部鳞片的嗅觉反应比较

表4-1所示，3种赤眼蜂对米蛾卵表的正己烷萃取液有不同程度的趋性反应，表现在600s内赤眼蜂停留在处理区和对照区的时间和进入各区的次数上。数据结果经配对样品 t 检验，可以看出，卷蛾赤眼蜂和食胚赤眼蜂在处理区停留的时间明显高于在对照区停留的时间（$P<0.05$），进入处理区的次数也是明显多于对照区的次数，说明米蛾卵表提取物对卷蛾和食胚两种赤眼蜂有较强的吸引作用，而短管赤眼蜂在处理区停留的时间比在对照区长但没有达到显著水平，实验中短管赤眼蜂放入嗅觉仪后个体非常活跃，进入处理区和对照区的次数较多，但进入处理区和对照区次数没有显著差异，表明短管赤眼蜂没有明显的趋向性行为，卷蛾赤眼蜂和食胚赤眼蜂两种赤眼蜂对寄主米蛾卵表利他素的搜索能力要强于短管赤眼蜂。

表4-1　3种赤眼蜂对米蛾卵正己烷提取液的嗅觉反应

蜂种	滞留时间（s）			进入次数		
	对照	处理	P	对照	处理	P
$T. cac$	167.48±29.69	310.21±38.35	0.037	1.37±0.20	2.23±0.31	0.023
$T. per$	190.47±32.29	231.17±33.63	0.469	2.07±0.25	2.27±0.24	0.692
$T. e$	152.37±32.25	294.33±32.50	0.018	1.20±0.21	1.83±0.19	0.016

注：表中数据为平均值±标准误，配对法 t 检验，N＝30。下同。

3种赤眼蜂对寄主米蛾鳞片萃取物的嗅觉反应如表4-2所示，经分析只有食胚赤眼蜂在处理区停留的时间明显长于在对照区的时间（$P<0.05$），卷蛾和短管赤眼蜂虽然在处理区的停留时间长于对照但没达到显著水平；食胚赤眼蜂进入处理区的次数明显多于对照，食胚赤眼蜂对米蛾雌蛾腹部鳞片提取物搜索能力强于卷蛾赤眼蜂和短管赤眼蜂。

表4-2　3种赤眼蜂对米蛾腹部鳞片正己烷提取液的嗅觉反应

蜂种	滞留时间（s）			进入次数		
	对照	处理	P	对照	处理	P
T. cac	174.13±36.90	253.13±39.11	0.243	1.57±0.26	1.40±0.18	0.544
T. per	242.63±41.49	275.93±41.23	0.610	1.06±0.19	1.30±0.18	0.229

2. 寄生能力比较

3种孤雌产雌赤眼蜂寄生米蛾卵的平均单头寄生率见图4-6，供试100粒寄主米蛾卵的情况下，食胚赤眼蜂的寄生率最高为52.67%，短管赤眼蜂最低为26.33%，卷蛾赤眼蜂的寄生率是37.58%，食胚赤眼蜂明显比短管赤眼蜂高，同时比卷蛾赤眼蜂寄生率高15%左右，但差异不显著。

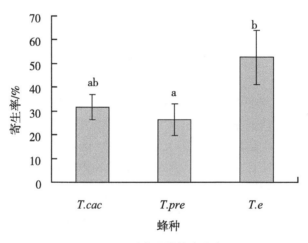

图4-6　3种赤眼蜂的寄生率

注：图中不同字母表示差异显著

（三）小　结

本研究利用改良后的"Y"形嗅觉仪来测定3个引进种孤雌产雌生殖赤眼蜂对米蛾卵表和雌蛾腹部鳞片正己烷萃取物的趋性反应，评价赤眼蜂的搜索寄主能力，结果表明米蛾卵表的挥发物对卷蛾赤眼蜂和食胚赤眼蜂的具有明显吸引作用，表现在600s内滞留在处理区的时间明显长于对照区，赤眼蜂进入处理区的次数也明显多于对照区。而米蛾雌蛾腹部鳞片挥发物只对食胚赤眼蜂吸引作用明显，对卷蛾赤眼蜂和短管赤眼蜂都没有明显的吸引作用。统计寄生率结果表明食胚赤眼蜂的单头寄生率也高于卷蛾和短管赤眼蜂，故认为食胚赤眼蜂具有嗅觉反应灵敏，寄生能力强等特点，在这3种赤眼蜂中是较优良的蜂种，在生物防治上具有较好的应用前景。

三、孤雌产雌生殖供体赤眼蜂体内 *Wolbachia* 稳定性筛选

（一）材料与方法

1. 供试昆虫和寄主

同 111 页 1. 供试昆虫和寄主。

2. 抗生素处理及羽化雄蜂率测定

将米蛾卵用天然桃胶均匀粘于纸上制成卵卡（卡上 100 粒卵），紫外灯下灭菌 30min。把卵卡放入小指行管内，分别引入羽化时间小于 24h 的供试蜂 1 头，用牙签在管壁上沾 25mg/mL 的四环素蜂蜜水溶液（购自沈阳农业大学蜂场的纯净荆条蜂蜜，蜂蜜水浓度为 50%），管口用干净的脱脂棉球封口，将管放入 25℃培养（RH75%±5%，L：D＝16h：8h）的光照恒温培养箱中。以饲喂 50% 蜂蜜水的赤眼蜂做对照，设 10 次重复。连续喂 3 代，统计 3 代的寄生率（变黑寄主卵视为成功寄生）、羽化率，每个世代中如有雄蜂羽化则计算雄蜂率。

3. 数据统计

结果用 SPSS12.0 软件 Duncan 方法进行数据分析。

（二）结果分析

1. 雄蜂率比较

对照取食蜂蜜水的 3 种赤眼蜂均没有雄性出现，雄蜂率为零，这里没作统计。喂食四环素处理的 3 种赤眼蜂雄蜂率见表 4-3，连续 3 代喂食抗生素，3 种赤眼蜂子代出现了不同数量的雄蜂，其中短管赤眼蜂子代雄蜂数最多，雄蜂率分别为 5.85%、26.45%、54.54%，各世代均明显高于卷蛾和食胚赤眼蜂。F_1 代卷蛾赤眼蜂和食胚赤眼蜂均没有出现雄性，在 F_2、F_3 代内两种赤眼蜂羽化雄蜂率没有明显差异，分别为 6.91%、20.58% 和 5.65%、13.94%，随着世代的增加取食抗生素 3 种赤眼蜂的雄蜂率都在逐渐增大，短管赤眼蜂增加最明显，到 F_3 代已经达到 50% 以上。说明经抗生素处理后短管赤眼蜂体内的 *Wolbachia* 最不稳定，容易被去除，F_2、F_3 代卷蛾和食胚赤眼蜂两者间虽没有明显差异，但食胚赤眼蜂均是最低，说明食胚赤眼蜂体内的 *Wolbachia* 比较稳定。

表 4-3　抗生素处理后 3 种赤眼蜂雄蜂率（%）

世代	蜂种		
	T. pre	*T. cac*	*T. e*
F_1	5.85±1.23[a]	0[a]	0[a]
F_2	26.45±3.40[b]	6.91±1.72[a]	5.65±1.33[a]
F_3	54.54±7.64[c]	20.58±3.40[b]	13.94±3.35[b]

　　注：表中数据为平均数±标准误为 Duncan 法的检验结果，不同字母表示数据间差异显著（$P <$ 0.05）。下同

2. 寄生、羽化情况

3 种赤眼蜂连续 3 代喂食四环素后，除 F_2 代卷蛾赤眼蜂外，短管赤眼蜂和食胚赤眼蜂寄生率较对照均有所下降（表 4-4），其中食胚赤眼蜂的寄生率下降明显。F_1 代对照寄生率以食胚赤眼蜂最高为 52.67%，显著高于短管赤眼蜂 15.08%。取食四环素后卷蛾赤眼蜂 F_2 代寄生率为 48.64%，明显高于短管赤眼蜂 23.25% 和食胚赤眼蜂 24.83%，F_1 代和 F_3 代 3 种赤眼蜂寄生率没有明显差异。

表 4-4　抗生素处理后 3 种赤眼蜂 3 个世代的寄生率

蜂种	处理	寄生率（%）		
		F_1 代	F_2 代	F_3 代
T. cac	CK	37.58±5.71[bcd]	47.75±7.25[cd]	42.17±4.51[bcd]
	处理	27.25±6.41[abc]	48.64±8.42[d]	40.83±7.23[bcd]
T. pre	CK	26.33±5.21[ab]	42.92±6.58[bcd]	38.67±5.38[bcd]
	处理	15.08±5.45[a]	23.25±6.83[ab]	27.75±5.51[abc]
T. e	CK	52.67±5.50[d]	50.25±7.55[d]	53.25±6.22[d]
	处理	26.25±4.82[ab]	24.83±7.47[ab]	41.33±6.21[bcd]

从表 4-5 可以看出，卷蛾赤眼蜂 F_1 代的羽化率最低为 49.14%，明显低于食胚赤眼蜂对照的羽化率 90.01%；其余 3 种赤眼蜂的羽化率在 3 个世代内和世代间没有显著差异。说明喂食四环素对 3 种孤雌产雌生殖赤眼蜂的羽化率影响不明显。

表 4-5　抗生素处理后 3 种赤眼蜂的羽化率

蜂种	处理	寄生率（%）		
		F_1 代	F_2 代	F_3 代
T. cac	CK	84.82±4.10[bc]	85.98±4.13[bc]	70.00±9.84[abc]
	处理	49.14±13.04[a]	86.04±3.96[bc]	76.43±7.59[bc]
T. pre	CK	79.53±7.94[bc]	85.92±2.41[bc]	86.17±3.61[bc]
	处理	67.83±12.11[abc]	66.77±11.68[abc]	71.34±9.93[abc]
T. e	CK	90.01±2.02[c]	84.75±2.86[bc]	85.58±4.05[bc]
	处理	68.87±10.18[abc]	60.71±11.77[ab]	70.23±9.66[abc]

3. 温度对食胚赤眼蜂 F_1 代、F_2 代和 F_3 代寄生和羽化的影响

食胚赤眼蜂的寄生数及雌蜂数在 28 ℃最佳，其次为 25 ℃。食胚赤眼蜂在 35 ℃温度下 F_1 代就出现了雄蜂，雄蜂率为 11.73%（表 4-6）。

表4-6 不同温度下食胚赤眼蜂 F_1 代的寄生和羽化情况

温度（℃）	寄生数（粒）	雌蜂数（头）	雄蜂数（头）	雄蜂率（%）	雄性比
25	68.33±2.34bB	54.90±2.22bB	0.00±0.00bB	0.00±0.00bB	0.00
28	69.60±1.88aA	56.87±1.62aA	0.00±0.00bB	0.00±0.00bB	0.00
30	64.33±2.05dD	52.53±1.49cC	0.00±0.00bB	0.00±0.00bB	0.00
35	66.50±1.85cC	47.37±1.31dD	6.33±0.49aA	11.73±1.00aA	0.13

　　温度对食胚赤眼蜂寄生和羽化的影响，F_2 代食胚赤眼蜂，随着温度的升高寄生数和雌蜂数都呈明显下降的趋势。在连续培养2代后，食胚赤眼蜂在30℃下也出现了雄蜂，35℃时的雌蜂数急剧下降，雄蜂率达到66.17%（表4-7）。

表4-7 不同温度下食胚赤眼蜂 F_2 代的寄生和羽化情况

温度（℃）	寄生数（粒）	雌蜂数（头）	雄蜂数（头）	雄蜂率（%）	雄性比
25	68.33±2.34bB	54.90±2.22bB	0.00±0.00bB	0.00±0.00bB	0.00
28	69.60±1.88aA	56.87±1.62aA	0.00±0.00bB	0.00±0.00bB	0.00
30	64.33±2.05dD	52.53±1.49cC	0.00±0.00bB	0.00±0.00bB	0.00
35	66.50±1.85cC	47.37±1.31dD	6.33±0.49aA	11.73±1.00aA	0.13

　　温度对食胚赤眼蜂 F_3 代寄生和羽化的影响，在高温（30℃和35℃）下，食胚赤眼蜂的寄生数和雌蜂数明显下降。在连续培养3代后，孤雌产雌的食胚赤眼蜂在温度28℃条件下也出现了雄蜂且雄蜂率达到64.62%，在35℃条件下雄蜂率为65.41%（表4-8）。

表4-8 不同温度下食胚赤眼蜂 F_3 代的寄生和羽化情况

温度（℃）	寄生数（粒）	雌蜂数（头）	雄蜂数（头）	雄蜂率（%）	雄性比
25	68.33±2.34bB	54.90±2.22bB	0.00±0.00bB	0.00±0.00bB	0.00
28	69.60±1.88aA	56.87±1.62aA	0.00±0.00bB	0.00±0.00bB	0.00
30	64.33±2.05dD	52.53±1.49cC	0.00±0.00bB	0.00±0.00bB	0.00
35	66.50±1.85cC	47.37±1.31dD	6.33±0.49aA	11.73±1.00aA	0.13

4. 温度对食胚赤眼蜂寄主选择的影响

　　赤眼蜂选择寄主所用的时间随着温度的升高而缩短，赤眼蜂选择对照所用的时间在20~30℃随着温度的升高而缩短，但在35℃下又有所升高。选择寄主的蜂数由多至少温度顺序为30℃、25℃、20℃和35℃，未做反应的蜂数由少至多为30℃、35℃、25℃和20℃，在30℃下所有的赤眼蜂都进入寄主米蛾卵区域或者对照，无未做出选择的赤眼蜂（表4-9）。

表 4-9 不同温度下食胚赤眼蜂的寄主选择

温度 (℃)	用时		选择率		未选择
	寄主	对照	寄主	对照	
25	77.67±10.17^{bB}	55.36±9.62^{cC}	33.33±8.82^{aA}	33.33±6.67^{aA}	33.33±6.67^{bB}
28	42.0±8.95^{aA}	25.48±4.34^{abAB}	50.00±10.00^{abA}	36.67±8.82^{aA}	13.33±6.67^{aAB}
30	24.77±6.25^{aA}	11.17±2.23^{aA}	73.33±14.53^{bA}	26.67±14.53^{aA}	0.00±0.00^{aA}
35	17.92±5.44^{aA}	30.16±3.71^{bB}	23.33±8.82^{aA}	73.33±8.82^{bA}	3.33±3.33^{aA}

（三）小　结

本实验采用 25mg/mL 的四环素蜂蜜水溶液，该浓度经实验验证对去除赤眼蜂体内 *Wolbachia* 效果较好，去除 3 种孤雌产雌生殖的寄生蜂卷蛾赤眼蜂、短管赤眼蜂和食胚赤眼蜂材料体内的共生菌 *Wolbachia*，观察赤眼蜂子代恢复产雄的概率，以衡量孤雌产雌生殖方式的稳定程度。理论上，子代个体雄性出现的概率越小，孤雌产雌的生殖方式越稳定，表明该赤眼蜂品系体内的 *Wolbachia* 与其适合度强，可作为人工转染优良供体品系。通过试验，我们观察到抗生素处理后食胚赤眼蜂后代羽化的雄性最少，可认为其体内的 *Wolbachia* 与宿主食胚赤眼蜂共生比较稳定，另外，食胚赤眼蜂的嗅觉反应能力在 3 种赤眼蜂中也是比较灵敏，故认为食胚赤眼蜂体内的 *Wolbachia* 是水平人工转染较理想株系，引进种孤雌产雌生殖的食胚赤眼蜂可以用来做 *Wolbachia* 水平转染的理想供体。

由于赤眼蜂的卵小，又产于寄主卵内，难以直接观察，用米蛾卵作为寄主，并用变黑卵粒数作为赤眼蜂的产卵量只是一个估计值。本研究结果表明，高温对孤雌产雌的食胚赤眼蜂寄生数、雌雄蜂数及雄蜂率均有显著影响，食胚赤眼蜂的寄生数及雌雄蜂数随温度升高而下降，且随处理代数增加呈下降趋势。高温处理导致孤雌产雌生殖的食胚赤眼蜂产生雄性后代。雄蜂率随温度升高而增大，并且随处理代数增加雄蜂率增大。本研究表明温度对孤雌产雌的食胚赤眼蜂嗅觉能力有显著影响，食胚赤眼蜂对寄主选择所用的时间随温度升高而缩短，在 20~30℃ 选择寄主的蜂数逐渐增多，但温度再升高到 35℃ 时蜂数显著下降，食胚赤眼蜂寄主选择最佳温度为 30℃，其次为 25℃、20℃ 和 35℃ 影响赤眼蜂对寄主搜寻的时间及判断能力。

3 个引进种赤眼蜂都是目前研究和应用比较广泛的蜂种，都因感染 *Wolbachia* 而表现孤雌产雌的生殖方式，利用抗生素处理后食胚赤眼蜂体内的共生菌 *Wolbachia* 在体内稳定存在，较适合作为赤眼蜂种间 *Wolbachia* 水平人工转染的供体，结合本文结果可得出食胚赤眼蜂的确具有很大的生防潜力，当然，为进行 *Wolbachia* 的水平转染，本研究只是在本实验室现有的 3 种引进种赤眼蜂进行的筛选，选取单一的米蛾寄主进行试验，在生防上仅能提供理论参考，要想真正评价蜂种的优劣需要在半自然或者自然的条件下进行多方面比较才更有说服力。

Wolbachia 水平传播的成功与否受很多因素的影响，如 *Wolbachia* 品系的优良，*Wol-*

bachia 与宿主之间的适合度，新转入宿主后宿主的生态适合度等等，这些因素的存在决定我们在选择供体宿主的过程中要从中筛选出在其体内存在稳定、诱导的宿主生殖方式稳定、宿主的生理生化等指标近正常的 *Wolbachia* 品系。鉴于目前国内外还没有用于 *Wolbachia* 筛选的统一标准，我们采用筛选优良感染 *Wolbachia* 的卷蛾赤眼蜂、食胚赤眼蜂和短管赤眼蜂宿主的方法筛选 *Wolbachia* 品系用于赤眼蜂种间转染，对于是否还有更好的筛选 *Wolbachia* 品系的方法还有待于进一步研究。

第四节 *Wolbachia* 的水平转染

一、共享食物源

（一）材料与方法

1. 供试蜂种和寄主

同 111 页 1. 供试昆虫和寄主。

2. 实验方法

此方法是在对供体蜂（食胚赤眼蜂、卷蛾赤眼蜂）和受体蜂（玉米螟赤眼蜂）计算出有效积温的基础上进行的。

（1） *Wolbachia* 在螟黄赤眼蜂与食胚赤眼蜂间、卷蛾赤眼蜂的种间传播

取新鲜米蛾卵制成卵卡，紫外灯下灭菌 25min，剪下一小条卵卡，约有米蛾卵 10 粒左右，让食胚赤眼蜂和螟黄赤眼蜂、卷蛾赤眼蜂和螟黄赤眼蜂先后寄生（先接入 5 头供体蜂，观察其产卵，1h 后将受体蜂接入；先接入 5 头受体蜂，观察其产卵，1h 后将供体蜂接入；同时接入供体蜂和受体蜂各 5 头），解剖镜下观察产卵现象以确定两种蜂都产卵。2h 之后放入 22℃培养箱中培养，等待羽化，每个处理重复 20 次。

待卵粒变黑后，单粒分装至单管，在此温度下，螟黄赤眼蜂发育进度快于食胚赤眼蜂及卷蛾赤眼蜂，螟黄赤眼蜂先羽化。根据赤眼蜂的有效积温，待其接近羽化时勤加观察，羽化后，接入新鲜灭菌后的米蛾卵卡，观察后代性比情况。

（2） *Wolbachia* 在玉米螟赤眼蜂与卷蛾赤眼蜂、食胚赤眼蜂间的水平传播

取新鲜米蛾卵制成卵卡，紫外灯下灭菌 25min，剪下一小条卵卡，卡上约有米蛾卵 10 粒左右，分别采取食胚赤眼蜂和玉米螟赤眼蜂、卷蛾赤眼蜂和玉米螟赤眼蜂先后寄生（先接入 5 头供体蜂，观察其产卵，1h 后将受体蜂接入；先接入 5 头受体蜂，观察其产卵，1h 后将供体蜂接入；同时接入供体蜂和受体蜂各 5 头），解剖镜下观察产卵现象以确定两种蜂都产下卵。2h 之后放入 22℃培养，等待羽化。在此温度下玉米螟赤眼蜂发育进度快于食胚赤眼蜂及卷蛾赤眼蜂先羽化。根据赤眼蜂的体色和有效积温，待卵粒变黑后，单粒分装至单管。待其接近羽化时勤加观察，羽化后，接入新鲜灭菌后的米蛾卵卡，观察后代性比情况。

（3） *Wolbachia* 在松毛虫赤眼蜂与卷蛾赤眼蜂、食胚赤眼蜂间的水平传播

取新鲜米蛾卵制成卵卡，紫外灯下灭菌 25min，剪下一小条卵卡，约有米蛾卵 10 粒左右，让食胚赤眼蜂和松毛虫赤眼蜂、卷蛾赤眼蜂和松毛虫赤眼蜂先后寄生（先接

入 5 头供体蜂，观察其产卵，1 h 后将受体蜂接入；先接入 5 头受体蜂，观察其产卵，1 h 后将供体蜂接入；同时接入供体蜂和受体蜂各 5 头），解剖镜下观察产卵现象以确定两种蜂都产卵。2 h 之后放入 22℃ 培养箱中培养，待卵粒变黑后，单粒分装至单管，在此温度下，松毛虫赤眼蜂发育进度快于食胚赤眼蜂及卷蛾赤眼蜂，松毛虫赤眼蜂先羽化。根据赤眼蜂的体色和有效积温，待其接近羽化时勤加观察，羽化后，接入新鲜灭菌后的米蛾卵卡，观察后代性比情况。

3. 分子检测方法

同 108 页（2）PCR 检测赤眼蜂体内 *Wolbachia*。

（二）结果与分析

通过赤眼蜂共享同一寄主米蛾卵的方法，可以实现食胚赤眼蜂向松毛虫赤眼蜂种间的传播，且生殖方式松毛虫赤眼蜂由产雄孤雌生殖变为孤雌产雌生殖，其中食胚向玉米螟赤眼蜂和螟黄赤眼蜂的传播没有成功，而卷蛾赤眼蜂向几种受体蜂体内的传播都没有获得成功，分析原因可能是食胚赤眼蜂和卷蛾赤眼蜂体内感染的 *Wolbachia* 菌系不同，所以对寄主的寝染能力不同，另外，受体赤眼蜂对该菌的机体免疫体系可能也不一样所以只有 *Wolbachia* 在松毛虫赤眼蜂体内成功定植，分子检测结果说明了此问题（表 4-10）。

表 4-10　共享食物源后 *Wolbachia* 在受体蜂体内的检测结果

供体蜂种	受体蜂种	生殖方式	分子检测
	T. dendrolimi	孤雌产雌	+
T. embryophagum	*T. chilonis*	孤雌产雄	−
	T. ostriniae	孤雌产雄	−
	T. dendrolimi	孤雌产雄	−
T. cacoeciae	*T. chilonis*	孤雌产雄	−
	T. ostriniae	孤雌产雄	−

注："+" *wsp* 基因分子检测结果为阳性；"−" *wsp* 基因分子检测结果为阴性

当感染 *Wolbachia* 的赤眼蜂个体与没有感染的赤眼蜂个体共同产卵寄生在同一寄主卵内时，两者之间可能存在互相取食等竞争行为，而将细菌由感染个体传到未感染个体，从而使未感染的赤眼蜂感染 *Wolbachia*，共享寄主米蛾卵食物源结果，只有松毛虫赤眼蜂生殖方式由产雄孤雌生殖变为孤雌产雌生殖，而其他几种受体蜂生殖方式没有变化。分析原因，可能与 *Wolbachia* 和宿主赤眼蜂的互作以及受体蜂种的免疫情况有关，或者还有其他的原因需要进一步研究才能明确。

二、显微注射

（一）材料与方法

1. 供试昆虫和寄主

供体蜂：食胚赤眼蜂 *T. embryophagum*，共享食物源转染成功的松毛虫赤眼蜂

T. dendrolimi（W）

受体蜂：螟黄赤眼蜂 *T. chilonis*，玉米螟赤眼蜂 *T. ostriniae*，甘蓝夜蛾赤眼蜂 *T. brassicae*，松毛虫赤眼蜂 *T. dendrolimi*。

寄主：米蛾 *Corcyra cephalonica* 卵，柞蚕 *Antheraea pernyi* 卵

2. 主要实验器材名称及型号

同 108 页（3）仪器与设备。

3. 分子检测方法

同 108 页（2）PCR 检测赤眼蜂体内 *Wolbachia*。

4. 供体共生菌 *Wolbachia* 的制备及显微注射操作方法

此部分内容涉及申请专利内容，故省略。

（二）结果分析

1. 注射菌悬液后对成活率影响

从食胚赤眼蜂体内提取的 *Wolbachia* 菌悬液注射几种受体赤眼蜂结果见表 4-11，螟黄赤眼蜂和松毛虫赤眼蜂都能用大卵（柞蚕卵）繁殖，解剖寄主柞蚕卵选择蛹态赤眼蜂粘注射卡时，雌雄个体区分较困难，所以黏卡上注射的个体雌雄均有，羽化成活的雌雄个体也都存在。对照不注射菌悬液的松毛虫赤眼蜂成活率为 81.25%，高于螟黄赤眼蜂 75%；而松毛虫赤眼蜂注射菌悬液的成活率在 20% 左右，螟黄赤眼蜂注射菌悬液的成活率只是 10% 和 2%。对照注射 SPG 缓冲液和注射菌悬液处理的成活率与未注射对照相比都较低，说明注射针刺破这一过程对赤眼蜂的成活存在一定的负面影响。

表 4-11　赤眼蜂注射菌悬液的羽化结果

受体蜂种	菌悬液	注射数（头）	成活数（头）	雌蜂数（头）	雄蜂数（头）	成活率（%）
T. dendrolimi	菌悬液	32	7	7	0	21.88
	菌悬液	50	10	9	1	20
	CK 不注射	32	26	10	16	81.25
	CK 缓冲液 SPG	30	4	3	1	13.33
T. chilonis	菌悬液	20	4	3	1	2
	菌悬液	20	2	2	0	10
	CK 不注射	20	15	10	5	75
	CK 缓冲液 SPG	50	6	4	2	12

选择 3 种供体蜂分别注射来自食胚赤眼蜂和孤雌产雌松毛虫赤眼蜂体内提取的 *Wolbachia* 菌悬液，结果见表 4-12，3 种赤眼蜂的成活率不同处理各不相同，未注射的成活率玉米螟只有 40%，甘蓝夜蛾赤眼蜂为 65%，而螟黄赤眼蜂为 73.33%，注射 SPG 缓冲液的玉米螟赤眼蜂没有成活个体，螟黄赤眼蜂的成活率也只有 6.67%，甘蓝夜蛾赤眼蜂为 40%；注射孤雌产雌松毛虫赤眼蜂体内 *Wolbachia* 菌悬液玉米螟赤眼蜂和螟黄赤眼蜂的成活率相

同为 20%，而甘蓝夜蛾赤眼蜂低些为 10%；注射食胚赤眼蜂体内 *Wolbachia* 菌悬液成活率甘蓝夜蛾赤眼蜂（40%）高于玉米螟赤眼蜂（10%）和螟黄赤眼蜂（15%）。

由表 4-13 可知，不同浓度梯度的 *Wolbachia* 菌悬液注射后，对螟黄赤眼蜂成活率的影响没有规律性，注射食胚赤眼蜂体内提供的 *Wolbachia* 菌悬液原液成活率最低，而稀释 10 倍后成活率最高达到 75%，注射孤雌产雌松毛虫赤眼蜂提供的菌悬液原液的成活率最高，浓度越小（稀释 100 倍）成活率越低，注射孤雌产雌松毛虫赤眼蜂提供的 *Wolbachia* 菌悬液稀释后和食胚赤眼蜂体内提供的 *Wolbachia* 菌悬液稀释后对螟黄赤眼蜂成活率影响趋势相反。

表 4-12　受体赤眼蜂注射菌悬液羽化结果

受体蜂种	菌悬液	注射数（头）	成活数（头）	雌蜂数（头）	雄蜂数（头）	成活率（%）
T. ostriniae	*T. d*（W）	20	4	2	2	20
	T. e	20	2	0	2	10
	ck	20	8	5	3	40
	SPG	20	0	0	0	0
T. brassicae	*T. d*（W）	30	3	1	2	10
	T. e	20	8	5	3	40
	ck	20	13	7	6	65
	SPG	20	8	5	3	40
T. chilonis	*T. d*（W）	30	6	4	2	20
	T. e	20	3	3	0	15
	ck	30	22	12	10	73.33
	SPG	30	2	2	0	6.67

表 4-13　螟黄赤眼蜂注射不同浓度菌悬液羽化结果

受体蜂种	浓度	注射数（头）	成活数（头）	雌蜂数（头）	雄蜂数（头）	成活率（%）
T. embryophagum	原液	20	3	3	0	15
	稀释 10 倍	28	21	8	13	75
	稀释 100 倍	34	19	13	6	55.88
T. dendrolimi（W）	原液	30	6	4	2	20
	稀释 10 倍	30	5	3	2	16.67
	稀释 100 倍	30	3	1	2	10

为了提高成活率，我们选择了先将米蛾卵粘到盖玻片上，然后让赤眼蜂产卵寄生，等到寄生的卵变黑后（卵内赤眼蜂发育到蛹中期）用来注射，这样减少了解剖的过程，避免人为解剖造成赤眼蜂死亡，同时我们重复了 4 次注射过程，注射的菌悬液从孤雌产雌松毛虫赤眼蜂体内提取，注射后结果见表 4-14，没注射的成活率与表 4-11 螟黄赤眼蜂注射的成活率比明显提高，为 82.35%，高出 7% 左右，其他注射处理成活率最高为

28.57%，最低为7.14%，每次注射这一过程结束后赤眼蜂个体的成活率都有所不同，而先沾米蛾卵赤眼蜂寄生后直接注射与解剖后再注射相比，成活率也是有高有低。

表4-14　螟黄赤眼蜂注射菌悬液对羽化影响

T. chilonis	注射数（头）	成活数（头）	雌蜂数（头）	雄蜂数（头）	成活率（%）
CK	34	28	25	3	82.35
1	26	6	5	1	23.08
2	24	3	3	0	12.50
3	28	2	2	0	7.14
4	35	10	10	0	28.57

注射菌悬液成活的雌性个体接米蛾卵供其产卵寄生，其F_1代观察羽化后的生殖方式变化情况，结果见表4-15，从食胚赤眼蜂体内提取的 *Wolbachia* 菌悬液注射松毛虫赤眼蜂，成活的雌性个体，不与雄蜂交尾的后代产生了雌性个体，产雌率在11%左右；而注射菌悬液螟黄赤眼蜂和甘蓝夜蛾赤眼蜂所有个体后代均是雄性，说明显微注射的方法可以实现共生微生物调控赤眼蜂生殖方式的变化，但生殖方式变化因蜂种不同而存在不同程度的产雌现象。其中甘蓝夜蛾赤眼蜂取注射成活的雌性个体与雄性交尾，羽化雌蜂率为49%和21%左右，与未注射和注射缓冲液SPG也交过尾的雌蜂率41.72%相比没有明显差异。

表4-15　成活的赤眼蜂寄生、羽化情况

受体蜂种	菌悬液	注射数（头）	成活数（头）	雌蜂数（头）	雄蜂数（头）	成活率（%）
T. c	*T. d*（W）	39.40±8.73ᵃ	31.60±6.84ᵃ	0ᵃ	31.60±6.84ᵈ	0ᵃ
	T. e	16.83±5.28ᵃ	14.50±5.12ᵃ	0ᵃ	10.83±3.93ᵃᵇ	0ᵃ
	CK	28.00±4.36ᵃ	21.20±3.31ᵃ	0ᵃ	21.20±3.31ᵇᶜᵈ	0ᵃ
	SPG	31.33±12.25ᵃ	19.67±3.18ᵃ	0ᵃ	19.67±3.18ᵇᶜᵈ	0ᵃ
T. d	*T. d*（W）	39.40±8.73ᵃ	31.60±6.84ᵃ	0ᵃ	31.60±6.84ᵈ	0ᵃ
	T. e	16.83±5.28ᵃ	14.50±5.12ᵃ	3.67±6.84ᵃᵇ	10.83±3.93ᵃᵇ	11.83±11.83ᵃᵇ
	CK	30.23±14.12ᵃ	21.33±4.11ᵃ	0ᵃ	21.33±4.11ᵇᶜᵈ	0ᵃ
	SPG	28.12±5.25ᵃ	19.04±3.22ᵃ	0ᵃ	19.67±3.18ᵇᶜᵈ	0ᵃ
T. b	*T. d*（W）	20.75±7.03ᵃ	17.25±6.02ᵃ	0ᵃ	17.25±6.02ᵇᶜ	0ᵃ
	T. e	30.40±5.46ᵃ	29.20±4.61ᵃ	0ᵃ	29.20±4.61ᵃ	0ᵃ
	T. d（W）（交）	29.67±11.04ᵃ	24.83±8.87ᵃ	16.33±7.35ᵃᵇ	8.50±2.77ᵃᵇ	49.18±15.60ᶜ
	T. e（交）	21.00±3.02ᵃ	10.88±3.73ᵃ	3.63±1.08ᵃᵇ	7.25±4.17ᵃᵇ	21.63±6.49ᵃᵇᶜ
	CK（交）	25.17±8.23ᵃ	15.17±6.72ᵃ	12.83±6.22ᵃᵇ	8.50±2.77ᵃ	41.72±16.09ᵇᶜ
	SPG（交）	19.67±18.68ᵃ	19.00±18.00ᵃ	17.00±16.5ᵇ	2.00±1.53ᵃ	46.97±26.29ᵇᶜ

（续表）

受体蜂种	菌悬液	注射数（头）	成活数（头）	雌蜂数（头）	雄蜂数（头）	成活率（%）
T. o	*T. d*（W）	0[a]	0[a]	0[a]	0[a]	0[a]
	CK	24.00±3.36[a]	19.20±2.31[a]	0[a]	19.20±2.31[bcd]	0[a]

注：*T. d*（W）：注射从孤雌产雌松毛虫赤眼蜂体内提取的菌细胞悬液；*T. e*：注射从食胚赤眼蜂体内提取的菌细胞悬液；CK：未注射；SPG：注射 SPG 缓冲液

注射后成活的受体赤眼蜂连续用米蛾卵繁殖 3 代，观察寄生羽化结果见表 4-16，注射成活的雌性个体由于未与雄蜂交尾所以产下的子一代个体多数为雄性，取该雄性与未注射的雌性交尾培养，螟黄赤眼蜂和松毛虫赤眼蜂的所有个体接米蛾卵后均未产卵，甘蓝夜蛾赤眼蜂与雌性交尾后寄生数平均为 18.8 粒左右（F_2代），挑 F_2代单头未交尾的雌蜂接米蛾卵，羽化后发现 F_3代生殖方式发生了变化，即由单雌产雄变为单雌产雌雄，F_4代仍然是单雌产雌雄。

表 4-16　注射菌悬液成活个体寄生、羽化情况

世代	蜂种	寄生数（头）	羽化数	雌蜂数（头）	雄蜂数（头）	雌蜂率（%）	生殖方式
F_2	*T. c*	0	—	—	—	—	—
	T. d	0	—	—	—	—	—
	T. b	18.80±1.72[a]	7.10±1.06[a]	4.20±0.84[a]	2.90±0.64[a]	24.30±4.88[a]	孤雌产雄
F_3	*T. b*	25.67±11.66[a]	21.33±9.76[ab]	19.17±8.90[a]	2.17±0.87[a]	53.54±18.10[a]	孤雌产雌雄
F_4	*T. b*	35.60±11.40[a]	29.80±9.10[b]	19.60±8.07[a]	10.20±2.67[b]	59.02±14.84[a]	孤雌产雌雄

2. 分子检测结果

注射前对单头的感染 *Wolbachia* 个体赤眼蜂孤雌产雌松毛虫赤眼蜂和食胚赤眼蜂进行了基因组 DNA 的提取，检测体内也不是所有都能扩增出 *wsp* 条带，图 4-7 中说明分子水平检测单头的赤眼蜂个体内 *Wolbachia* 时，存在不完全都能成功检测的可能。

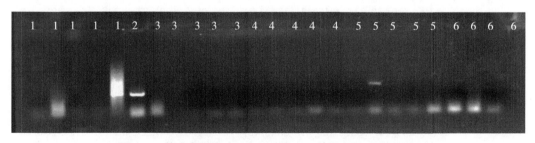

图 4-7　单头赤眼蜂 *Wolbachia* 的 *wsp* 基因 PCR 检测结果

注：1. 孤雌产雌松毛虫赤眼蜂；2. 阳性对照；3. 玉米螟赤眼蜂；4. 螟黄赤眼蜂；5. 食胚赤眼蜂；6. 甘蓝夜蛾赤眼蜂

（1）成活个体单头分子检测结果

对表 4-11 中螟黄赤眼蜂和松毛虫赤眼蜂以及表 4-12 中玉米螟赤眼蜂、螟黄赤眼蜂和甘蓝夜蛾赤眼蜂成活的单头个体都没有扩增出 wsp 条带，图略。

（2）成活个体多头分子检测结果

图 4-8　表 3.5 中的多头赤眼蜂 Wolbachia 的 wsp 基因 PCR 检测结果
注：1. 螟黄赤眼蜂；2. 螟黄赤眼蜂；3. 松毛虫赤眼蜂；4. 松毛虫赤眼蜂；5. 甘蓝夜蛾赤眼蜂；6. 甘蓝夜蛾赤眼蜂；7. 甘蓝夜蛾赤眼蜂；8. 甘蓝夜蛾赤眼蜂；9. 阳性对照

图 4-8 所示，L9 为阳性对照，L2（注射从孤雌产雌生殖松毛虫赤眼蜂体内提取的菌悬液的螟黄赤眼蜂）、L3（注射从孤雌产雌生殖松毛虫赤眼蜂体内提取的菌悬液的松毛虫赤眼蜂）、L8（注射从食胚赤眼蜂体内提取的菌悬液的甘蓝夜蛾赤眼蜂）体内均扩增出了特异性条带，说明螟黄赤眼蜂、松毛虫赤眼蜂和甘蓝夜蛾赤眼蜂都用注射方法成功实现了种间 Wolbachia 的水平转染，而 L1（注射从食胚赤眼蜂体内提取的菌悬液的螟黄赤眼蜂）、L4（注射从食胚赤眼蜂体内提取的菌悬液的松毛虫赤眼蜂）、L5（注射从孤雌产雌生殖松毛虫赤眼蜂体内提取的菌悬液的甘蓝夜蛾赤眼蜂）、L6（注射从食胚赤眼蜂体内提取的菌悬液的甘蓝夜蛾赤眼蜂）、L7（注射从孤雌产雌生殖松毛虫赤眼蜂体内提取的菌悬液的甘蓝夜蛾赤眼蜂）体内没有检测到 Wolbachia。同时表 4-13、表 4-14 结果中螟黄赤眼蜂多头个体也没有括增出 wsp 条带。

（三）小　结

显微注射方法获得的甘蓝夜蛾赤眼蜂由产雄孤雌生殖变为产雌雄孤雌生殖，同样方法获得的松毛虫赤眼蜂、螟黄赤眼蜂群体后代体内检测到了 Wolbachia 的共生，松毛虫赤眼蜂只部分表现了孤雌产雌生殖方式，而螟黄赤眼蜂的生殖方式没有发生变化，玉米螟赤眼蜂体内没有检测到 Wolbachia 认为没有转染成功，在做分子检测过程中发现，单头的赤眼蜂体内用 wsp 引物检测的结果存在检测不准确现象，所以单头赤眼蜂体内 Wolbachia 的检测结果只能是一个参考。在注射过程中为了增加成活概率，注射针头的长短、直径和角度及用于注射的赤眼蜂虫态都有一定的要求，对于不能用柞蚕卵繁殖的甘蓝夜蛾赤眼蜂、玉米螟赤眼蜂，在解剖米蛾卵内的赤眼蜂过程中对发育到蛹态的赤眼蜂个体也容易造成创伤，所以我们采用了连带米蛾卵壳直接注射的方法，这样也可以成功注射，只是在选择赤眼蜂头部和腹部的过程中需要辨别仔细，这样注射后赤眼蜂的成活率有所提高。而对于能用大卵柞蚕繁殖的松毛虫赤眼蜂、螟黄赤眼蜂直接解剖对赤眼蜂个体损伤不大，就采取解剖后蛹态的注射。

由于昆虫对外来入侵物有机体防御系统，可能不同的昆虫或者不同昆虫种间的机体防御功能不同，所以显微方法注射 *Wolbachia* 的菌细胞悬液时，有的赤眼蜂能够传递成功，如甘蓝夜蛾赤眼蜂、松毛虫赤眼蜂和螟黄赤眼蜂体内都有不同程度的细菌成功转染表现，而有的不能成功如玉米螟赤眼蜂则没有转染成功迹象，又由于不同赤眼蜂中可能存在机体免疫情况不同，所以传递成功的菌又有的能够在其体内定植而有的不能够定植。当然微注射方法成功与否还存在注射的熟练程度、菌量大小、浓度，注射虫体的部位、虫态等很多的影响因素。

三、取食菌悬液

赤眼蜂取食 *Wolbachia* 菌悬液转染示意见图4-9。

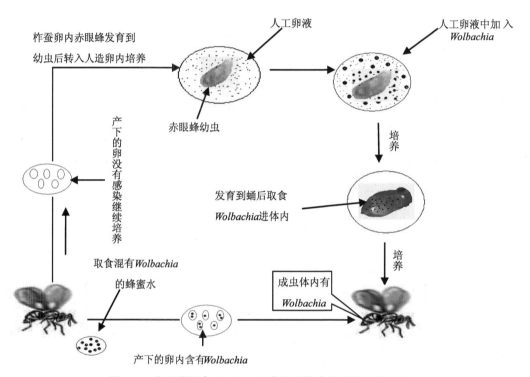

图4-9 赤眼蜂取食 *Wolbachia* 菌悬液转染成功的理想示意

（一）材料与方法

1. 试验材料

蜂种：松毛虫赤眼蜂 *T. dendrolimi*，食胚赤眼蜂 *T. embryophagum*。两种蜂均在室内用米蛾 *C. cephalonica* 卵繁殖。新鲜米蛾卵由沈阳农业大学害虫生物防治实验室提供。室内培养条件为25℃，相对湿度70%。

药品：PBS 缓冲液：NaCl 0.8g，KCl 0.02g，Na_2HPO_4 0.144g，KH_2PO_4 0.024g，蔗糖30g；定容至100mL，pH 值7.2；灭菌后4℃冰箱内保存待用。

2. *Wolbachia* 菌悬液的制备

将活的感染 *Wolbachia* 的供体蜂食胚赤眼蜂（约100头）用指形管收集，0℃冰箱冷冻5min，用双蒸水清洗两遍加入 PBS 缓冲液，研磨匀浆，参考张昭琳（2003）方法离心方法取得 *Wolbachia* 菌悬液。在 *Wolbachia* 菌悬液的基础上分别稀释 10 倍、20 倍、30 倍，缓冲液为对照。上述各浓度菌悬液喂食前与 50% 蜂蜜水 2 : 1 混匀。

3. 成虫喂食方法

取刚羽化交过尾的单头松毛虫赤眼蜂雌蜂作为受体赤眼蜂放入指形管中，用灭菌牙签将掺有蜂蜜水的菌悬液在管壁轻轻点成小液滴，3~4h 后，放入米蛾卵卡（约有 150 粒）。放在黑暗处待赤眼蜂产完卵，统计寄生数、羽化数、羽化率。每处理重复 20 次。同时，在解剖镜下统计子代雄蜂数及性比，子代交过尾的雌蜂继续采用上述方法喂食菌悬液，连续处理 3 代。取单头未交配的雌蜂，接新鲜米蛾卵卡，观察后代生殖方式，重复 20 次。

4. 幼虫喂食方法

采用混有 *Wolbachia* 菌细胞悬液的人造卵液，其中人造卵液根据（吴强，2000；徐春婷等，2001）的配制方法进行改进，由于用量少其中卵液配料中用柞蚕卵液取代柞蚕蛹液，取在寄主柞蚕卵内发育到幼虫的赤眼蜂转移到人造卵卡和 PCR 管内在相同环境条件下来继续培养，未混有菌细胞悬液（原液）的人造卵液作为对照，羽化出来的成虫检测体内是否感染了 *Wolbachia*。取单头未交配的雌蜂，接新鲜米蛾卵卡，观察后代生殖方式，重复 10 次。

5. 形态学观察雌雄

雌蜂全体黄色，触角无长毛；雄蜂体黄，腹部黑褐色，触角有长毛，最长的相当于触角最宽处 2.5 倍，雄蜂与雌蜂交尾前有身体左右晃动的行为。

6. 分子检测方法

同 108 页（2）PCR 检测赤眼蜂体内 *Wolbachia*。

7. 数据处理

结果用 SPSS12.0 软件 Duncan 法进行数据分析。

（二）结果与分析

1. 成虫喂食菌悬液对松毛虫赤眼蜂羽化的影响

如表 4-17 所示，喂食菌悬液后赤眼蜂每个子代都有雄性个体羽化，其中雌雄比各世代各浓度处理间没有明显规律性变化，最高的雌雄比为 4.58，最低为 3.79，与对照喂食蜂蜜水的处理相比雌雄比没有明显差异。分子检测喂食菌悬液后子代的赤眼蜂个体内均没有检测到 *Wolbachia* 菌的存在。

表 4-17　喂食不同浓度菌悬液对松毛虫赤眼蜂后代生殖的影响（平均值±标准误）

世代	菌悬液浓度	雌雄比	分子检测
	原液	4.16±0.15[ab]	—
	10×	3.89±0.15[a]	—
F_1	20×	4.33±0.22[ab]	—
	30×	4.03±0.21[ab]	—
	CK	4.00±0.10[ab]	—

世代	菌悬液浓度	雌雄比	分子检测
F$_2$	原液	3.81±0.13^a	—
	10×	4.41±0.27^{ab}	—
	20×	4.56±0.25^b	—
	30×	4.58±0.24^b	—
	CK	4.10±0.13^{ab}	—
F$_3$	原液	3.95±0.21^{ab}	—
	10×	4.27±0.13^{ab}	—
	20×	4.55±0.18^b	—
	30×	4.16±0.18^{ab}	—
	CK	3.79±0.20^a	—

注：表中同列数据后不同小写字母表示差异显著（$P<0.05$）

2. 幼虫喂食菌悬液对松毛虫赤眼蜂羽化的影响

取在柞蚕里发育到幼虫初期的赤眼蜂，转到人工制造的卵卡和 PCR 管内，在相同环境条件下继续培养，赤眼蜂能够羽化成活。我们将人工制作的卵液内混入一定比例的 *Wolbachia* 菌悬液，然后再观察人造卵卡和 PCR 管内羽化出来的个体，取食菌悬液的幼虫赤眼蜂也可以成活，而且雌雄个体均有羽化后继续提供米蛾卵另其单头产卵寄生，羽化出来的后代观察全为雄性，说明赤眼蜂生殖方式还是孤雌产雄，经分子检测也没有检测到 *Wolbachia* 的存在（表4-18）。

表4-18　幼虫取食菌悬液对松毛虫赤眼蜂的影响

处理		人造卵		PCR 管	
		取食菌悬液	未取食菌悬液	取食菌悬液	未取食菌悬液
生殖方式		孤雌产雄	孤雌产雄	孤雌产雄	孤雌产雄
分子检测	当代	+	—	+	—
	后代	—	—	—	—

（三）小　结

赤眼蜂的整个发育过程都在寄主卵内完成，成虫羽化后咬破寄主卵壳爬出寄主卵外，幼虫的离体培养比较困难，本研究针对可以用柞蚕卵繁殖的赤眼蜂，我们采用人造卵卡和 PCR 管来进行赤眼蜂幼虫的饲养，将发育到幼虫初期的赤眼蜂群体从柞蚕卵内转移到人工卵卡或 PCR 管内，提供混有 *Wolbachia* 菌细胞悬液的人造卵液，另其继续取食生存发育到成虫，连续处理3代，通过成虫和幼虫的直接取食，后代羽化出来的成虫检测体内没有感染 *Wolbachia*。说明直接取食的方法不能实现 *Wolbachia* 在赤眼蜂种间的水平转染。以感染 *Wolbachia* 孤雌产雌生殖的食胚赤眼蜂为供体，两性生殖的松毛虫赤眼蜂、玉米螟赤眼蜂、螟黄赤眼蜂与甘蓝夜蛾赤眼蜂为受体，通过共享食物源、显微注射、取食菌悬液 3 种方法研究了 *Wolbachia* 在赤眼蜂种间的水平人工传播。结果表明：通过共享食物源方法成功获得由食胚赤眼蜂向松毛虫赤眼蜂的种间水平转染，受体松毛虫赤眼蜂生殖方式由两性生殖方式转变为孤雌产雌生殖，生殖方式稳定；分子检测证明孤雌产雌松毛虫赤眼蜂 *Wolbachia* 的 *wsp* 序列与供体食胚赤眼蜂 *wsp* 序列同源性达 99%，同属于 *Wolbachia* 里 B 大组的 Dei 亚组，而与 B 大组的 Pip 亚组寄主米蛾体内 *wsp* 序列同源性较远为 81%。而其他供试赤眼蜂种不能通过该方法实现水平转染。利用显微注射法获得了产两性孤雌生殖甘蓝夜蛾赤眼蜂，松毛虫赤眼蜂部分表现了孤雌产雌生殖。通过人工喂食菌悬液方法未能实现 *Wolbachia* 在赤眼蜂种间的水平传递，原因可能是赤眼蜂取食菌悬液后 *Wolbachia* 只是在食道和胃肠内存在，寄主赤眼蜂对 *Wolbachia* 的免疫能力较强没有使其进入宿主体组织内定植。

第五节　外界生态因子对感染 *Wolbachia* 松毛虫赤眼蜂生殖稳定性影响

一、材料与方法

（一）试验材料

1. 蜂种

松毛虫赤眼蜂两性品系 [*T. dendrolimi*（Matsumura）]，采于辽宁省沈阳市玉米田（2002 年）；感染 *Wolbachia* 的松毛虫赤眼蜂孤雌产雌品系 [*T. dendrolimi*（W）]，由本研究室（沈阳农业大学害虫生物防治研究室）共享食物源方法水平人工转染食胚赤眼蜂体内的 *Wolbachia* 而获得。上述两品系材料在实验室条件经米蛾 [*C. cephalonica*（Stainton）] 卵繁殖至少 20 代。

2. 寄主米蛾卵卡

取新鲜米蛾卵（<24h）均匀播撒在涂有天然桃胶的纸卡上制备米蛾卵接蜂卡，蜂卡用紫外灯照射处理 30min，待用。

3. 试剂

四环素 [宝生物工程（大连）有限公司] 和市售纯净荆条蜂蜜。将四环素溶于 50% 蜂蜜水溶液配制 25mg/mL、50mg/mL、75mg/mL、100mg/mL 抗生素溶液，4℃ 短期保存。PCR 引物 81F 和 691R，由生工生物工程（上海）股份有限公司合成（以下简称"上海生工"）；Taq 酶和 dNTP（上海生工）；其他试剂均为国产分析纯。

（二）试验方法

1. 赤眼蜂体内 *Wolbachia* 的检测

观察赤眼蜂性别分化的表型（单雌产雄还是产雌）；采用 CTAB 法提取抗生素处理获得雄蜂和高温羽化不同世代多头雄蜂总 DNA，用 *Wolbachia* 菌编码表面蛋白的 *wsp* 引物（81F/691R）按照 Zhou 等（1998）方法进行 PCR 扩增。表型观察和分子检测相结合对抗生素处理和高温诱导出的雄蜂进行检测。

2. 抗生素处理

待单头赤眼蜂取食 25mg/mL、50mg/mL、75mg/mL、100mg/mL 4 个浓度的四环素的蜂蜜水溶液 12h 后，接入米蛾卵卡，25℃ 培养（RH 为 75%±5%，16h 光/8h 暗），统计寄生数、羽化数、后代群体出雄情况，连续喂食 3 代，每个处理重复 20 次。

3. 高温雄蜂干扰处理

参考 Arakaki 等（2000）方法，常温 25℃ 和高温 32℃（RH 75±5%，L：D＝16h：8h），将刚羽化的孤雌产雌松毛虫赤眼蜂和两性品系未交配的雄蜂置于同一指形管（直径 1.0cm×4.5cm）内交配，两蜂交配后接入米蛾卵卡，以不接雄蜂为对照处理，每个处理重复 20 次，连续雄蜂干扰处理 10 个世代。统计寄生数（以米蛾卵变黑为寄生标准）、羽化数。统计上述两个温度条件下每代 20 头成蜂中雄性个体数，每个处理重复 10 次。

4. 不同雄蜂干扰处理

参考 Arakaki 等（2000）方法，将刚羽化的两性品系雄蜂、抗生素处理获得的雄蜂分别与孤雌产雌蜂、抗生素处理获得的雌蜂、正常两性品系雌蜂配对交配，交配后接入米蛾卵卡，每个处理重复 20 次，25℃ 培养（RH 为 75%±5%，L：D＝16h：8h），统计寄生数、羽化数、后代群体出雄情况。

（三）数据处理

采用 SPSS 软件（12.0）进行数据统计分析。

二、结果与分析

（一）抗生素处理对寄生和羽化的影响

连续 3 代喂食四环素的蜂蜜水溶液，统计孤雌产雌生殖松毛虫赤眼蜂的寄生情况（表 4-16）。抗生素处理对 3 个世代的寄生数均产生影响，不同浓度抗生素间差异不显著。与对照相比，除 F_3 代各浓度抗生素处理寄生数没有明显差异外，F_1 代和 F_2 代在低浓度抗生素 25mg/mL、50mg/mL 处理时的寄生数降低但差异不显著，F_1 代和 F_2 代在高浓度抗生素 75mg/mL，100mg/mL 处理时寄生数差异显著（除 100mg/mL 四环素处理 F_2 代）。另外在相同抗生素浓度下，随连续喂食抗生素代数的增加，寄生数增高。

将喂食各浓度抗生素的单头赤眼蜂放入装有米蛾卵卡的指形管，观察后代群体羽化的雄性个体情况见表 4-19。在各种浓度抗生素条件下，F_1 后代群体没有羽化出雄，F_3 代的 20 个后代群体均有雄性个体出现；F_2 后代群体有不同程度的雄蜂出现，低浓度 25mg/mL 抗生素条件下 20 个后代群体中有 14 个群体羽化出雄，较高浓度抗生素条件下 20 个后代群体中群体羽化出雄率均低于 40%。

表 4-19　不同抗生素浓度处理对孤雌产雌生殖赤眼蜂后代生殖能力和生殖方式的影响

抗生素浓度（mg/mL）	寄生数（粒）			产雄数（后代群体）		
	F_1	F_2	F_3	F_1	F_2	F_3
0	46.20±10.72[a]	53.60±10.89[a]	55.70±9.12[a]	0	0	0
25	36.90±10.25[ab]	44.00±11.60[ab]	56.10±11.00[a]	0	14	20
50	42.70±13.61[ab]	45.00±8.68[ab]	51.10±10.22[a]	0	8	20
75	35.60±6.20[b]	41.80±6.86[b]	47.40±11.54[a]	0	8	20
100	35.20±7.93[b]	47.90±11.68[ab]	47.00±6.15[a]	0	6	20

注：表中数据为平均值±标准误，数据列后字母表示 5% 水平上差异显著性（Duncan 法）。下同

（二）两温度下与雄性交配后寄生和羽化情况

25℃ 恒温条件下，孤雌产雌生殖松毛虫赤眼蜂连续培养 10 代，并统计每个世代的寄生情况（图 4-10），未交配处理 10 个世代间的寄生数差异不显著，而交配处理使孤雌产雌生殖松毛虫赤眼蜂的寄生数降低，其中最低为 F_3 代（3.04 粒），直到 F_7 代恢复到正常寄生水平。

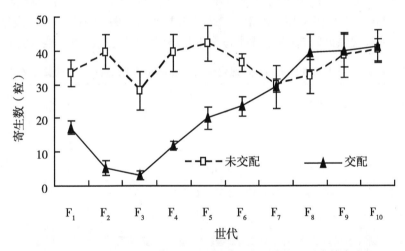

图 4-10　25℃条件下孤雌产雌生殖松毛虫赤眼蜂交配后代的寄生数

在恒温 32℃ 条件下，孤雌产雌生殖松毛虫赤眼蜂交配和未交配处理在 F_5 代都已恢复产雄孤雌生殖，故本实验仅统计 $F_1 \sim F_5$ 代的数据（图 4-11）。未交配孤雌产雌生殖松毛虫赤眼蜂连续培养世代对寄主的寄生能力受到高温影响，总体来讲寄生数呈逐代下降趋势，$F_1 \sim F_4$ 4 个世代间寄生数差异不显著，直到 F_5 代出现最低值（20.27 粒），显著低于 F_1 代（30.09 粒）。与未交配的寄生数比较而言，交配孤雌产雌生殖松毛虫赤眼蜂连续培养世代对寄主的寄生能力受到高温影响不明显，交配的 F_1 代寄生数显著低于未交配的 F_1 代，其余几个世代的寄生数都没有明显差异。

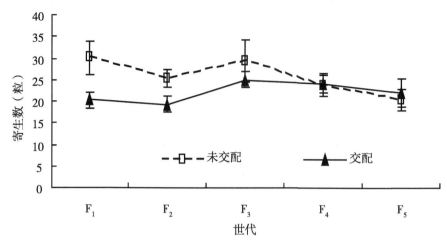

图4-11　32℃条件下孤雌产雌生殖松毛虫赤眼蜂交配后代的寄生数

（三）两温度下与雄性交配后羽化雄蜂情况

在25℃和32℃恒温条件下统计20个羽化个体出雄情况，结果见表4-20。在25℃条件下交配处理在F_2、F_4代出现个别雄蜂，$F_1 \sim F_{10}$代均未出现雄蜂；而在高温32℃条件下，无论交配与否孤雌产雌生殖松毛虫赤眼蜂均出现雄蜂个体，$F_1 \sim F_5$代雄蜂个体数逐渐增加，到F_5代供试的20个羽化个体全部是雄蜂，恢复为孤雌产雄生殖方式。

表4-20　25℃和32℃条件下孤雌产雌生殖松毛虫赤眼蜂交配后代羽化个体中的雄蜂数

温度（℃）	处理	雄蜂数（头）									
		F_1	F_2	F_3	F_4	F_5	F_6	F_7	F_8	F_9	F_{10}
25	未交配	0^a	0^a	0^a	0^a	0^a	0^a	0^a	0^a	0^a	0^a
	交配	0^a	0.44 ± 0.15^a	0^a	0.24 ± 0.12^a	0^a	0^a	0	0^a	0^a	0^a
32	未交配	0^a	1.45 ± 0.34^b	2.73 ± 0.45^{cd}	5.82 ± 0.60^e	20.00 ± 0.00^f	—	—	—	—	—
	交配	0^a	1.82 ± 0.48^{bc}	3.09 ± 0.44^d	4.91 ± 0.59^e	20.00 ± 0.00^f	—	—	—	—	—

注：表中数据表示供试20头赤眼蜂的雄蜂数（—表示无繁殖后代，无数据记录）

（四）赤眼蜂体内 Wolbachia 菌 *wsp* 基因检测

试验结果表明（图4-12），抗生素处理获得雄蜂没有扩增出 *wsp* 基因，高温条件下的F_1至F_4均能检测到 *wsp* 基因，到F_5代没有检测出 *wsp* 基因，此结果表明抗生素处理出现的雄蜂和高温F_5代羽化的所有雄蜂数体内 *Wolbachia* 已被去除，与上述生物学试验结论一致。

（五）不同雄性组合交配对寄生和羽化的影响

孤雌产雌品系与不同来源的雄蜂配对组合交配，统计寄生和羽化情况（表4-21）。与未交配的相比，孤雌产雌生殖品系与两性雄性和抗生素诱导获得雄性交配后寄生数、羽化数显著降低，羽化率差异不显著。两性雄性和抗生素诱导获得雄性分别与两性品系的雌性松毛虫赤眼蜂进行交配，两来源雄性交配后的寄生数和羽化数有差异但没有达到显著水平，但是诱导获得雄性交配后的羽化率明显高于正常两性的雄性；进而对诱导获得雄蜂分别与两性雌性和诱导获得雌性交配，结果表明诱导获得雄蜂和诱导获得雌性交配后虽然寄生数，羽化数高于两性雌性，但差异不显著。

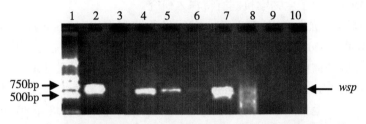

图 4-12　不同条件处理后孤雌产雌生殖松毛虫赤眼蜂后代体内 *Wolbachia* 的 *wsp* 基因检测

1. Marker；2. 阳性对照；3. 抗生素处理出现的雄蜂；4. F_1 代（32℃）；5. F_2 代（32℃）；
6. F_3 代（32℃）；7. 孤雌产雌生殖松毛虫赤眼蜂（25℃）；8. F_4 代（32℃）；9. F_5 代（32℃）；
10. 阴性对照

表 4-21　不同交配组合下的赤眼蜂生物学特性

交配组合	寄生数（粒）	羽化数（头）	羽化率（%）	产雄管数（管）
孤雌产雌♀	56.97±10.13[a]	49.90±7.67[a]	91.49±5.87[ab]	0
孤雌产雌♀×两性♂	42.07±2.94[b]	36.81±6.09[b]	91.80±11.79[ab]	0
孤雌产雌♀×诱导♂	40.24±3.97[b]	35.91±4.00[b]	92.06±4.13[ab]	0
两性♀×诱导♂	52.17±6.16[ab]	48.24±6.83[ab]	95.56±4.41[a]	20
两性♀×两性♂	59.86±15.40[a]	49.38±15.01[ab]	89.22±3.98[b]	20
诱导♀×诱导♂	61.75±13.84[a]	54.27±7.80[a]	92.61±7.83[ab]	20

从羽化出雄情况看，孤雌产雌品系与不同雄蜂交配并没有羽化出雄蜂，表明孤雌产雌生殖方式稳定。诱导获得雄性分别与两性雌性和诱导获得雌性交配后均出现雄蜂，说明抗生素处理可以去除引起赤眼蜂体孤雌产雌 *Wolbachia*，恢复正常两性的生殖能力。

三、小　结

赤眼蜂孤雌生殖的原因多数是因为感染了能诱导赤眼蜂孤雌生殖的共生菌 *Wolbachia* 引起的，目前 21 种赤眼蜂报道感染有 *Wolbachia*。*Wolbachia* 对赤眼蜂的生物学特性的影响是多样的，有正面的，也有负面的（褚栋等，2005）。Huigens 等比较感染和没有感染 *Wolbachia* 蚬蝶赤眼蜂的繁殖率，结果表明没有感染 *Wolbachia* 的赤眼蜂繁殖率更高，而且卵的发育速率更快（Huigens et al.，2004）。Juchault 等对 *T. cordubensis* 和 *T. deion* 的 *Wolbachia* 共生品系与正常品系进行比较，发现扩散能力和实际寄生能力提高（Juchault et al.，1992）。本实验室获得的孤雌产雌松毛虫赤眼蜂对寄主卵选择、繁殖力与没有感染的松毛虫赤眼蜂品系相比没有显著差异，同时在室温条件下，*Wolba-*

chia 在赤眼蜂体内可以稳定存在（付海滨等，2005；王翠敏等，2006；张莹等，2008）。在赤眼蜂种群中，同一赤眼蜂体内可能感染多种不同品系的 *Wolbachia*，（Kondo et al.，2002；钟敏等 2004）同样，同一 *Wolbachia* 品系也可能感染多种不同的赤眼蜂。根据试验结果和现象推断，*Wolbachia* 与赤眼蜂二者之间可能存在协调进化关系，而二者之间协调互作的生物学和分子生物学机制有待深入研究。

前人报道高温和抗生素对 *Wolbachia* 有明显的抑制作用（Stouthamer et al.，1990；Pinturean and Bolland 2001），本试验也证实持续 32℃ 高温和喂食抗生素可以去除孤雌产雌生殖松毛虫赤眼蜂体内 *Wolbachia*，恢复产雄孤雌生殖，但高温处理的时间长短以及抗生素浓度大小对 *Wolbachia* 去除的程度各有不同。室温下，经水平人工转染 *Wolbachia* 获得孤雌产雌生殖松毛虫赤眼蜂的生殖方式可以稳定遗传，连续培养 80 余代生殖方式不变（张莹等，2008）；但连续 32℃ 高温处理会导致 *Wolbachia* 功能丧失，在 F_4 代恢复为两性生殖方式即产雄孤雌生殖，这与 van Opijnen and Breeuwer 的研究发现高温下 F_4 代叶螨体内的 *Wolbachia* 可以被去除的结论相互佐证（Van and Breeuwe，1999）。本实验室前期研究表明 6h 的短暂的高温处理不影响 *Wolbachia* 的稳定性（崔宝玉等，2007），虽然持续 32℃ 高温在 F_4 代（约 30 天）可以去除 *Wolbachia*，但在 20 天左右的高温对赤眼蜂的孤雌产雌生殖方式没有完全改变，对于应用自然环境的生物防治材料理论上来讲是可行的。

喂食抗生素的浓度不同，对赤眼蜂的寄生、羽化的生物学功能有不同程度的影响。本研究选用的松毛虫赤眼蜂孤雌产雌生殖新品系经喂食不同浓度梯度的四环素蜂蜜水溶液后，F_2 代开始出现雄性个体，且抗生素浓度越低（25mg/mL）羽化雄蜂数越多，可能因高浓度抗生素影响赤眼蜂的取食行为，摄入抗生素量减少，对赤眼蜂体内 *Wolbachia* 去除效果不明显，至于何种条件下抗生素的去除效果最佳，本实验室正在进一步研究；当然还有大量的其他原因有待证实。

雌雄交配是赤眼蜂发育过程中的重要生物学行为，孤雌产雌生殖赤眼蜂与雄性个体交配后对孤雌产雌生殖赤眼蜂的生物学、行为学等方面的研究变得尤为重要。本试验采用孤雌产雌生殖个体分别与两性雄性、抗生素诱导获得雄性，以及抗生素诱导获得孤雌产雌生殖个体与两性雄性、抗生素诱导获得雄性等多种组合配对交配后代的寄生和羽化等生物学特性进行分析。孤雌产雌生殖赤眼蜂分别与两性雄性和抗生素诱导获得雄性个体交配后代没有雄性出现，亦没有影响其孤雌产雌生殖的生殖方式，但寄生等生物学特性发生了变化，如寄生数比不交配的要低。抗生素诱导获得雄蜂，与两性品系雌蜂和诱导后获得雌蜂均能正常繁育雄性后代，且寄生能力与对照没有显著差异。这样孤雌产雌生殖赤眼蜂经过抗生素去除获得的雄性和雌性个体都具有正常的生殖能力，难道 *Wolbachia* 对赤眼蜂生殖行为的影响是短时间内完成的？孤雌产雌生殖赤眼蜂与雄性交配不会影响其生殖方式，是感染 *Wolbachia* 的雌性个体的卵子与精子结合不完全？还在精卵结合之前已形成二倍体而发育成雌性？或是其他的机制？

本研究以本实验室水平人工转染 *Wolbachia* 获得的孤雌产雌生殖松毛虫赤眼蜂为材料，分析了抗生素处理、在 25℃ 和 32℃ 两种温度下交配处理及不同交配组合对孤雌产雌生殖松毛虫赤眼蜂的寄生数和羽化数等生物学指标。结果表明，抗生素可以去除松毛

虫赤眼蜂体内的 *Wolbachia* 并改变生殖方式，供试抗生素在中低浓度（25mg/mL）诱导出的雄蜂最多，而且经抗生素去除获得的雄性和雌性具有正常的生殖功能；在 25℃ 条件下，孤雌产雌赤眼蜂连续多代培养生殖方式稳定，与雄性交配尽管降低寄生能力但生殖方式没有改变；在 32℃ 高温条件，与雄蜂交配和未交配的孤雌产雌赤眼蜂连续处理 4 代（约 30 天）体内 *Wolbachia* 完全失活，恢复产雄孤雌生殖方式。实验表明，与雄蜂交配不会改变感染 *Wolbachia* 的松毛虫赤眼蜂孤雌产雌的生殖方式，抗生素处理和持续至少 20 天的 32℃ 高温才是改变其生殖方式的决定因素。本研究明确外界生态因子对感染 *Wolbachia* 松毛虫赤眼蜂孤雌产雌生殖方式的遗传稳定性的影响，为感染 *Wolbachia* 的松毛虫赤眼蜂的田间释放提供理论依据。

第六节　感染 *Wolbachia* 的松毛虫赤眼蜂实验种群特性研究

一、嗅觉反应能力

（一）材料与方法

1. 供试昆虫

蜂种：正常两性品系：松毛虫赤眼蜂（*T. dendrolimi*）简写为 *T. d*。

孤雌产雌品系：人工转染含有 *Wolbachia* 的松毛虫赤眼蜂 [*T. dendrolimi*（W）] 简写为 *T. d*（W）。

宿主昆虫：米蛾（*C. cephalonica*）；玉米螟（*O. furnacalis*）；柞蚕（*A. pernyi*）。米蛾成虫由沈阳农业大学害虫生物防治研究室饲养，柞蚕由辽中生防站提供的柞蚕茧于室内加温获得，玉米螟采用周大荣（1980）等标准养虫技术进行繁殖。

2. 挥发物来源与提取液制备方法

（1）米蛾卵及其提取物

米蛾卵：米蛾成虫所产新鲜卵（<24h），取 1mL 用于生测实验。

米蛾卵提取液：取新鲜米蛾卵 1mL 用 50mL 正己烷浸提 2h 后，取上清液，于 4℃ 冰箱中密闭保存，备用。试验时，每次取 20μL 体积的正己烷鳞片提取液进行试验测定。

（2）米蛾鳞片及其提取物

米蛾鳞片：（参考吕燕青，2006 的方法）将羽化后 24h 内充分交配的米蛾 100 只置于 -20℃ 冰箱中，10min 后取出、用毛笔将其腹部鳞片轻轻扫下，收集用于生测实验。

米蛾鳞片提取液：上述 100 只米蛾成虫鳞片，用 100mL 正己烷浸提 24h 之后，取上清液，在 4℃ 冰箱中密闭保存，备用。试验时，每次取 20μL 体积的正己烷鳞片提取液待挥发后进行生物测定。

（3）柞蚕卵及其提取物

柞蚕卵：取交过尾的新羽化柞蚕雌蛾所产新鲜卵（<24h），经预试验选取 50 粒用于生测实验。

柞蚕卵提取液：新羽化柞蚕雌蛾所产新鲜卵 3mL 用 100mL 正己烷振荡浸提 2h 后，取上清液，于 4℃ 冰箱中密闭保存，备用。试验时，每次取 20μL 体积的正己烷鳞片提取液进行试验测定。

（4）柞蚕鳞片及其提取物

柞蚕鳞片：取一只交过尾未产卵的新羽化柞蚕雌蛾，于 -20℃ 冰箱中，10min 后取出、用镊子将其腹部鳞片轻轻取下，收集用于生测实验。

柞蚕鳞片提取液：取上述新羽化柞蚕雌蛾成虫腹部鳞片，用 100mL 正己烷浸提 24h 之后，取上清液，在 4℃ 冰箱中密闭保存，备用。试验时，每次取 20μL 体积的正己烷鳞片提取液待挥发后进行生物测定。

（5）玉米螟卵及其提取物

亚洲玉米螟卵：成虫在 26℃、RH 80% 和光周期 L : D = 16h : 8h 的条件下饲养所产新鲜卵，取 1 块（50 粒）进行生测。

玉米螟卵提取物：将雌蛾放入一玻璃管中，产卵后移走雌蛾，取 10 块产在玻璃管内的新鲜玉米螟卵块（< 24h），每块约 50~60 粒卵 50mL 正己烷浸泡 2h 后取出，待正己烷挥发后生测。上述处理均为嗅觉仪一个臂为处理，另一个臂为正己烷对照。

3. 试验装置及生测方法

采用改装 "Y" 形嗅觉仪，嗅觉仪为 "Y" 形玻璃管（内径 0.8cm，两侧管臂等长为 6cm，夹角 75°）分别与气味源或净化空气、流量计、加湿器、活性炭相连接，为处理区和对照区，直型臂（直管长 5cm，直管口用于引入赤眼蜂）不接任何装置，该区是处理和对照区空气混合通过的区域，赤眼蜂在此区域会有辨别气味的行为反应。本试验采用的流速为 200mL/min。根据赤眼蜂趋光性强的特点，实验时室内保持全黑暗，嗅觉仪正下方放置灯箱，室内温度保持 25℃ 左右，相对湿度为 60% 左右。测试时以相同体积的正己烷作为对照。

生物测定方法：取 20μL 提取液滴到灭菌的干净滤纸上，待挥发后分别放入对照区和处理区的加样瓶。将 1 头赤眼蜂用毛笔轻轻从 "Y" 形嗅觉仪直管臂引入，记录 600s 内该蜂停留于嗅觉仪各区的时间和进入次数。每测 1 头虫后用无水乙醇擦拭各区域，每种样品至少测定 30 头蜂，每次试验结束后，用洗洁精彻底清洗嗅觉仪及其部件，晾干后用无水乙醇再擦拭 1 遍，进行另一样品的测试。

4. 数据统计及数据分析

数据经 SPSS13.0 统计软件 Duncan's 法进行差异显著性分析。

（二）结果与分析

1. 对米蛾卵及其卵表正己烷提取物的嗅觉反应

松毛虫赤眼蜂两性品系和孤雌产雌品系对米蛾卵及其正己烷提取物的嗅觉反应如表 4-22 所示。数据表明：从试验蜂进入 "Y" 形嗅觉仪各区域（包括处理区、对照区、混合区）停留时间上看，米蛾卵及其卵表正己烷提取物对两个品系松毛虫赤眼蜂都有明显吸引作用，表现为试验蜂在处理区停留时间显著长于对照区和混合区，对米蛾卵正己烷提取物反应两个品系之间没有明显差别。在试验蜂进入 "Y" 形嗅觉仪各区域进入次数的比较中，两个品系松毛虫赤眼蜂个体在正己烷提取物处理区比较活跃，在各个区的进入次数明显多于直接米蛾卵处理的次数，在相同的嗅觉反应物来源（如同是米蛾卵或同是米蛾卵提取液）看两个品系之间无显著性差异。

表4-22　松毛虫赤眼蜂两性品系和孤雌品系对米蛾卵及其正己烷提取物的嗅觉反应

物质源	停留时间			进入次数		
	处理区	对照区	混合区	处理区	对照区	混合区
T. d+米蛾卵	430.3±34.86^e	160.07±35.71^{bc}	10.90±3.45^a	1.23±0.14^{abc}	1.06±0.20^{ab}	1.03±0.33^{ab}
T. d+米蛾卵提取液	245.47±32.78^d	176.70±29.94^{be}	79.93±15.17^{ab}	2.70±0.41^d	2.33±0.35^d	3.60±0.45^e
T. d（W）+米蛾卵	325.08±50.21^d	215.12±49.38^e	48.27±13.28^a	0.96±0.13^a	0.62±0.97^a	0.92±0.53^a
T. d（W）+米蛾卵提取液	238.40±41.19^d	171.80±34.39^{be}	40.93±7.97^a	2.07±0.29^{cd}	1.90±0.23^{bed}	3.63±0.53^e

注：表中数据为平均数±标准误为Duncan法的检验结果，不同字母表示数据间差异显著（$P<0.05$）。下同

2. 对米蛾鳞片及其正己烷提取物的嗅觉反应

松毛虫赤眼蜂两性品系和孤雌品系对米蛾鳞片及其正己烷提取物的嗅觉反应如表4-23所示。数据表明：在试验蜂进入"Y"形嗅觉仪各区域（包括处理区、对照区、空白区）停留时间的比较中，米蛾鳞片提取液对松毛虫赤眼蜂孤雌产雌品系无吸引作用，表现为：在处理区停留时间与在对照区停留时间相比无显著性差异；但米蛾鳞片对孤雌产雌品系有较强的吸引作用，表现为赤眼蜂在处理区停留时间显著长于对照区和空白区，米蛾鳞片及其正己烷提取物对松毛虫赤眼蜂两性品系存在很强的吸引性，同时，在试验蜂进入"Y"形嗅觉仪各区域次数的比较中，两个品系松毛虫赤眼蜂进入相同物质源各区域间均无显著性差异，同样对正己烷提取物的反应进出次数多，表现活跃。

表4-23　松毛虫赤眼蜂两性品系和孤雌品系对米蛾鳞片及其正己烷提取物的嗅觉反应

物质源	停留时间			进入次数		
	处理区	对照区	混合区	处理区	对照区	混合区
T. d+米蛾鳞片	423.73±33.94^f	153.27±33.85^{cde}	17.77±6.09^a	1.37±0.15^{ab}	1.23±0.20^{ab}	1.07±0.05^a
T. d+米蛾鳞片提取液	225.37±29.07^e	138.83±28.29^{cd}	126.40±17.24^{cd}	2.70±0.27^d	2.73±0.36^d	4.73±0.43^e
T. d（W）+米蛾鳞片	376.23±32.91^f	167.93±29.29^{de}	36.43±15.14^{ab}	2.03±0.25^{bcd}	1.70±0.25^{abc}	1.13±0.06^{ab}
T. d（W）+米蛾鳞片提取液	185.63±29.64^{de}	113.30±23.92^{bed}	83.43±22.36^{abc}	2.37±0.36^{cd}	1.93±0.34^{abcd}	3.93±0.47^e

3. 对柞蚕卵正己烷提取物的嗅觉反应

松毛虫赤眼蜂两性品系和孤雌产雌品系对柞蚕卵的嗅觉反应如表4-24所示。两个品系松毛虫赤眼蜂在处理区停留的时间都明显长于对照区，柞蚕卵对其都表现了很强的

吸引作用，且两者之间在处理区停留时间和进入处理区的次数都没有明显差别。

表 4-24　松毛虫赤眼蜂两性品系和孤雌产雌品系对柞蚕卵的嗅觉反应

物质源	停留时间			进入次数		
	处理区	对照区	混合区	处理区	对照区	混合区
T. d +柞蚕卵	350.53±37.83[d]	152.10±37.13[e]	91.57±24.98[b]	1.67±0.21[a]	1.53±0.27[a]	1.73±0.29[b]
T. d（W）+柞蚕卵	331.93±51.51[d]	208.90±48.59[cd]	47.83±16.50[a]	1.60±0.09[a]	1.86±0.13[b]	1.53±0.13[a]

对柞蚕卵表正己烷提取物的嗅觉反应如表 4-25 所示。数据表明：在试验蜂进入"Y"形嗅觉仪各区域停留时间的比较中，柞蚕卵提取液对松毛虫赤眼蜂的孤雌产雌品系无吸引作用，表现为赤眼蜂在处理区的停留时间与在对照区停留时间相比，无显著性差异。柞蚕卵正己烷提取物对松毛虫赤眼蜂两性品系存在较强吸引作用，表现为赤眼蜂在处理区停留时间比在对照区和空白区的停留时间明显延长，在试验蜂进入"Y"形嗅觉仪各区域次数比较中，两个品系松毛虫赤眼蜂之间均无显著性差异。

表 4-25　松毛虫赤眼蜂两性品系和孤雌产雌品系对柞蚕卵正己烷提取物的嗅觉反应

物质源	停留时间			进入次数		
	处理区	对照区	混合区	处理区	对照区	混合区
T. d +柞蚕卵提取液	295.37±36.44[c]	147.33±32.80[ab]	125.13±21.05[ab]	1.77±0.23[ab]	1.37±0.30[a]	2.20±0.31[ab]
T. d（W）+柞蚕卵提取液	179.53±30.50[b]	211.00±32.04[b]	78.37±16.01[a]	2.17±0.34[ab]	2.43±0.31[b]	3.73±0.46[b]

4. 对柞蚕鳞片及其正己烷提取物的嗅觉反应

松毛虫赤眼蜂两性品系和孤雌产雌品系对柞蚕鳞片及其正己烷提取物的嗅觉反应如表 4-26 所示。结果表明，柞蚕鳞片及其提取液对松毛虫赤眼蜂的两性品系和孤雌产雌品系均无明显的吸引作用，表现为赤眼蜂在处理区的停留时间与在对照区和空白区的停留时间相比无显著性差异。同时，在试验蜂进入"Y"形嗅觉仪各区域次数的比较中，两个品系的松毛虫赤眼蜂进入各区域的次数间也无显著性差异。

表 4-26　松毛虫赤眼蜂两性品系和孤雌产雌品系对柞蚕鳞片及其正己烷提取物的嗅觉反应

物质源	停留时间			进入次数		
	处理区	对照区	混合区	处理区	对照区	混合区
T. d +柞蚕鳞片	155.33±29.53[bcde]	208.23±30.49[def]	67.23±8.14[ab]	2.10±0.27[abc]	2.47±0.26[abc]	4.17±0.46[d]
T. d +柞蚕鳞片提取液	275.13±42.10[f]	213.83±36.57[def]	90.73±15.86[abc]	1.67±0.29[ab]	1.43±0.30[a]	2.10±0.30[abc]
T. d（W）+柞蚕鳞片	192.43±33.69[def]	170.10±27.50[cde]	103.00±20.72[abc]	2.67±0.38[bc]	2.67±0.40[bc]	3.83±0.47[d]

（续表）

物质源	停留时间			进入次数		
	处理区	对照区	混合区	处理区	对照区	混合区
T. d（W）+柞蚕鳞片提取液	132.87±32.84^{abcd}	237.77±34.19^{ef}	57.37±8.21^a	2.03±0.26^{abc}	2.83±0.32^c	4.07±0.42^d

5. 对玉米螟卵正己烷提取物的嗅觉反应

松毛虫赤眼蜂两性品系和孤雌产雌品系对玉米螟卵及其卵表正己烷提取物的嗅觉反应如表4-27和表4-28所示。数据表明：玉米螟卵对松毛虫赤眼蜂的两性品系的吸引性不强，而孤雌产雌品系的松毛虫赤眼蜂对玉米螟卵有较明显的趋向性，表现在停留于处理区的时间明显长于对照区。玉米螟卵表提取液也对孤雌产雌品系松毛虫赤眼蜂有较强的吸引，表现为在处理区的停留时间与在对照区、空白区的停留时间相比明显延长；而玉米螟卵正己烷提取物对松毛虫赤眼蜂两性品系无吸引。同时，在试验蜂进入"Y"形嗅觉仪各区域进入次数的比较中，对玉米螟卵处理的进入次数两个品系松毛虫赤眼蜂没有明显差异，进入玉米螟卵提取液处理区域的次数孤雌产雌品系均明显多于两性品系松毛虫赤眼蜂。

表4-27　松毛虫赤眼蜂两性品系和孤雌产雌品系对玉米螟卵的嗅觉反应

物质源	停留时间			进入次数		
	处理区	对照区	混合区	处理区	对照区	混合区
T. d +玉米螟卵	217.40±41.58^{bc}	213.73±45.02^{bc}	109.13±27.99^a	1.23±0.23^a	1.10±0.24^a	1.50±0.32^a
T. d（W）+玉米螟卵	271.13±40.00^c	152.90±33.40^{ab}	104.47±21.39^a	1.20±0.19^a	1.47±0.20^a	1.73±0.25^a

表4-28　松毛虫赤眼蜂两性品系和孤雌产雌品系对玉米螟卵正己烷提取物的嗅觉反应

物质源	停留时间			进入次数		
	处理区	对照区	混合区	处理区	对照区	混合区
T. d+玉米螟卵提取液	186.53±38.47^b	304.87±42.44^c	52.10±17.16^a	1.13±0.17^{ab}	1.07±0.11^{ab}	0.77±0.15^a
T. d（W）+玉米螟卵提取液	340.27±35.86^c	138.27±28.91^{ab}	123.87±19.37^{ab}	2.37±0.36^{cd}	1.67±0.30^{bc}	2.63±0.31^d

经过观察松毛虫赤眼蜂孤雌产雌品系和两性品系对米蛾卵的嗅觉反应，实验中米蛾卵对两个品系松毛虫赤眼蜂都表现了较强的吸引作用，其中对两性品系的吸引作用还要强于孤雌产雌品系；在对米蛾卵提取液的嗅觉反应中，两个品系之间无显著性差异；在对米蛾鳞片、柞蚕鳞片的嗅觉反应中，松毛虫赤眼蜂的两性品系与孤雌产雌品系之间在处理区的停留时间上无显著性差异；在对米蛾鳞片、柞蚕鳞片提取液的嗅觉反应中，两性品系松毛虫赤眼蜂在处理区的停留时间上显著大于孤雌产雌品系，说明柞蚕鳞片提取

液对两性品系松毛虫赤眼蜂的吸引作用强。在对柞蚕卵提取液的嗅觉反应实验中，柞蚕卵提取液对两性品系松毛虫赤眼蜂有较强的吸引作用，表现为在处理区的停留时间上两性品系显著大于孤雌产雌品系。在对玉米螟卵和卵表提取液的嗅觉反应中，玉米螟卵和卵表提取液对孤雌产雌品系松毛虫赤眼蜂的吸引作用明显，表现为在处理区的停留时间上孤雌产雌品系极其显著大于两性品系。

根据赤眼蜂在寻找寄主的过程中，寄主卵表、以及雌蛾腹部鳞片等挥发物能够对赤眼蜂表现较强的吸引作用（白树雄等，2004；吕燕青等，2006），我们在室内利用改良的"Y"形嗅觉仪进行生物测定，实验中经过观察发现，寄主卵（柞蚕）和鳞片（米蛾、柞蚕）对孤雌产雌品系松毛虫赤眼蜂的吸引作用与对两性品系松毛虫赤眼蜂的吸引没有明显差异，其中玉米螟卵对孤雌产雌品系松毛虫赤眼蜂的吸引明显强于两性品系，综合观察结果说明孤雌产雌生殖的松毛虫赤眼蜂在对寄主的嗅觉反应与正常两性品系之间没有明显的区别。我们用正己烷提取寄主卵表和雌蛾腹部鳞片后对提取液进行生物测定，结果表明玉米螟卵的提取液对孤雌产雌品系的吸引作用明显强于对两性品系的吸引；米蛾卵、柞蚕卵正己烷提取物和米蛾鳞片、柞蚕鳞片正己烷提取物对孤雌产雌品系的吸引作用比对两性品系的松毛虫赤眼蜂的吸引作用弱。此外，在做正己烷提取物试验时可以看见两个品系的赤眼蜂个体在处理区、对照区和混合区不停地来回爬行，没有像在寄主卵和鳞片直接生测时那样比较喜欢一直在处理区搜索停留。这可能是赤眼蜂受到了挥发的正己烷的影响，而这种影响对孤雌产雌品系松毛虫赤眼蜂略大些。

二、寄生能力的研究

（一）材料与方法

1. 试验材料

（1）蜂种

正常两性品系：松毛虫赤眼蜂（*T. dendrolimi*）简写为 *T. d*。

孤雌产雌品系：人工转染含有 *Wolbachia* 的松毛虫赤眼蜂［*T. dendrolimi*（W）］简写为 *T. d*（*W*）。

两者均在室内用米蛾（*C. cephalonia*）卵饲养繁殖 20 代以上。

（2）寄主卵

米蛾（*C. cephalonica*）；大蜡螟（*Galleria mellonella*）；玉米螟（*O. furnacalis*）；柞蚕（*A. pernyi*）。

以上述昆虫的卵为供试材料，其中米蛾、大蜡螟、玉米螟卵均为本实验室长期饲养的成虫所产新鲜卵，柞蚕茧为辽中生防站提供。

2. 方法

（1）寄生不同供试卵的接蜂方法

取自制的接蜂瓶，瓶口罩玻璃纱布，后用带纱网的瓶盖盖好，保证赤眼蜂不能跑出又有良好的透气性。米蛾卵、大蜡螟卵、玉米螟卵和柞蚕卵每种供试卵取 100 粒，大蜡螟卵、玉米螟卵直接接蜂、米蛾卵用桃胶粘卡接蜂，接蜂前每种卵在紫外灯下灭菌 20～40min 以杀死胚胎，而柞蚕卵直接用乳白胶粘卡风扇吹干后接蜂。其中米蛾卵、大蜡螟卵、玉米螟卵每种卵分别接入 2 头刚羽化的未产卵的孤雌产雌品系松毛虫赤眼蜂和已与雄蜂交配过的正常两性品系的松毛虫赤眼蜂雌蜂，柞蚕卵中两个品系的赤眼蜂分别接入 200 头。接蜂瓶放置在温度为（25±1）℃，RH 为 70%~80% 温湿度条件下的光照培养箱内培养，试验设 5 次重复。

（2）寄生玉米螟卵的不同蜂卵比接蜂方法

室内取新鲜玉米螟卵每块大约 30 粒，在蜡纸上直接用剪刀剪下，紫外灯下 40min 以杀死胚胎，为确保玉米螟卵粒数量准确，将玉米螟卵块放在显微镜下计数。按如下比例接蜂。

1∶5 的接蜂方法：接 6 头蜂。

1∶10 的接蜂方法：接 3 头蜂；

1∶15 的接蜂方法：接 2 头蜂；

1∶30 的接蜂方法：接 1 头蜂；

1∶60 的接蜂方法：接 0.5 头蜂。

将紫外灯灭过菌的玉米螟卵，放入直径 1cm，长 5.5cm 的指形管中，按照上述蜂卵比分别接入新羽化的两个品系的松毛虫赤眼蜂，放置在温度为 25℃±1℃，RH 为 70%~80% 温湿度条件的光照培养箱内培养，每个处理设 10 次重复。

（3）寄生、羽化情况的统计方法

不同的供试卵寄生情况不同，统计方法也有所不同，玉米螟卵、大腊螟卵、米蛾卵的变黑卵数量即为寄生数量，柞蚕卵以卵表面变暗的数量为寄生数量。

后代羽化数统计方法：玉米螟卵、大腊螟卵、米蛾卵为羽化出蜂数量，柞蚕卵为观察有羽化孔的供试卵数。即：

寄生率（%）= 变黑卵粒数/供试卵总粒数×100%（玉米螟卵、大蜡螟卵、米蛾卵）

寄生率（%）= 变暗卵粒数/供试卵总粒数×100%（柞蚕卵）

羽化率（%）= 羽化出蜂数/寄生卵粒数×100%（玉米螟卵、大蜡螟卵、米蛾卵）

羽化率（%）= 羽化出蜂孔数/寄生卵粒数×100%（柞蚕卵）

3. 数据处理

采用 Microsoft Excel、DPS 数据统计分析软件进行数据处理。

（二）结果与分析

1. 对不同供试卵的寄生能力

统计松毛虫赤眼蜂孤雌产雌品系与正常两性品系对不同供试卵米蛾卵、大蜡螟卵、玉米螟卵、柞蚕卵的寄生结果如表 4-29 所示。

表 4-29　孤雌产雌与正常两性品系松毛虫赤眼蜂对不同供试卵寄生情况

供试卵	品系	米蛾	大蜡螟	玉米螟	柞蚕
接蜂数（头）		2	2	2	200

（续表）

供试卵	品系	米蛾	大蜡螟	玉米螟	柞蚕
寄生数（粒）	*T. d*	79.35±2.62^c	39.30±1.42^a	58.45±1.83^b	55.50±1.00^b
	T. d（W）	82.15±4.48^d	42.20±1.87^a	65.80±1.07^c	59.75±1.04^b
羽化数（头）	*T. d*	68.42±1.45^d	34.16±1.12^a	57.23±1.01^c	41.57±1.02^b
	T. d（W）	78.43±1.33^d	36.08±2.11^a	64.33±2.23^c	52.52±1.35^b
寄生率（%）	*T. d*	79.35±2.62^c	39.30±1.42^a	58.45±1.83^b	55.50±1.00^b
	T. d（W）	82.15±4.48^d	42.20±1.87^a	65.80±1.07^c	59.75±1.04^b
羽化率（%）	*T. d*	86.16±2.24^b	88.23±3.23^b	97.62±4.36^c	74.87±2.28^a
	T. d（W）	95.13±3.41^b	84.91±2.33^a	97.75±4.05^b	87.58±3.66^a

注：表中数据为平均值±标准误，同行数据后有相同字母表示经 LSD 多重比较后差异不显著（$P \geqslant 0.05$）

经多重比较分析表明，松毛虫赤眼蜂孤雌产雌品系对 4 种供试寄主卵的寄生数差异显著，在米蛾卵上的寄生数最大，为 82.15 粒；大蜡螟卵上的寄生数最低为 42.20 粒，而正常两性品系松毛虫赤眼蜂在 100 粒米蛾卵、大蜡螟卵中与在玉米螟卵和柞蚕卵中的寄生数差异显著，在玉米螟卵、柞蚕卵中的寄生数量没有差异，在米蛾卵上的寄生数量最高为 79.35 粒；在大蜡螟卵中的寄生数量最低为 39.30 粒。松毛虫赤眼蜂孤雌产雌品系与正常两性品系均在米蛾卵上的寄生数量最大，这可能是因为两个品系一直用米蛾卵保种，对米蛾卵产生了很强的偏好性、适应性的关系。几种供试卵上的寄生数量均是松毛虫赤眼蜂孤雌产雌品系高于正常两性品系，平均分别高出 3.3 粒、3.2 粒、7.2 粒、3.9 粒。

羽化数据统计结果表明，松毛虫赤眼蜂孤雌产雌品系与正常两性品系，在 4 种供试寄主卵中的羽化数均存在显著性差异，孤雌产雌品系羽化数比正常两性品系平均分别高出 10.0 头、1.4 头、7.1 头、10.5 头。

寄生率、羽化率统计结果表明，松毛虫赤眼蜂孤雌产雌品系在不同供试卵中的寄生率高于正常两性品系，平均高出 3.3 个、3.2 个、7.59 个、4.09 个百分点。羽化率情况有所不同，两个品系在玉米螟卵中的羽化率分别为 97.62%、97.75%；大蜡螟卵中的羽化率是正常两性品系高于孤雌产雌品系，平均高出 3.32 个百分点，而米蛾卵、柞蚕卵中的羽化率是孤雌产雌品系高于正常两性品系，平均高出 8.97 个、12.71 个百分点。

2. 不同蜂卵比接蜂方法下的寄生情况

表 4-30 所示，在不同蜂卵比接蜂方法下，即一块玉米螟卵接 6 头、3 头、2 头、1 头、0.5 头蜂时，松毛虫赤眼蜂孤雌产雌品系在玉米螟卵上的寄生数分别为：19.08 粒、16.20 粒、12.20 粒、12.40 粒、9.78 粒；而正常两性品系松毛虫赤眼蜂的寄生数分别为：17.90 粒、15.43 粒、13.85 粒、12.15 粒、6.81 粒。在 1：5、1：10、1：30、1：60 不同蜂卵比接蜂方法下孤雌产雌品系的松毛虫赤眼蜂比正常两性品系的寄生数量高，平均高出 1.18 粒、0.77 粒、0.25 粒、2.97 粒。

表 4-30　孤雌产雌品系与两性品系松毛虫赤眼蜂不同蜂卵比下对玉米螟卵的寄生情况

蜂卵比	品系	1：5	1：10	1：15	1：30	1：60
寄生数（粒）	$T.d$	17.90 ± 1.59^d	15.43 ± 1.42^c	13.85 ± 1.62^{bc}	12.15 ± 1.40^b	6.81 ± 1.76^a
	$T.d$（W）	19.08 ± 0.76^d	16.20 ± 1.65^c	12.20 ± 1.63^b	12.40 ± 1.37^b	9.78 ± 1.58^a
羽化数（头）	$T.d$	16.80 ± 2.44^d	13.75 ± 1.23^c	11.75 ± 1.73^b	11.01 ± 1.29^b	5.69 ± 1.41^a
	$T.d$（W）	17.90 ± 1.22^d	15.35 ± 1.28^c	11.35 ± 1.48^b	10.78 ± 1.46^b	8.62 ± 1.96^a
寄生率（%）	$T.d$	59.67 ± 1.46^e	51.43 ± 2.12^d	46.17 ± 2.33^c	40.50 ± 1.64^b	11.35 ± 1.05^a
	$T.d$（W）	63.60 ± 1.43^d	54.00 ± 1.86^c	40.67 ± 1.35^b	41.33 ± 2.10^b	16.30 ± 1.87^a
羽化率（%）	$T.d$	93.85 ± 4.22^c	89.11 ± 3.89^b	84.84 ± 3.56^a	90.62 ± 4.03^b	83.55 ± 3.67^a
	$T.d$（W）	93.82 ± 5.20^b	94.75 ± 4.58^b	93.03 ± 4.66^b	86.94 ± 4.09^a	88.12 ± 3.82^a

　　统计玉米螟卵中的寄生率结果，在试验条件下两个品系的松毛虫赤眼蜂对玉米螟卵的寄生率均低于 70%，在 1：5 接蜂处理下两个品系松毛虫赤眼蜂的寄生率与其他几个处理相比均最高，分别为 63.60%、59.67%，在 1：60 接蜂方法下两个品系均最低，分别为 16.30%、11.35%，除 1：15 接蜂方法下，松毛虫赤眼蜂孤雌产雌品系的寄生率（40.67%）低于两性品系的寄生率（46.17%）外，其他几个蜂卵比接蜂处理下的寄生率都是孤雌产雌品系高于正常两性品系的松毛虫赤眼蜂，平均分别高出 3.94 个、2.57 个、0.83 个、4.95 个百分点。

　　表 4-30 的羽化率表明，在试验条件下，两个品系的松毛虫赤眼蜂在玉米螟卵中的羽化率均在 80% 以上，在 1：5 接蜂方法下羽化率最高，分别为 93.82%、93.85%，此时的羽化率孤雌产雌品系低于正常两性品系的松毛虫赤眼蜂。在 1：10、1：15、1：30、1：60 不同蜂卵比接蜂方法下，孤雌产雌品系松毛虫赤眼蜂的羽化率分别为 94.75%、93.03%、86.94%、88.12%；正常两性品系的松毛虫赤眼蜂羽化率分别为 89.11%、84.84%、90.62%、83.55%，孤雌产雌品系松毛虫赤眼蜂羽化率高于正常两性品系松毛虫赤眼蜂的羽化率。

　　国内外不同学者对感染 *Wolbachia* 的赤眼蜂适合度研究结果不同。Silva 等（2000）在温室中比较研究了感染 *Wolbachia* 与没有感染的科尔多瓦赤眼蜂 *T. cordubensis* 的应用效果，结果表明感染 *Wolbachia* 的赤眼蜂与没有感染的科尔多瓦赤眼蜂寻找寄主的能力没有差别。付海滨和丛斌（2005）研究了感染 *Wolbachia* 和没有感染 *Wolbachia* 的松毛虫赤眼蜂品系对几种寄主卵选择性，结果表明，两赤眼蜂品系对米蛾卵和柞蚕卵的选择性明显高于对亚洲玉米螟卵的选择性，但对同种寄主卵的选择性在两赤眼蜂品系之间没有显著差异。

　　本研究主要是采用与未感染的松毛虫赤眼蜂相对比的方法进行了研究，研究了孤雌产雌生殖松毛虫赤眼蜂对寄主挥发物的嗅觉反应能力、对不同寄主寄生和羽化能力。结果表明：孤雌产雌品系松毛虫赤眼蜂对供试的几种鳞翅目害虫（玉米螟、柞蚕、米蛾）卵表和雌蛾腹部鳞片的挥发物均有不同程度的趋性，对玉米螟卵表挥发物的趋性较两性品系强，在实验室内适宜的恒定温、湿度条件下对以上几种寄主卵的寄生能力均强于两性品系松毛虫赤眼蜂，但两者间差异不显著。总体来看，孤雌产雌品系的松毛虫赤眼蜂在不同蜂卵比情况下，对玉米螟卵的寄生能力要强于正常两性品系的松毛虫赤眼蜂。本项研究为感染 *Wolbachia* 的松毛虫赤眼蜂田间防治玉米螟及其他重要农业害虫提供了助力。有研究表明，不同的蜂卵比，赤眼蜂对玉米螟卵的寄生效果不同（AUR-SALJOQI 和何余容，2004）。本研究发现，30 粒（1 块）玉米螟卵中，分别接 6 头、3 头、1 头、0.5 头的松毛虫赤眼蜂，孤雌产雌品系的寄生数与寄生率均高于两性品系的松毛虫赤眼蜂。而 30 粒玉米螟卵接入 2 头蜂时，正常两性品系的松毛虫赤眼蜂寄生数与寄生率高于孤雌产雌品系。总体来看，孤雌产雌品系的松毛虫赤眼蜂在不同蜂卵比情况下，对玉米螟卵的寄生能力要强于正常两性品系的松毛虫赤眼蜂。本项研究为感染 *Wolbachia* 的松毛虫赤眼蜂田间防治玉米螟及其他重要农业害虫提供了参考。

三、孤雌产雌松毛虫赤眼蜂实验种群参数

（一）材料与方法

1. 供试材料

松毛虫赤眼蜂两性品系 [*T. dendrolimi*（Matsumura）]；感染 *Wolbachia* 的松毛虫赤眼蜂孤雌产雌品系 [*T. dendrolimi*（W）]，采用新羽化的柞蚕（*Antherea pernyi*）剖腹卵保种繁殖。

2. 试验方法

（1）存活率测定

在直径 1cm，长 5.5cm 的指形管管壁内，用细毛刷涂适量蜂蜜，然后引入刚羽化的孤雌产雌的松毛虫赤眼蜂成虫 3 头，提供一粒饱满柞蚕卵；各管分别置于 16℃、20℃、24℃、28℃、32℃ 5 个恒温处理中，RH 为 75%±5%。严格控制接蜂时间为 4h。按发育顺序进行，以接蜂当日为生命表 x 的起点。本试验每个温度下接蜂 50 管，其中，10 管用于解剖观察孤雌产雌松毛虫赤眼蜂的产卵数作为产卵基数；30 管用于解剖观察赤眼蜂幼虫期、预蛹期和蛹期的存活率；10 管用于观察最后出蜂数。

阶段活虫数观察方法：在凹形载玻片凹陷处滴一滴清水，用细的昆虫针于柞蚕卵的受精孔处轻轻拨开，放在载玻片上的水中，利用水的张力使柞蚕卵内的组织液吸出，待全部吸出后采用日本奥林巴斯生产的摄影生物显微镜（BHA-4B-HL，最大放大倍数为40×100）、解剖镜进行观察并记数。其中幼虫末期、预蛹期、蛹期解剖后直接放在载玻片上于解剖镜下观察并计数。

存活率（%）＝某阶段结束活虫数/该阶段开始时的活虫数×100

羽化出蜂率（%）＝羽化出蜂数/该阶段开始时的活虫数×100

（2）生殖力测定

选上述被孤雌产雌松毛虫赤眼蜂寄生的柞蚕卵，将其同一时间所羽化的成虫引出（100 头），1 管 1 蜂，置于指形管内并编号。提供蜜糖水和 1 粒柞蚕卵，分别置于上述温度下，每个温度 20 头，即 20 次重复，每日 9：00 按时检查一次成蜂存活情况并更换一次新鲜柞蚕卵。逐日解剖统计孤雌产雌松毛虫赤眼蜂产在柞蚕卵内的卵量，直至成蜂

死亡为止。

$$逐日存活率（\%）=逐日存活数/起始卵数×100$$

（3）参数的计算

1）发育起点、有效积温及发育速率的计算方法

采用李典谟等（1986）提出的直接最优法进行计算，发育起点（C）和有效积温（A）分别为：

$$C=\frac{\sum_{i=1}^{n}TiDi^2-\overline{D}_n\sum_{i=1}^{n}DiTi}{\sum_{i=1}^{n}Di^2-n\overline{D^2}}$$

$$A=1/n\sum_{i=1}^{n}Ai$$

式中，T_i 为试验所设温度，D_i 为在此温度下的发育历期（d），A_i 是在假设发育起点温度为 C 时算得的有效积温。

2）生命表参数计算

生命表参数参考黄寿山等（1996）和徐春婷等（2003）的计算方法。种群净增殖率（R_0）、世代平均周期（T）、内禀增长力（r_m）、周限增长率（λ）按徐汝梅（1987）的方法计算。计算公式如下（吴坤君等，1978）。

$$净生殖力\ R_0=\sum l_{x_i}m_{x_i}$$
$$平均世代历期\ T=\sum xl_{x_i}m_{x_i}/\sum l_{x_i}m_{x_i}$$
$$内禀增长率\ r_m=\ln R_0/T$$
$$周限增长率\ \lambda=e^{rm}$$

式中，x 为赤眼蜂发育进程；l_x 为逐日存活率；m_x 为存活成虫日平均产卵量。

$$种群增长指数=繁殖一代后的卵数/当代起始卵量$$
$$预计下代卵量=雌蜂数×单雌平均产卵量$$

（二）结果与分析

1. 赤眼蜂的个体发育情况

赤眼蜂的个体发育是指赤眼蜂由卵发育到成虫的过程，即历经卵、幼虫、预蛹、蛹和成虫 5 个发育阶段，除羽化出蜂外，其余各虫态均在寄主卵内完成。成虫羽化时，雌蜂将寄主卵（本实验为柞蚕卵）壳咬成一个羽化孔，成蜂才由羽化孔钻出，雌蜂再寻找新的寄主卵进行寄生。掌握孤雌产雌松毛虫赤眼蜂的个体发育，对搞好人工繁蜂、蜂卡保藏、蜂种锻炼、计划放蜂等工作是非常重要的。下面是对赤眼蜂的个体发育中各虫态的形态特征的描述。

（1）卵期（胚胎发育期）

卵呈长梭形，乳白色，前端稍尖细，后端略宽大，中间膨大，长 0.05～0.1mm，宽 0.02～0.03mm，卵膜薄而透明，卵内均匀同质。随着胚胎发育，卵逐渐变成短宽，近似椭圆形。在柞蚕卵内分布于卵膜周缘并浸于卵黄内，不规则排列。

（2）幼虫期

幼虫呈半透明乳白色，前端狭小，后端膨大似囊状。体躯简单不分节，头、胸、腹分界不清。体长 0.39~0.7mm，宽 0.18~0.34mm。幼虫期内主要取食寄主卵的营养，但不排泄。

①幼虫前期：体呈椭圆形，头部略尖，有上颚一对。集聚于寄主卵壁，浸入卵黄内。

②幼虫中期：体呈椭圆形，具上颚一对，体内蛋白质集结，体膨大，寄主卵黄减少。

③幼虫后期：前端狭小，后端膨大呈囊状，体不分节，寄主卵黄已被吸尽。

（3）预蛹期

幼虫停止取食后即进入预蛹期。此时寄主卵膜略呈淡黑色，寄主卵的外表呈暗黑色，表现出被寄生的特征。虫体略分节，前端变大加宽，后端变细，体形前宽后狭。虫体体壁较薄，虫体透明，可以看到梅花斑。

（4）蛹期

头、胸、腹分节明显，复眼、单眼由淡红而到深红，翅、胸足形成并翻出体外。体色也由乳白色逐渐变为淡黄色，到羽化时则呈棕黄色。

①蛹前期：呈蛹形，复眼和胸足出现，腹部出现分节。体白色，复眼由淡红变深红。

②蛹中期：复眼愈红，单眼和翅芽出现。

③蛹后期：翅芽伸动，足和翅露于体外，产卵器形成，体呈黄色。

（5）成虫期

足形成，脱去蛹皮，体节外露。羽化后的成蜂，在寄主卵内停留 1d 左右，由雌蜂用上颚咬破寄主卵壳，然后爬出寄主卵，一般雄性比雌性先羽化为成蜂。

2. 温度对产卵量的影响

松毛虫赤眼蜂在柞蚕卵内的起始卵量是在接蜂当日寄生 4h 后解剖，在显微镜下观察计数所得，结果表明 24℃、28℃ 两个温度下平均产卵量超过 100 粒，分别为 104.4 粒、111.0 粒。16℃ 最低为 74.4 粒，而 20℃、32℃ 分别为 96.8 粒和 85.6 粒。作为生命表组建中的起始虫数。孤雌产雌松毛虫赤眼蜂在 5 个温度下的产卵量呈现抛物线趋势，配合方程如下。

$$y = -0.4313x^2 + 21.615x - 162.12$$

式中，y 为平均产卵量，x 为环境温度（℃），相关系数 $r = 0.932$，概率 $P < 0.05$（图 4-11）。

3. 温度对发育、存活的影响

（1）对发育的影响

如表 4-31 所示，孤雌产雌松毛虫赤眼蜂各虫态发育历期随温度的升高而缩短，在 16~32℃ 范围内全代发育历期分别为 23.2d、17.8d、13.2d、11.1d 和 7.8d。

表 4-31　孤雌产雌松毛虫赤眼蜂在不同温度下的发育历期　　　　（天）

温度（℃）	卵	幼虫	预蛹	蛹	成虫
16	2.25±0.20[d]	5.04±0.71[e]	4.27±0.56[d]	8.28±0.50[e]	3.03±0.72[d]
20	0.82±0.21[c]	4.33±0.71[d]	2.51±0.73[c]	7.79±0.87[c]	2.31±0.31[c]
24	0.74±0.19[c]	3.23±0.41[c]	2.31±0.42[c]	4.98±0.81[b]	1.99±0.40[bc]
28	0.50±0.16[b]	2.49±0.48[b]	1.79±0.31[b]	4.74±0.71[b]	1.61±0.38[b]
32	0.21±0.10[a]	1.51±0.48[a]	0.51±0.20[a]	3.52±0.47[a]	0.81±0.48[a]

注：表中数据为平均值±标准差，同列数据后有相同字母表示经 ISD 多重比较后差异不显著（$P \geq 0.05$）。下同

（2）对发育速率的影响

根据表 4-31 的试验数据，得发育速率与温度的关系见图 4-13。孤雌产雌松毛虫赤眼蜂的发育速率与温度之间呈直线相关，计算公式如下。

$$y = 0.0073x - 0.0771$$

式中，y 为发育速率，x 为环境温度，℃，相关系数 $r = 0.905$，概率 $P < 0.05$。

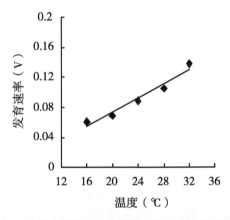

图 4-13　孤雌产雌松毛虫赤眼蜂发育速率与温度的关系

孤雌产雌松毛虫赤眼蜂的发育速率与温度的关系如图 4-14 所示，由图可以看出孤雌产雌松毛虫赤眼蜂的发育速率随温度的升高而逐渐升高；在 16~20℃、24~28℃ 的温度区间内，孤雌产雌松毛虫赤眼蜂的发育速率升高得慢，而在 20~24℃、28~32℃ 的温度区间内，孤雌产雌松毛虫赤眼蜂的发育速率升高得快，尤其在 28~32℃ 的高温区，孤雌产雌松毛虫赤眼蜂的发育速率陡然升高。

如表 4-32 所示，采用直接最优法进行计算，得出孤雌产雌松毛虫赤眼蜂各虫态的发育起点温度分别为卵，13.71℃；幼虫，5.66℃；预蛹，13.07℃；蛹，6.13℃；有效积温分别为卵，5.66℃·d；幼虫，41.67℃·d；预蛹，18.28℃·d；蛹，94.56℃·d。全代的发育起点温度和有效积温分别为 7.40℃ 和 212.69℃·d。

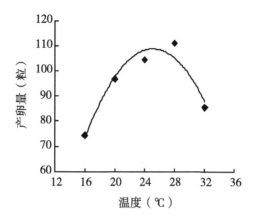

图 4-14　温度对孤雌产雌松毛虫赤眼蜂产卵量的影响

表 4-32　孤雌产雌松毛虫赤眼蜂各虫态的发育起点温度和有效积温

发育阶段	发育起点（℃）	有效积温（℃·d）
卵	13.71	5.66
幼虫	9.24	41.67
预蛹	13.07	18.28
蛹	6.13	94.56
成虫	9.69	23.68
全代	7.40	212.69

（3）对存活的影响

如表 4-33 所示，温度对孤雌产雌松毛虫赤眼蜂存活的影响因发育期不同而异。卵孵化率以 24℃时最高，为 94.8%；其次是 28℃时 87.2%；16℃时 79.7%；32℃时卵孵化率仅 65.6%，与 24℃、28℃比较相对低些；蛹存活率以 24℃和 28℃较高，为 96.1%和 90.5%；成虫羽化率 24℃时最高，达 97.9%，其次 16℃时为 90.1%，最低为 28℃时，仅 69.2%。

表 4-33　孤雌产雌松毛虫赤眼蜂各期存活个体数

温度（℃）	卵（粒）	幼虫（头）	蛹（头）	成虫（头）
16	74.4±21.95[a]	60.8±12.82[a]	59.3±12.23[a]	45.3±12.33[b]
20	96.8±18.35[bc]	88.3±13.64[b]	82.3±15.69[b]	56.5±11.15[c]
24	104.4±12.57[c]	100.1±12.54[c]	99.0±14.01[c]	93.0±16.12[d]
28	111.0±17.52[c]	101.8±9.04[c]	96.8±13.44[c]	60.6±14.19[c]

（续表）

温度（℃）	卵（粒）	幼虫（头）	蛹（头）	成虫（头）
32	85.6±15.86^{ab}	66.2±13.25^{a}	56.2±13.82^{a}	35.1±17.59^{a}

注：表中数据为平均值±标准差，同列数据后有相同字母表示经 Duncan 多重比较后差异不显著（$P \geqslant 0.05$）。下同

（4）对残留虫态的影响

待各个温度下的孤雌产雌松毛虫赤眼蜂羽化完毕后，解剖寄主卵观察、统计残留虫态结果如表 4-34 和表 4-35 所示，由于死亡的卵态、幼虫态观察不清楚，所以只统计了预蛹、蛹、成虫 3 个虫态数量，可以看出，在各个温度下残留虫态个数有所不同，在 16℃、20℃温度条件下以预蛹态存留的虫数较多；而 24℃、28℃、32℃ 3 个温度条件下蛹态存留虫数较多。

表 4-34　孤雌产雌松毛虫赤眼蜂在不同温度下的存活率　　　　　　（%）

温度（℃）	卵	幼虫	蛹	羽化出蜂率
16	81.7±23.11^{a}	79.7±12.56^{b}	84.9±20.11^{a}	90.1±10.23^{b}
20	91.2±12.33^{b}	85.0±18.62b^{c}	88.8±17.12^{ab}	77.3±19.16^{a}
24	95.9±13.45^{b}	94.8±23.12^{c}	96.1±13.45^{c}	97.9±16.44^{b}
28	91.7±16.22^{b}	87.2±12.43b^{c}	90.5±14.23^{b}	69.2±15.32^{a}
32	77.3±15.78^{a}	65.6±13.56^{a}	81.2±15.22^{a}	77.0±12.02^{a}

表 4-35　孤雌产雌松毛虫赤眼蜂在不同温度下的残留虫态个数

温度（℃）	总数	预蛹	蛹	成虫
16	578	432	47	99
20	581	297	128	156
24	772	258	336	178
28	1 472	360	636	476
32	528	105	332	91

温度对孤雌产雌松毛虫赤眼蜂生殖力的影响，如表 4-36～表 4-40 所示，其中 x 为赤眼蜂发育进程；l_x 为逐日存活率；m_x 为存活成虫日平均产卵量。

表 4-36 孤雌产雌松毛虫赤眼蜂在柞蚕卵内的生殖力 （16℃）

x	l_x	m_x	$l_x m_x$	$x l_x m_x$	x	l_x	m_x	$l_x m_x$	$x l_x m_x$
1	1.000 0	0.00	0	0	14	0.797 0	0.00	0.00	0.00
2	1.000 0	0.00	0	0	15	0.797 0	0.00	0.00	0.00
3	0.817 2	0.00	0	0	16	0.608 8	36.35	22.13	354.08
4	0.817 2	0.00	0	0	17	0.608 8	10.00	6.09	103.53
5	0.817 2	0.00	0	0	18	0.608 8	3.90	2.37	42.66
6	0.817 2	0.00	0	0	19	0.608 8	1.85	1.13	21.47
7	0.797 0	0.00	0	0	20	0.431 5	0.39	0.17	3.40
8	0.797 0	0.00	0	0	21	0.084 1	0.94	0.08	1.68
9	0.797 0	0.00	0	0	22	0.040 0	0.00	0.00	0.00
10	0.797 0	0.00	0	0	23	0.008 4	0.00	0.00	0.00
11	0.797 0	0.00	0	0	24	0.002 3	0.00	0.00	0.00
12	0.797 0	0.00	0	0	25	0.000 0	0.00	0.00	0.00
13	0.797 0	0.00	0	0					

表 4-37 孤雌产雌松毛虫赤眼蜂在柞蚕卵内的生殖力 （20℃）

x	l_x	m_x	$l_x m_x$	$x l_x m_x$	x	l_x	m_x	$l_x m_x$	$x l_x m_x$
1	1.000 0	0.00	0	0	13	0.850 2	0.00	0.00	0.00
2	0.912 2	0.00	0	0	14	0.583 6	44.80	26.15	366.10
3	0.912 2	0.00	0	0	15	0.583 6	19.50	11.38	170.10
4	0.912 2	0.00	0	0	16	0.583 6	4.40	2.57	41.12
5	0.912 2	0.00	0	0	17	0.583 6	5.55	3.24	55.08
6	0.850 2	0.00	0	0	18	0.583 6	1.50	0.88	15.84
7	0.850 2	0.00	0	0	19	0.583 6	0.55	0.32	6.08
8	0.850 2	0.00	0	0	20	0.455 2	0.06	0.03	0.55
9	0.850 2	0.00	0	0	21	0.129 6	0.00	0.00	0.00
10	0.850 2	0.00	0	0	22	0.085 6	0.00	0.00	0.00
11	0.850 2	0.00	0	0	23	0.023 1	0.00	0.00	0.00
12	0.850 2	0.00	0	0	24	0.000 0	0.00	0.00	0.00

表 4-38 孤雌产雌松毛虫赤眼蜂在柞蚕卵内的生殖力（24℃）

x	l_x	m_x	$l_x m_x$	$x l_x m_x$	x	l_x	m_x	$l_x m_x$	$x l_x m_x$
1	1.000 0	0.00	0	0	10	0.948 3	0.00	0.00	0.00
2	0.958 8	0.00	0	0	11	0.890 8	59.75	53.23	585.53
3	0.958 8	0.00	0	0	12	0.890 8	19.85	7.68	92.16
4	0.958 8	0.00	0	0	13	0.890 8	4.55	4.05	52.65
5	0.948 3	0.00	0	0	14	0.248 9	0.90	0.22	3.08
6	0.948 3	0.00	0	0	15	0.057 1	0.63	0.04	0.60
7	0.948 3	0.00	0	0	16	0.011 3	0.00	0.00	0.00
8	0.948 3	0.00	0	0	17	0.007 9	0.00	0.00	0.00
9	0.948 3	0.00	0	0	18	0.000 0	0.00	0.00	0.00

表 4-39 孤雌产雌松毛虫赤眼蜂在柞蚕卵内的生殖力（28℃）

x	l_x	m_x	$l_x m_x$	$x l_x m_x$	x	l_x	m_x	$l_x m_x$	$x l_x m_x$
1	1.000 0	0.00	0	0	10	0.545 9	8.15	4.45	44.5
2	0.917 1	0.00	0	0	11	0.545 9	0.75	0.41	4.51
3	0.917 1	0.00	0	0	12	0.088 4	0.12	0.01	0.13
4	0.872 0	0.00	0	0	13	0.007 7	0.31	0.03	0.39
5	0.872 0	0.00	0	0	14	0.003 3	0.00	0.00	0.00
6	0.872 0	0.00	0	0	15	0.003 0	0.00	0.00	0.00
7	0.872 0	0.00	0	0	16	0.000 0	0.00	0.00	0.00
8	0.872 0	0.00	0	0	17	0.000 0	0.00	0.00	0.00
9	0.545 9	87.90	47.98	431.82					

表 4-40 孤雌产雌松毛虫赤眼蜂在柞蚕卵内的生殖力（32℃）

x	l_x	m_x	$l_x m_x$	$x l_x m_x$	x	l_x	m_x	$l_x m_x$	$x l_x m_x$
1	0.773 4	0.00	0	0	7	0.410 0	48.05	19.70	137.90
2	0.773 4	0.00	0	0	8	0.410 0	13.05	5.35	42.80
3	0.656 5	0.00	0	0	9	0.277 4	2.75	0.76	6.84
4	0.656 5	0.00	0	0	10	0.042 7	0.25	0.01	0.11
5	0.656 5	0.00	0	0	11	0.004 7	0.00	0.00	0.00
6	0.656 5	0.00	0	0	12	0.000 0	0.00	0.00	0.00

4. 不同温度下的种群生命表

温度对孤雌产雌松毛虫赤眼蜂发育、存活有一定影响，根据不同温度下观察所得各虫态发育存活和成虫生殖力实测资料，组建了孤雌产雌松毛虫赤眼蜂的实验种群生命表，见表4-41，产卵基数在24℃和28℃时较高，分别为96.8粒、104.4粒、111.0粒；幼虫存活数24℃和28℃分别为99.0头和96.8头。成虫羽化率以24℃最高为97.9%，而28℃最低只69.2%。24℃条件下种群趋势指数 I=93.0，就是说此时孤雌产雌松毛虫赤眼蜂几乎成百倍增长。

表4-41　孤雌产雌松毛虫赤眼蜂在不同温度下的种群生命表

发育阶段	16℃	20℃	24℃	28℃	32℃
起始卵数	74.4	96.8	104.4	111.0	85.6
卵死亡率（%）	20.3	15.0	5.2	12.8	34.4
卵死亡数	13.6	8.5	4.3	9.2	19.4
进入幼虫期数	60.8	88.3	100.1	101.8	66.2
死亡率（%）	20.4	6.8	1.1	4.9	15.1
死亡数	1.5	6.0	1.1	5.0	10.0
进入蛹期数	59.3	82.3	99.0	96.8	56.2
死亡率（%）	23.6	31.3	6.1	37.4	37.5
死亡数	14.0	25.8	6.0	36.2	21.1
成虫羽化数	45.3	56.5	93.0	60.6	35.1
单雌平均产卵量	53.2	76.6	86.3	97.2	64.1
预计下代卵量	2 410.0	4 327.9	8 025.9	5 890.3	2 249.9
种群增长指数（I）	45.3	56.5	93.0	60.6	35.1

5. 不同温度下种群参数

根据观察资料，总结生殖力，计算出种群参数。结果如表4-42所示。

表4-42　孤雌产雌松毛虫赤眼蜂在不同温度下的种群参数

温度（℃）	净增殖率（R_0）	世代平均周期（T, day）	内禀增长力（r_m）	周限增长率（λ）
16	31.97	15.48	0.210 4	1.234 2
20	44.57	14.65	0.295 0	1.295 0
24	66.22	10.28	0.378 4	1.459 9
28	52.88	9.09	0.436 5	1.547 3
32	25.82	7.27	0.449 6	1.567 6

当环境温度为 24℃ 时，种群净增殖率（R_0）最大（66.22）；环境温度为 28℃ 时，内禀增长力（r_m）最大（0.449 6）。

（三）小 结

有研究提出生命表参数是种群品质评价的规范化指标，本研究采用同时接蜂的方法、分期解剖的方法，借助 BHA-4B-HL 生物显微镜等仪器编制了感染 *Wolbachia* 的孤雌产雌品系的松毛虫赤眼蜂不同温度下的实验种群生命表，生命表参数能较好地反应种群消长的机制。

为探讨感染 *Wolbachia* 的孤雌产雌松毛虫赤眼蜂的最佳繁殖条件，本试验对感染 *Wolbachia* 的松毛虫赤眼蜂不同温度下生殖参数进行了研究，在以柞蚕卵为寄主的情况下，28℃ 下孤雌产雌松毛虫赤眼蜂品系的平均单雌产卵量为 97.2 粒，单从产卵基数的统计结果看，28℃ 的产卵基数大，达 111.0 粒，但结合幼虫、蛹及成虫的存活率综合考虑，各温度处理都低于 24℃ 的存活率，而且 24℃ 时的种群趋势指数 I 最大，达 93.0，所以可认为，在本试验条件下以 24~28℃ 的温度区间，为较理想的繁蜂条件。感染 *Wolbachia* 的松毛虫赤眼蜂即孤雌产雌的松毛虫赤眼蜂品系要应用于生产实践必须解决包括建立最佳繁殖条件在内的一系列问题，本研究建立的最佳繁殖条件为感染 *Wolbachia* 的松毛虫赤眼蜂的工厂化生产提供了理论和试验基础。

第七节 *Wolbachia* 在赤眼蜂种内、种间水平传递机制与模式

一、材料与方法

（一）试验蜂种

松毛虫赤眼蜂两性品系（*T. dendrolimi*）简写 *T. d*；食胚赤眼蜂（*T. embryophagum*）简写 *T. e*；感染 *Wolbachia* 的松毛虫赤眼蜂孤雌产雌品系［*T. dendrolimi*（W）］简写 *T. d*（W）。上述赤眼蜂材料在实验室条件经米蛾（*C. cephalonica*）卵保种繁殖。

（二）昆虫总 DNA 提取和 PCR 扩增

按照 Zhou 等（1998）方法，合成引物 81F（5′-TGG TCC AAT AAG TGA TGA AGA AAC-3′）和 691R（5′-AAA AAT TAA ACG CTA CTC CA-3′），用 LaTaq DNA 聚合酶从两性松毛虫赤眼蜂和孤雌产雌松毛虫赤眼蜂，食胚赤眼蜂和宿主米蛾卵基因组中扩增 *wsp* 基因片段。

PCR 扩增体系为：2.5μL 的 10×LA Buffer，2.0μL 的 dNTPs（2.5mmol/L），0.3μL LA Taq 酶（5U/μL），模板 DNA 0.5μL，正向引物和反向引物各加 1.0μL，由 ddH₂O 补足 25μL，离心混匀后进行 PCR 反应。

反应参数设置为，94℃ 预变性 4min 后，进入 94℃ 1min，55℃ 1min，72℃ 1min 进行 35 个循环；最后在 72℃ 下延伸 10min。

扩增在 DNA thermal cycler PTC-220（MJ Research，USA）中进行。

（三）产物回收纯化

以1.0%的琼脂糖凝胶电泳分离PCR产物，用干净的手术刀切下所要回收的DNA的琼脂块，放入1.5mL离心管中。按每100mg Agarose加入200μL柱离心式琼脂糖胶DNA纯化回收试剂盒的RJ Solution试剂，室温放置或50℃水浴10min，期间需要不停地颠倒混匀，使胶彻底溶解。将融化的胶溶液转移到吸附柱，在室温下放置1min后，以10 000r/min的速度离心1min。倒掉收集管中的废液，再加入600μL Column Wash Solution，10 000r/min离心1min进行洗涤，重复1~2次后，倒掉收集管中的废液，以12 000r/min的速度离心3min，尽量除去Column Wash Solution。然后将吸附柱放入新的1.5mL离心管中，在柱子膜中央加预热的30~50μL洗脱缓冲溶液，室温放置2min后以10 000r/min的速度离心1min，离心管中的液体即为回收的DNA片段。可以立即使用或保存于-20℃备用，取1~3μL电泳检测。

（四）目的片段的亚克隆（连接T载体）

回收的目的片段与T载体连接，离心管中依次加入以下组分：1μL 10×T_4 DNA ligase buffer，0.5μL的T_4 DNA ligase，0.5μL pUCm-T载体，5μL回收片段，ddH_2O补足10μL，微量离心机将液体全部甩到管底，混匀，16℃保温8~24h。

（五）大肠杆菌感受态细胞的制备与转化

取DH5α细胞的单菌落接种于3mL LB液体培养基，37℃振荡培养过夜后，取1mL的菌液接种于100mL LB液体培养基，再继续振荡培养至OD_{600}等于0.5。将培养液转入离心管中，冰上放置10min，4℃下3 000r/min离心10min，弃去上清，用预冷的0.05mol/L的$CaCl_2$溶液10mL轻轻悬浮细胞，冰上放置15~30min后，于4℃以3 000r/min离心10min，弃上清，加入4mL预冷的含15%甘油的0.05mol/L的$CaCl_2$溶液，轻轻悬浮细胞，冰上放置几分钟，即成为感受态细胞悬液，分装成100μL或200μL的小份于-70℃下保存备用。

感受态细胞悬液于冰上解冻后，加入10~20μL的连接产物，混匀，冰上放置30min后于42℃热击90s，迅速置冰上3~5min后加入1mL LB培养液（不含抗生素），37℃振荡培养。培养1h后在低速离心机上以7 000r/min离心30s，弃去部分上清，取200μL培养液，涂布于X-Gal/IPTG的LB琼脂糖平板上（含100μg/mL Amp），37℃倒置培养。

（六）质粒DNA提取与鉴定

挑取平板上白色克隆的大肠杆菌单菌落接种于含有相应抗生素（Amp工作浓度100mg/L）的LB培养基（蛋白胨10g/L，酵母提取物5g/L，NaCl 10g/L，用NaOH调至pH值7.0）中，振荡培养过夜；取1.5mL培养液倒入1.5mL EP管中，于12 000r/min离心30s，弃上清，将沉淀重悬于100μL溶液Ⅰ（取0.991g葡萄糖，100mmol/L Tris 2.5mL，0.5mol/L EDTA 2mL，配制成100mL，高压灭菌15min，贮存于4℃）中（需剧烈振荡），冰上放置5~10min，依次加入新配制的溶液Ⅱ（1 N NaOH 40μL，10% SDS 20μL，dH_2O 140μL）、150μL预冷的溶液Ⅲ（5mol/L KAC 60mL，冰醋酸11.5mL，水 28.5mL，高压灭菌），分别冰浴 5~10min 后，以 12 000r/min 的速度离心 5~10min，将上清液移出，加入等体积的酚/氯仿（1:1），振荡混匀，12 000r/min 速度离心 5min，水相移出，加入 2 倍体积的无水乙醇，振荡混匀后于-20℃冰箱放置 20min，12 000r/min 离心 10min，弃去上清液，用 1mL 70%乙醇洗沉淀一次，沉淀干燥 10min 后溶于 20μL TE 缓冲液（10mmol/L Tris·HCl（pH 值 8.0），1mmol/L EDTA，pH 值 8.0），即为质粒 DNA，可直接用或保存于-20℃。重组质粒经酶切鉴定正确，并测序验证。

（七）序列分析

数据库的搜索用 NCBI 数据库的（VecScreen http://www.ncbi.nlm.nih.gov/VecScreen/VecScreen.htmL）去除原始序列的载体序列，并把获得的目标序列提交 NCBI 数据库 BLAST（http://blast.ncbi.nlm.nih.gov/Blast.cgi）进行分析，确证为共生菌 *Wolbachia* 的序列。同时在 NCBI 数据库中提取 Zhou 等（1998）用于对昆虫共生菌 *Wolbachia* 菌株进行分类的 12 个组代表性菌株 *wsp* 基因序列，作为目标基因分类的标准参照。将目标序列与 12 个分类标准序列在 DNAMAN（http://www.lynnon.com/download/index/html/）软件进行核酸的比对和进化分析，以及目标序列编码的氨基序列的比较分析。

二、结果分析

结果见图 4-15，从孤雌产雌松毛虫赤眼蜂体内扩增出 3 条带（T_1，T_2，T_3），米蛾体内检测到 2 条带（C_1，C_2），可能存在超感染现象。

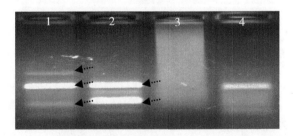

图 4-15　赤眼蜂和米蛾卵体内的 *wsp* 序列 PCR 扩增结果

1. 孤雌产雌松毛虫赤眼蜂 [*T. dendrolimi*（W）]；
2. 米蛾（C）；3. 两性 *T. dendrolimi*；4. 阳性对照；箭头指
示：T_1，T_2，T_3 和 C_1，C_2

上述条带经回收纯化后，用 *Eco*RⅠ+*Hind*Ⅲ 双酶切结果见图 4-16。

由图 4-17 可知，我们以 Zhou 等（1998）发表文章的 12 亚组为参照，构建系统树，A 代表 A 组，A-Pap 代表 A 组 Pap 亚组~Alb 亚组共 8 个亚组，B 代表 B 组，B-Pip 代表 B 组 Pip 亚组~Bei 亚组共 4 个亚组，孤雌产雌松毛虫赤眼蜂体内 *Wolbachia* 的 *wsp* 序列和食胚赤眼蜂体内的序列同源性达到 99%，同属于 B 大组的 Dei 亚组，而与寄主米蛾卵体内的 *wsp* 序列同源关系较远，同属于 B 大组但米蛾卵内序列属于 Pip 亚组。

食胚赤眼蜂、孤雌产雌松毛虫赤眼蜂和米蛾内生菌 *Wolbachia* 的 *wsp* 序列比对结果见图4-18，我们可以看出孤雌产雌松毛虫赤眼蜂和食胚赤眼蜂体内的 *wsp* 序列有6对碱基存在差异，而米蛾卵体内的 *wsp* 序列与两种赤眼蜂体内的 *wsp* 相比碱基差异数量较多。*Wolbachia* 水平传播机制的研究，尚未深入开展，本研究试图探索 *Wolbachia* 在不同蜂种之间、蜂种和寄主之间的水平传播机制，经过分子检测证明，孤雌产雌松毛虫赤眼蜂 *Wolbachia* 的 *wsp* 序列与供体食胚赤眼蜂内同源性达99%，同属于 *Wolbachia* 里 B 大组的 Dei 亚组，而与 B 大组的 Pip 亚组寄主米蛾体内 *wsp* 序列同源性较远为81%。这一结论得出说明蜂种和寄主之间虽然都有 *Wolbachia* 感染，但不同 *Wolbachia* 品系之间并没有对其宿主发生交互影响，这可以从寄主米蛾的生殖方式和感染的赤眼蜂的生殖方式上完全不同而得出。另外，我们检测到了转染成功的松毛虫赤眼蜂和米蛾体内都有其他的特异性条带，测序结果表明这些条带并不是已知的 *Wolbachia* 序列，是不是还有其他的菌与赤眼蜂和寄主米蛾之间共存，且对生殖调控也起到作用需要进一步探讨。

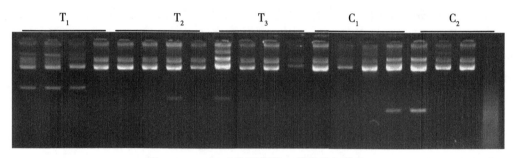

图4-16　PCR 产物亚克隆 T 载体酶切鉴定

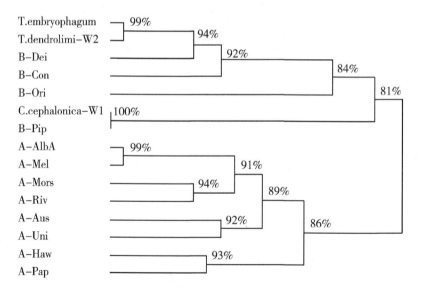

图4-17　孤雌产雌松毛虫赤眼蜂和米蛾体内共生菌 *Wolbachia* 的 *wsp* 分类地位

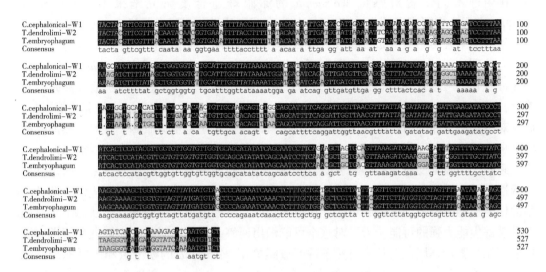

图 4-18 食胚赤眼蜂、孤雌产雌松毛虫赤眼蜂和米蛾内生菌 *Wolbachia* 的 *wsp* 序列比对

三、小　结

选择食胚赤眼蜂作为供体通过共享食物源方法已成功转染的孤雌产雌松毛虫赤眼蜂，孤雌产雌生殖方式比较稳定（王翠敏，2005；张莹，2008），而同样方法利用卷蛾和短管赤眼蜂做供体就没有获得成功（戴秋慧，2004）。在赤眼蜂种群中，同一赤眼蜂体内可能感染多种不同品系的 *Wolbachia*（Kondo *et al.*，2002；钟敏等 2004），同样，同一 *Wolbachia* 品系也可能感染多种不同的赤眼蜂。本研究所用的 3 种赤眼蜂感染的 *Wolbachia* 属不同品系，因此，根据试验结果，我们推断赤眼蜂种间人工水平转染 *Wolbachia* 能否成功，可能与赤眼蜂携带的 *Wolbachia* 品系有关。由此看来要想提高转染的成功率，首先应该选择合适的供体，即选择携带 *Wolbachia* 且生殖方式稳定的供体赤眼蜂，当然自然界可能存在更具优良特性的能诱导寄生蜂孤雌产雌的 *Wolbachia* 品系，需要进行广泛研究和深入筛选。

当感染 *Wolbachia* 的赤眼蜂个体与没有感染的赤眼蜂个体共同产卵寄生在同一寄主卵内时，两者之间可能存在互相竞争食物源，而将由感染细菌个体传到未感染个体而使未感染的赤眼蜂感染 *Wolbachia*，在本实验中，共享寄主米蛾卵食物源结果，只有松毛虫赤眼蜂生殖方式由孤雌产雄生殖变为孤雌产雌生殖，而其他几种受体蜂生殖方式没有变化。经过显微注射，甘蓝夜蛾赤眼蜂、松毛虫赤眼蜂和螟黄赤眼蜂体内都有不同程度的细菌成功转染表现，而玉米螟赤眼蜂则没有转染成功迹象，分析原因，这可能由于不同赤眼蜂中可能存在机体免疫情况不同，显微注射的过程，需要注意的事项很多，这也是为什么像赤眼蜂这样小型昆虫进行显微注射成活率比较低的原因。所以抗细菌侵染以及抗伤口的程度也不一，对于如何能够提高赤眼蜂种间 *Wolbachia* 转染成功率，更容易利用显微注射的方法实现 *Wolbachia* 的水平转染，并在宿主中定植，有必要对赤眼蜂不同品种进行抗免疫反应能力开展进行研究。

国内外不同学者对感染 *Wolbachia* 的赤眼蜂适合度研究结果不同。Silva 等 (2000) 在温室中研究了感染 *Wolbachia* 与没有感染的科尔多瓦赤眼蜂 *T. cordubensis* 的应用效果,结果表明感染 *Wolbachia* 的赤眼蜂与没有感染的科尔多瓦赤眼蜂寻找寄主的能力没有差别。而感染 *Wolbachia* 摩洛哥赤眼蜂繁殖率约是同种不含 *Wolbachia* 的 2 倍 (Vaver et al.,1999;Girin et al.,1995)。在实验室条件下与未感染的松毛虫赤眼蜂相对比,感染 *Wolbachia* 的孤雌产雌品系松毛虫赤眼蜂,对多种鳞翅目昆虫的卵均能寄生,而且对不同供试卵的适合度好于未感染的正常两性品系松毛虫赤眼蜂。孤雌产雌品系的松毛虫赤眼蜂在不同蜂卵比情况下,对玉米螟卵的寄生能力要强于正常两性品系的松毛虫赤眼蜂。但嗅觉反应实验结果表明,孤雌产雌生殖的松毛虫赤眼蜂对玉米螟卵趋性强于两性品系的松毛虫赤眼蜂,但对米蛾卵、鳞片和柞蚕卵、鳞片的嗅觉反应没有两性品系的松毛虫赤眼蜂强,这说明可能存在孤雌产雌品系松毛虫赤眼蜂到自然状态下没有两性品系寄生能力强的可能。为了对这个可能做出回答,模拟赤眼蜂在田间遇到短期高温后的可能受影响环境,以及半自然条件释放感染了 *Wolbachia* 的松毛虫赤眼蜂孤雌产雌品系,结果表明,短期高温刺激会对孤雌产雌的松毛虫赤眼蜂产生不利影响,尤其是 38℃ 高温不利影响明显,主要表现在羽化出蜂率和单卵出蜂数两指标明显降低;高温冲击对子代蜂各指标影响不明显。2 代赤眼蜂均未有雄峰出现,表明短期高温冲击不能对 *Wolbachia* 调控其宿主生殖方式的作用产生影响。在半自然条件(田间网罩)下研究了孤雌产雌生殖品系和两性生殖品系的松毛虫赤眼蜂对亚洲玉米螟卵的寄生能力。结果表明,二者对亚洲玉米螟卵的寄生率在相同卵块数时无显著差异;孤雌产雌生殖品系对亚洲玉米螟卵的寄生能力在第一天比松毛虫赤眼蜂两性生殖品系具有优势,但优势不明显 (崔宝玉,2007)。另外杨克冬在恒温恒湿条件下,比较研究了感染 *Wolbachia* 的孤雌产雌生殖品系和未感染正常两性生殖品系松毛虫赤眼蜂的单雌产卵量、发育历期、存活率结果表明,感染和未感染 *Wolbachia* 的两种品系松毛虫赤眼蜂单雌产卵量差异不显著 (杨克冬,2008)。这些结果说明孤雌产雌松毛虫赤眼蜂没有因为对部分寄主的挥发物反应能力差而影响其寄生能力。

本研究是在本实验室对获得的孤雌产雌生殖的松毛虫赤眼蜂进行一系列的种群特性(包括寄生羽化能力、嗅觉反应能力、适宜繁殖条件、温室和半自然环境条件下的寄生扩散能力以及低温贮藏、短期高温影响等研究基础上开展的。由于孤雌产雌松毛虫赤眼蜂在室内和温室以及半自然条件下与正常两性品系相比没有明显的特性差异,具有一定的生防潜力,孤雌产雌松毛虫赤眼蜂具有更大的生防潜力,有望作为工厂化生产的商业用蜂而广泛应用。

由于沃尔巴克氏体(*Wolbachia*)存在很多品系,我们用于筛选的仅是 3 种感染态赤眼蜂体内的菌系,这可能具有局限性,为了人工利用对宿主生殖方式诱导能力强的 *Wolbachia* 品系,我们应该在自然界感染 *Wolbachia* 的昆虫中广泛筛选。本研究是在实验室已经通过共享食物源方法获得的孤雌产雌生殖的松毛虫赤眼蜂基础上,对其进行的生物学、生态学相关特性的一系列研究,而对于显微注射和取食菌悬液方法只是水平转染方法的进一步探讨,虽然显微注射方法获得了生殖方式改变的甘蓝夜蛾赤眼蜂和松毛虫赤眼蜂,但由于时间关系没有更加详细的生物学相关特性研究。另外像赤眼蜂这类小型昆虫注射成活率较低，而且注射过程需要熟练的操作技术水平，本人注射的时间较短，相信长时间利用本方法进行 *Wolbachia* 的水平转染会取得很好效果。对于注射菌悬液为什么不同赤眼蜂机体表现的防御机能有所不同有待研究。

当温度长期（大于 20d）超过 28℃ 的情况下，繁殖孤雌产雌的松毛虫赤眼蜂后代会出现间性个体，即长着雄性触角、雌性产卵器并大腹的畸形蜂，所以在赤眼蜂保种和繁殖过程中要注意温度的调控，避免此现象产生。

用分子方法检测到了获得的孤雌产雌松毛虫赤眼蜂体内 *Wolbachia* 的超感染现象，但对感染的菌系没有进一步明确，而为什么对于有的赤眼蜂体内感染甚至是多重感染 *Wolbachia* 的情况下其生殖方式并没有发生改变？是菌的量还是存在部位或者别的原因？有必要进行探讨，这个问题的解决会对 *Wolbachia* 的调控机制的明确起到很大帮助。

第八节 *Wolbachia* 对赤眼蜂的生殖调控及不同宿主间的感染

一、*Wolbachia* 对赤眼蜂的生殖调控

（一）材料与方法

1. 试验材料

食胚赤眼蜂由广东省农业科学院植物保护研究所李敦松研究员惠赠。在黑龙江八一农垦大学农学院养虫室用米蛾 [*Corcyra cephalonica*（Stainton）] 卵保种繁殖 30 代以上，培养条件为（25±1）℃（RH 为 65%±5%，光周期 L：D=16h：8h）。

2. 主要试剂和仪器

试剂：DNA 快速纯化试剂盒（TaKaRa）、Quick Taq HS DyeMix（TOYOBO）；质粒小提试剂盒 TIANprep Mini Plasmid Kit、荧光实时定量 PCR 试剂 SuperReal PreMix Plus（SYBR Green）、T 载体试剂盒 pGM-T Vector、亚克隆受体 DH5α（*Escherichia coli*）、蛋白酶 K 和 dNTP 混合液等药品均购自北京天根生化科技有限公司；蜂蜜水（天然蜂蜜与无菌水按 1：3 的比例混合而制）。

仪器：组织研磨器（Retsch，德国）、双模块梯度 PCR 仪（BIO-RAD，美国）、电泳仪（JUNYI，北京）、微量高速冷冻离心机（HERLME，德国）、凝胶成像系统（BIO-RAD，美国）、实时荧光定量 PCR 仪 CFX96（BIO-RAD，美国）、实验超纯水器（MILLIPORE，美国）、微量分光光度计（BioSpec-nano，日本）、恒温培养振荡器（ZhiCheng，上海）、三孔电热恒温水槽（YIHENG，上海）、培养箱（SANYO，日本）

3. 赤眼蜂的处理

挑取被赤眼蜂寄生的米蛾卵，置于指形玻璃管内，每管 1 粒卵，用棉花塞住管口。4 个温度处理，每个处理 3 次重复，每 15 管为 1 组。分别置于 22℃、25℃、28℃、31℃ 的人工气候箱（SANYO，日本）中恒温培养（25℃ 为对照组），设定湿度 RH 均为

75%，光周期 L：D＝16h：8h。

取上述 4 个温度处理下同期羽化的食胚赤眼蜂各 30 头，分别置于指形玻璃管内进行编号，每管 1 蜂，加入少量 25% 蜂蜜水（天然蜂蜜与无菌水按 1：3 的比例混合），并提供 200 粒左右新鲜米蛾卵的卵卡（由新鲜米蛾卵用天然桃胶均匀粘于滤纸上制成，在紫外灯下照射 10min 杀胚）供其产卵寄生 36h，后分别放在 4 个温度下培养，至卵粒变黑后，挑取单粒卵至新的指形玻璃管中，待出蜂后（F₀ 代）随机选取 30 头雌蜂，重复上述操作，连续处理 5 代，统计每代的寄生率（寄主米蛾卵变黑记为寄生）、羽化率和性比。

4. 试验方法

（1）基因组 DNA 的提取

CTAB 法提取赤眼蜂基因组 DNA（李正西和沈佐锐，2001；柳晓丽等，2011）：取上述不同处理温度培养下各代羽化 24h 后的雌蜂各 50 头，液氮速冻，分别置于含有 100μL 裂解液（2% CTAB；0.1mol/L Tris－HCl，pH 值 8.0；20mmol/L EDTA；1.42mol/L NaCl）的 1.5mL 离心管中，－20℃ 冷冻 10min，利用组织研磨器（Retsch，德国）进行匀浆；加入 2.5μL 蛋白酶 K（20mg/mL），65℃ 水浴 3h，每 20min 震荡摇匀一次；加入 100μL 氯仿：异戊醇（24：1），轻摇混匀，用微量高速冷冻离心机（HER-LME，德国）12 000r/min 离心 10min；取上清液（约 100μL），加入 2 倍体积无水乙醇，－20℃ 放置 3h，13 000r/min 离心 15min；弃上清液，超净工作台（BIO-RAD，美国）风干 5～10min，加入 30μL 1×TE 缓冲液溶解。用凝胶电泳仪（JUNYI，北京）和微量分光光度计（BioSpec-nano，日本）检测 DNA 质量，－20℃ 储存备用。

（2）靶基因片段克隆

采用外膜蛋白基因（Outer surface protein, wsp）、二磷酸果糖醛缩酶基因（Fructose－bisphosphate Aldolase, fbpA）和酰胺转移酶基因 [Glutamyl－tRNA（Gln）amidotransferase, subunit B, gatB] 基因片段的特异引物（Baldo et al., 2006）对上述食胚赤眼蜂样本进行 PCR 扩增（BIO-RAD，美国）。PCR 引物序列见表 4-43。

PCR 扩增体系为 25μL：10×buffer 2.5μL，2.5mmol/L dNTPs 1μL，10μmol/L 上下游引物各 1μL，2.0 U/L Quick Taq DNA HS DyeMix 0.5μL（TOYOBO），DNA 模板 1μL，用 18μL ddH₂O 补足至 25μL。

PCR 扩增条件：95℃ 预变性 3min，30 个循环（95℃ 变性 30s，52～53℃ 退火 30s，72℃ 延伸 1min），循环结束后 72℃ 延伸 10min。

用 1.2% 的琼脂糖凝胶进行电泳，回收、纯化目标片段，然后连接 T 载体（pGM-T Vector, TIANGEN），热击转化 DH5α 感受态，涂布于 X-Gal/ IPTG 的 LB 琼脂糖平板上（含 100μg/mL Carb.），37℃ 倒置培养 16h。每个处理筛选 3～5 个单菌落，经 PCR 验证后扩大培养，提取质粒（TIANprep Mini Plasmid Kit, TIANGEN），由北京三博远志基因技术有限公司进行双向测序。

（3）实时 PCR 定量分析

采用 SYBR Green 荧光染料法，利用 BIO-RAD CFX96™ 实时荧光定量 PCR 仪（BIO-RAD，美国）进行绝对定量（Absolute quantitative PCR，AQ-PCR）检测，通过

共生菌 *wsp*、*gatB* 与 *fbpA* 基因对不同处理食胚赤眼蜂体内 *Wolbachia* 进行定量分析。每代取样 3 次，每个样品检测 3 次，结果取 9 次的平均值，得到 *wsp*、*gatB* 与 *fbpA* 基因组 DNA 在不同温度和代数处理下的食胚赤眼蜂体内的绝对拷贝数。

将 *wsp*、*gatB* 与 *fbpA* 三者重组质粒用微量核酸测定仪（BioSpec-nano，日本）进行浓度和纯度测定，按李丽等（2011）方法计算质粒拷贝数，然后用 ddH$_2$O 进行 10 倍梯度稀释，用作 AQ-PCR 的标准品。选取 $1×10^3 \sim 1×10^{10}$ copies/μL 的 8 个浓度梯度作为模板，使用实时荧光定量 PCR 仪 CFX96（BIO-RAD，美国）进行 AQ-PCR 反应，每个模板重复 3 次，根据荧光值的变化规律，系统将自动生成相对应的标准曲线和溶解曲线。AQ-PCR 的引物序列见表 4-43。

表 4-43　PCR 及 AQ-PCR 检测引物序列

基因	引物序列（5′-3′）	最佳退火温度（℃）	目的片段大小（bp）
gatB	GAK TTA AAY CGY GCA GGB GTT TGG YAA YTC RGG YAA AGA TGA	52	445
fbpA	GCT GCT CCR CTT GGY WTG AT CCR CCA GAR AAA AYY ACT ATT C	52	503
wsp	GTC CAA TAR STG ATG ARG AAA C CYG CAC CAA YAG YRC TRT AAA	53	528

AQ-PCR 反应体系为 25μL：模板 1μL，AQ-PCR 上、下游引物（5μmol/L）各 0.5μL，2×SuperReal PreMix Plus（with SYBR Green I）（TIANGEN）12.5μL，ddH$_2$O 10.5μL 补足。

AQ-PCR 反应程序：95℃ 预变性 15min；95℃ 变性 10s，52℃/52℃/53℃ 退火 20s，72℃ 延伸 30s，经过 39 个循环，接下来生成溶解曲线，65℃ 5s，每 5s 升温 0.5℃，直至到达 95℃。反应完成后，得出每个拷贝数所对应的 Ct 值。

AQ-PCR 结果用 Bio-Rad CFX Manager 软件进行数据结果分析、标准曲线绘制和融解曲线分析。

5. 数据统计与序列分析

统计食胚赤眼蜂的寄生数、羽化数、雌蜂数、雄蜂数等参数。使用 Excel 2007 对数据进行整理，采用 SPSS 软件 22.0 进行单因素方差分析，Duncan 检验方法进行多重比较和差异显著性分析（$P<0.05$），表和图中的数据均为平均值。

将所测核酸序列提交 NCBI 进行 BLAST，并将测序结果转换成氨基酸多肽，用 Clustalx 1.83 分别对核苷酸序列以及相应氨基酸序列进行比对分析，并采用 MEGA 5 Maximum likelihood Tree 法将其与 *Wolbachia* 的 12 个亚群特征氨基酸序列（Zhou *et al.*，1998）进行比对，构建系统进化树，取 bootstrap>50%，其余参数默认。

（二）结果与分析

1. 不同温度下食胚赤眼蜂的生物学特性

经过不同温度连续 5 代观察统计食胚赤眼蜂的寄生、羽化情况，结果见表 4-44。

在不同温度下赤眼蜂的寄生和羽化情况存在一定差异，寄生数在31℃下最低，且子代每个世代在此温度下寄生数均最低。除22℃以外，随着温度的升高，每个子代食胚赤眼蜂的羽化率都明显降低；从第2代开始30℃下的子代的雄蜂率明显最多，子代从第3代开始在28℃和30℃下的雄蜂百分率都显著增多。到F_5代30℃下已经全部是雄蜂。

相同温度下，不同世代间食胚赤眼蜂的寄生羽化情况也有一定变化，22℃和25℃下的寄生率和羽化率，包括雄蜂率在不同世代间没有发生明显变化。28℃下培养食胚赤眼蜂各世代间的寄生数呈现逐渐下降趋势，羽化率变化不大，羽化雄蜂率随着世代的增加逐渐增多。在31℃恒温条件下，连续培养的食胚赤眼蜂的寄生数和羽化率较其他处理均显著降低，且随世代数的增加而大幅下降，各世代之间差异显著；F_2代即有雄蜂出现，后代雌性比例大幅降低，F_4代雌蜂率仅为17.57%，至F_5代已无雌性后代出现，由孤雌产雌生殖恢复成孤雌产雄生殖，各处理间差异显著（表4-44）。

从表4-45可知：食胚赤眼蜂单头雌蜂的寄生卵粒数、羽化率和雌雄性后代比例在不同温度处理下都存在显著差异，而在不同世代之间并未有显著差异，温度和世代对食胚赤眼蜂的生殖力和雌雄性后代比例存在显著的交互作用（表4-45）。

2. 温度对食胚赤眼蜂体内 Wolbachia 滴度的影响

（1）标准曲线和回归方程的建立

以已知浓度 DNA 为模板进行 PCR 扩增，以基因模板数的对数 log SQ（起始拷贝数的对数值，log starting quantity）为横坐标，Ct（到达阈值时，所经过的扩增循环次数，Cycle threshold）值为纵坐标建立坐标系，分别得到 wsp、gatB、fbpA 3个基因的标准曲线。线性回归方程分别是：$Y = -4.0861x + 46.606$、$Y = -4.0866x + 46.85$、$Y = -4.0718x + 46.705$，曲线的相关系数 R^2 分别为0.996、0.993、1，说明在质粒稀释浓度范围内具有良好的线性关系。曲线的扩增效率 E 分别为96.7%、98.3%、97.1%，显示所建立的标准曲线能够准确地反应目的产物的扩增。其中，溶解曲线均表现为单一的峰，表明引物具有很好的特异性，产物的 Tm 值均一（83.0~83.5℃），表明扩增效率一致。

（2）不同继代间食胚赤眼蜂体内 Wolbachia 滴度的变化

对恒温（22℃、25℃、28℃和31℃）培养的不同继代雌成虫样本体内的 wsp、gatB 与 fbpA 基因进行 AQ-PCR 扩增，得出每个样品 Ct 值，然后根据所对应基因的标准曲线转换成 log SQ。以继代培养数为 X 轴，以 log SQ 为 Y 轴建立坐标系，得到 Wolbachia 在不同继代间的定量动态变化趋势。

从图4-19可知，在22℃和25℃时，食胚赤眼蜂体内 wsp 基因的含量很稳定，随着代数的增加并没有明显的变化；而在28℃和31℃时，wsp 基因的含量随着代数的增加显著下降。28℃时，wsp 基因的表达量在 F_2 代开始有下降趋势，在 F_5 代开始有较明显的下降；31℃下在 F_2 代即呈显著下降，到 F_5 代已检测不到。

表 4-44　不同温度处理下食胚赤眼蜂的生物学特性

世代	寄生的卵数（粒）				羽化率（%）				雌蜂百分率（%）			
	22℃	25℃	28℃	31℃	22℃	25℃	28℃	31℃	22℃	25℃	28℃	31℃
F_1	89.40±0.83$^{b(a)}$	93.50±1.17$^{a(a)}$	90.80±0.77$^{a(a)}$	85.30±1.02$^{c(a)}$	85.69±0.68$^{c(a)}$	94.98±0.32$^{a(a)}$	92.06±1.70$^{b(a)}$	79.50±1.96$^{d(a)}$	0.00±0.00$^{a(a)}$	0.00±0.00$^{a(a)}$	0.00±0.00$^{a(d)}$	0.00±0.00$^{a(e)}$
F_2	86.50±1.02$^{b(a)}$	90.70±1.11$^{a(a)}$	88.50±1.08$^{ab(ab)}$	80.50±1.77$^{c(b)}$	85.07±0.62$^{c(a)}$	95.05±0.55$^{a(a)}$	90.66±0.65$^{b(a)}$	74.27±1.47$^{d(b)}$	0.00±0.00$^{b(a)}$	0.00±0.00$^{b(a)}$	0.00±0.00$^{b(d)}$	17.56±1.09$^{a(d)}$
F_3	87.10±1.20$^{a(a)}$	89.80±1.34$^{a(a)}$	87.30±0.82$^{a(b)}$	75.40±1.84$^{b(b)}$	85.05±0.62$^{c(a)}$	94.76±0.44$^{a(a)}$	90.61±0.50$^{b(a)}$	67.62±1.12$^{d(c)}$	0.00±0.00$^{c(a)}$	0.00±0.00$^{c(a)}$	8.35±0.43$^{b(c)}$	46.31±0.66$^{a(c)}$
F_4	87.00±0.84$^{a(a)}$	89.70±1.37$^{a(a)}$	87.10±0.91$^{a(b)}$	51.60±1.51$^{b(d)}$	85.61±0.62$^{c(a)}$	95.07±0.47$^{a(a)}$	90.25±0.87$^{b(b)}$	38.46±1.16$^{d(d)}$	0.00±0.00$^{c(a)}$	0.00±0.00$^{c(a)}$	16.37±0.88$^{b(b)}$	82.11±1.21$^{a(b)}$
F_5	87.20±1.46$^{ab(a)}$	90.40±1.12$^{a(a)}$	85.60±1.12$^{b(b)}$	17.40±0.76$^{c(e)}$	86.00±0.56$^{c(a)}$	94.12±0.89$^{a(a)}$	90.64±0.49$^{b(a)}$	13.03±0.90$^{d(e)}$	0.00±0.00$^{c(a)}$	0.00±0.00$^{c(a)}$	36.88±0.66$^{b(a)}$	100.00±0.00$^{a(a)}$

注：表中数据为平均值±标准误，数据后括号外相同字母表示同一世代不同温度在 0.05 水平上差异的显著性（DMRT 法）括号内不同字母表示同一温度下不同世代间在 0.05 水平上差异的显著性（下表同）

表4-45　食胚赤眼蜂的寄生数、羽化率及后代性别的两因素方差分析

变异来源	df	寄生数（粒）		羽化率（%）		雄蜂（%）	
		F	P	F	P	F	P
温度	3	4.836	0.02	8.535	0.003	6.740	0.006
世代	4	1.287	0.329	1.036	0.428	2.000	0.159
温度×世代	12	130.712	0	327.617	0	1 759.504	0

以上每个样本均分别进行 3 次生物学重复，3 次技术重复。在各个样本中，*wsp*、*gatB* 与 *fbpA* 3 个基因的含量相差无几，且具有相同的变化趋势，并无显著差异。表明该实验重复性较好，其结果的可信度很高。由此可知，在 22℃ 和 25℃ 时，食胚赤眼蜂体内 *Wolbachia* 的滴度较稳定，在 28℃ 和 31℃ 时，随着培养继代数的增加，食胚赤眼蜂体内 *Wolbachia* 的滴度呈下降趋势，且随着培养温度的升高以及培养时间的延长，其下降的趋势越显著。

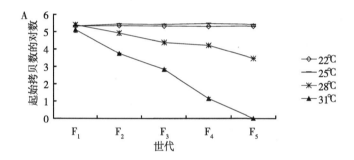

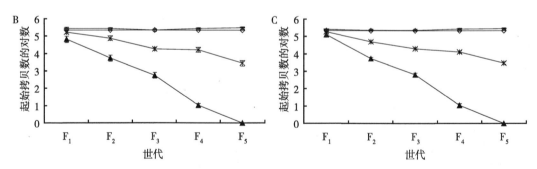

图4-19　不同温度下 *Wolbachia* 在食胚赤眼蜂不同继代间基于 AQ-PCR 的基因含量动态变化

A. *wsp*，B. *gatB*；C. *fbpA*

（3）食胚赤眼蜂体内 *Wolbachia* 滴度与温度的相关性

以各处理样本体内 *wsp* 基因的起始拷贝数的对数 log SQ 为横坐标，以各代雄蜂百分率为纵坐标建立坐标系，获得两者之间的量化关系（表4-46）：随着温度的升高，宿主雄蜂百分率与宿主体内 *Wolbachia* 滴度呈正相关，且随着处理代数的增加，其相关性越大。

表4-46　*Wolbachia* 滴度与雄蜂百分率及温度的相关性

世代	*Wolbachia* 滴度				雄蜂率（%）				r^2	R^2
	22℃	25℃	28℃	31℃	22℃	25℃	28℃	31℃		
F_1	$5.335\pm0.009^{a(a)}$	$5.397\pm0.472^{a(a)}$	$5.306\pm0.938^{a(a)}$	$5.015\pm0.176^{b(a)}$	$0.00\pm0.00^{a(a)}$	$0.00\pm0.00^{a(a)}$	$0.00\pm0.00^{a(d)}$	$0.00\pm0.00^{a(e)}$	—	$R_1{}^2=0.638\ 6$
F_2	$5.344\pm0.013^{a(a)}$	$5.414\pm0.045^{a(a)}$	$4.833\pm0.116^{b(b)}$	$3.738\pm0.017^{c(b)}$	$0.00\pm0.00^{b(a)}$	$0.00\pm0.00^{b(d)}$	$0.00\pm0.00^{b(d)}$	$17.56\pm1.09^{a(d)}$	$r_2{}^2=0.888\ 1$	$R_2{}^2=0.810\ 7$
F_3	$5.341\pm0.006^{a(a)}$	$5.375\pm0.041^{a(a)}$	$4.319\pm0.068^{b(c)}$	$2.788\pm0.045^{c(c)}$	$0.00\pm0.00^{c(a)}$	$0.00\pm0.00^{c(a)}$	$8.35\pm0.43^{b(c)}$	$46.31\pm0.66^{a(c)}$	$r_3{}^2=0.945\ 2$	$R_3{}^2=0.857\ 5$
F_4	$5.328\pm0.007^{b(a)}$	$5.448\pm0.030^{a(a)}$	$4.182\pm0.066^{c(c)}$	$1.068\pm0.070^{d(d)}$	$0.00\pm0.00^{c(a)}$	$0.00\pm0.00^{c(a)}$	$16.37\pm0.88^{b(b)}$	$82.11\pm1.21^{a(b)}$	$r_4{}^2=0.993\ 2$	$R_4{}^2=0.944\ 0$
F_5	$5.337\pm0.010^{b(a)}$	$5.451\pm0.027^{a(a)}$	$3.458\pm0.018^{c(d)}$	$0.000\pm0.000^{d(e)}$	$0.00\pm0.00^{c(a)}$	$0.00\pm0.00^{c(a)}$	$36.88\pm0.66^{b(a)}$	$100.00\pm0.00^{a(a)}$	$r_5{}^2=0.999\ 5$	$R_5{}^2=0.976\ 5$

注：r^2 表示赤眼蜂雄蜂百分率与其体内 *Wolbachia* 滴度的相关性；R^2 表示赤眼蜂体内 *Wolbachia* 滴度与温度的相关性

以培养温度为横坐标，以各代雄蜂样本体内 *wsp* 基因的起始拷贝数的对数 log SQ 为纵坐标建立坐标系，进行 *Wolbachia* 滴度与温度间的连续相关分析。由表 4-46 可知，在温度不低于 25℃时，宿主体内的 *Wolbachia* 滴度与温度呈负相关，并且，随着处理代数的增加，温度越高，其相关线性关系越好。

3. 温度对 *Wolbachia wsp* 基因序列的影响

（1）*Wsp* 基因共生菌分类地位分析

25℃与 28℃连续培养 5 代，每代测 *wsp* 基因序列 4 条。经 NCBI 比对，各代所测序列完全一致，故每个处理每代均选取一条代表序列进行后续分析。与 GenBank 中序列 AM999887.1 完全匹配，均属于 *Wolbachia* B 群，*wPip* 亚群。将两温度继代培养 5 代的食胚赤眼蜂 *wsp* 基因翻译成氨基酸序列分别与 *Wolbachia* 已知的 12 个亚群代表菌株氨基酸序列一起构建系统发育树发现，在 28℃时，尽管生殖方式发生了变化，但食胚赤眼蜂体内 *Wolbachia* 仍属于 B 群，*wPip* 亚群（图 4-20）。

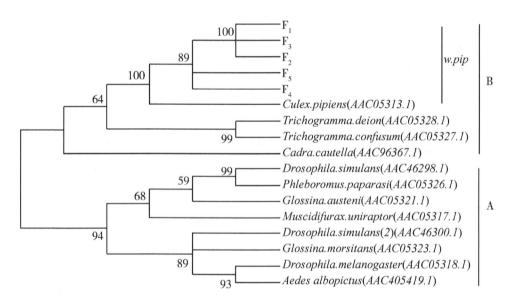

图 4-20 基于 *wsp* 氨基酸序列的食胚赤眼蜂体内共生菌 *Wolbachia* 的系统发育树

（F₁~F₅为 28℃下连续培养 5 代的食胚赤眼蜂）

（2）*Wsp* 基因编码蛋白变异分析

28℃下测序获得 *wsp* 基因 528bp，核酸比对结果显示，$F_1 \sim F_3$ 代只有一个碱基位点改变，但并未影响其对氨基酸的翻译（图 4-21 和 4-22）。与前 3 代相比，F_4 代有 4 个碱基位点发生了变化，F_5 代则有 2 个碱基位点发生了变化（图 4-21），导致了 2 个氨基酸残基的变化（图 4-22）。

wsp 氨基酸序列联配结果表明，在 28℃处理下的食胚赤眼蜂，其 $F_1 \sim F_5$ 代体内 *wPip* 亚群的 *wsp* 基因各有 176 氨基酸残基。$F_1 \sim F_3$ 代氨基酸残基比对结果完全一致。F_4 代与 F_5 代各有 2 个氨基酸残基发生了突变。所有序列并未有氨基酸残基的缺失或插入（图 4-22）。各测序样本均分别进行 3 次生物学重复，3 次技术重复。选取序列比对一致

序列。

```
F4    AAAGGAACCGAAGTTCATGATCCTTTAAAAGCATCTTTTATGGCTGGTGGTGCTGCATTT
F5    AAAGGAACCGAAGTTCATGATCCTTTAAAAGCATCTTTTATGGCTGGTGGTGCTGCATTT
F1    AAAGGAACCGAAGTTCATGATCCTTTAAAAGCATCTTTTATGGCTGGTGGTGCTGCATTT
F3    AAAGGAACCGAAGTTCATGATCCATTAAAAGCATCTTTTATGGCTGGTGGTGCTGCATTT
F2    AAAGGAACCGAAGTTCATGATCCATTAAAAGCATCTTTTATGGCTGGTGGTGCTGCATTT
      *********************** ************************************

F4    GGTTATAAAATGGACGATATCAGGGTTGATGTTGAGGGACCTTACTCACAACTAAACAAA
F5    GGTTATAAAATGGACGATATCAGGGTTGATGTTGAGGGACTTTACTCACAACTAAACAAA
F1    GGTTATAAAATGGACGATATCAGGGTTGATGTTGAGGGACCTTACTCACAACTAAACAAA
F3    GGTTATAAAATGGACGATATCAGGGTTGATGTTGAGGGACCTTACTCACAACTAAACAAA
F2    GGTTATAAAATGGACGATATCAGGGTTGATGTTGAGGGACCTTACTCACAACTAAACAAA
      **************************************** *******************

F4    AAAGAAGCAGTATCAGCTACTAAAGAGATCAATGTCCATTACAGCGCT
F5    AAAGAAGCAGTATCAGCTACTAAAGAGATCAATGTCCATTACAGTGTG
F1    AAAGAAGCAGTATCAGCTACTAAAGAGATCAATGTCCTTTACAGTGTG
F3    AAAGAAGCAGTATCAGCTACTAAAGAGATCAATGTCCTTTACAGTGTG
F2    AAAGAAGCAGTATCAGCTACTAAAGAGATCAATGTCCTTTACAGTGTG
      ************************************* ****** *
```

图 4-21 继代培养食胚赤眼蜂体内 *Wolbachia* 的 *wsp* 核酸序列比对

另外，25℃与 28℃下继代培养 5 代共获得 *gatB* 基因序列 40 条，经测序基因长度 445bp。两温度下 $F_1 \sim F_5$代核酸序列比对结果完全一致，并没有核酸的突变、缺失或插入发生。

```
F1    MQYNGEVLPFKTRIDGIEYKKGTEVHDPLKASFMAGGAAFGYKMDDIRVDVEGPYSQLNK
F3    MQYNGEVLPFKTRIDGIEYKKGTEVHDPLKASFMAGGAAFGYKMDDIRVDVEGPYSQLNK
F2    MQYNGEVLPFKTRIDGIEYKKGTEVHDPLKASFMAGGAAFGYKMDDIRVDVEGPYSQLNK
F5    MQYNGEVLPFKTRIDGIEYKKGTEVHDPLKASFMAGGAAFGYKMDDIRVDVEGLYSQLNK
F4    MQYNGEVLPFKTRIDGIEYKKGTEVHDPLKASFMAGGAAFGYKMDDIRVDVEGPYSQLNK
      ***************************************************** ******

F1    NDVSGATFTPTTVANSVAAFSGLVNVYYDIAIEDMPITPYVGVGAAYISNPSEASAVK
F3    NDVSGATFTPTTVANSVAAFSGLVNVYYDIAIEDMPITPYVGVGAAYISNPSEASAVK
F2    NDVSGATFTPTTVANSVAAFSGLVNVYYDIAIEDMPITPYVGVGAAYISNPSEASAVK
F5    NDVSGATFTPTTVANSVAAFSGLVNVYYDIAIEDMPITPYVGVGAAYISNPSEASAVK
F4    NDVSGATFTPTTVANSVAAFSGLVNVYYDIAIEDMPITPYVGVGAAYISNPSEASAVK
      **********************************************************

F1    DQKGFGFAYQAKAGVSYDVTPEIKLFAGARYFGSYGASFNKEAVSATKEINVLYSV
F3    DQKGFGFAYQAKAGVSYDVTPEIKLFAGARYFGSYGASFNKEAVSATKEINVLYSV
F2    DQKGFGFAYQAKAGVSYDVTPEIKLFAGARYFGSYGASFNKEAVSATKEINVLYSV
F5    DQKGFGFAYQAKAGVSYDVTPEIKLFAGARYFGSYGASFNKEAVSATKEINVHYSV
F4    DQKGFGFAYQAKAGVSYDVTPEIKLFAGARYFGSYGASFNKEAVSATKEINVHYSA
      **************************************************** **.
```

图 4-22 继代培养食胚赤眼蜂体内 *Wolbachia* 的 *wsp* 氨基酸序列比对

（三）小　结

本研究结果表明，在温度高于 25℃恒温培养时，随着饲养代数的增加，子代逐渐有雄蜂出现（恢复产两性生殖），而且温度越高，出现雄蜂的代数越早；在温度不高于25℃时，随着代数的增加，食胚赤眼蜂呈孤雌生殖的生殖方式并未发生改变，也未发现雄蜂。这一结果与张海燕等（2009）在温度对感染 Wolbachia 的松毛虫赤眼蜂生殖稳定性中的研究类似。

通过绝对定量方法对不同温度和继代处理下，食胚赤眼蜂体内内共生菌 Wolbachia 的滴度绝对拷贝数进行测定，发现在高于 25℃ 时，随着继代培养数的增加，食胚赤眼蜂体内 Wolbachia 的滴度呈下降趋势，温度越高，下降趋势明显加快；在温度不高于25℃时，内共生菌 Wolbachia 的滴度在食胚赤眼蜂体内较稳定，未有明显的变化。这与食胚赤眼蜂生物学特性的研究结果是一致的。因此我们认为，高温可改变营孤雌生殖赤眼蜂的生殖方式及其体内 Wolbachia 含量，且随着温度的升高以及处理时间的延长作用显著。即高温对营孤雌生殖赤眼蜂生殖方式改变程度与其体内 Wolbachia 含量负相关，而 Wolbachia 含量与宿主生殖方式和强度正相关。另外，在 28℃ 时，食胚赤眼蜂雌蜂率在 F_2 代略有下降，但在 F_3 代才开始有雄蜂出现，而其体内 Wolbachia 含量也是在 F_2 代即有所下降。这种现象也曾在 Bordenstein（2011）文中出现：只有 Wolbachia 滴度达到一定阈值，温度才能调控寄生蜂 CI 生殖方式。可见温度对 PI 食胚赤眼蜂的影响与其对 CI 寄生蜂的影响类似。

另外，Bordenstein 等（2006）在研究中发现 CI 强度与 Wolbachia 滴度正相关，与噬菌体滴度负相关，Wolbachia 滴度与噬菌体滴度负相关。Bordenstein（2011）在温度对模式寄生蜂 Nasonia vitripennis 影响的研究指出低温（18℃）和高温（30℃）显著影响 Wolbachia 和噬菌体 WO 的滴度，都导致了 Wolbachia 滴度的降低，即温度同时影响噬菌体 WO 滴度，共生菌滴度和 CI 外显性。因此噬菌体 WO 亦可能是导致 Wolbachia 滴度变化和 PI 赤眼蜂生殖方式改变的原因，但是其具体相关性及调控机制还有待进一步研究验证。

在 25℃ 时，各代所测 wsp 基因序列经比对完全一致，没有发生改变；在 28℃ 处理下，F_1~F_5 代食胚赤眼蜂体内 Wolbachia wsp 氨基酸序列的比对结果显示，wsp 基因的变化主要在于氨基酸残基的突变，且随着处理世代的增加，发生改变的残基变多。在另外的实验中，我们分析了抗生素处理下 Wolbachia wsp 氨基酸序列，并未发现 wsp 基因的变异。因此不排除高温导致核酸位点发生变化，从而导致氨基酸残基发生突变，引起 Wolbachia 功能发生改变的可能。是因为这种缺失导致 Wolbachia 含量的降低，而后改变了食胚赤眼蜂的生殖方式，还是由于 Wolbachia 相关基因氨基酸残基的突变导致基因功能丧失引起 wolbachia 与宿主互做发生变化，导致食胚赤眼蜂生殖方式的改变，其具体原因还有待进一步试验证明。

长期以来，温度对 Wolbachia 影响的研究主要集中在 PI 的生物学特性和 CI 上。其导致 Wolbachia 的去除和 PI 赤眼蜂生殖方式改变现象的具体原因仍不清楚。该研究通过绝对定量方法定量分析感染态食胚赤眼蜂生物学特性与其体内 Wolbachia 滴度的相关性，明确了温度对宿主昆虫体 Wolbachia 滴度的影响，阐述了温度介导的 Wolbachia 调控 PI 赤眼蜂生殖的现象，丰富了共生菌 Wolbachia 对宿主生殖调控的理论，为进一步分析 Wolbachia 调控宿主 PI 生殖的分子机制奠定了基础。

二、四环素通过影响 *Wolbachia* 滴度调控赤眼蜂的生殖方式

(一) 材料与方法

1. 试验材料

食胚赤眼蜂 [*Trichogramma em bryophagum* (Hartig)] 由广东省农业科学院植物保护研究所李敦松研究员惠赠。在黑龙江八一农垦大学农学院养虫室用米蛾 [*Corcyra cephalonica* (Stainton)] 卵保种繁殖 30 代以上,培养条件为 (25±1)℃ (RH 为 65%±5%,光周期 L:D=16h:8h)。

2. 主要试剂和仪器

(1) 试剂

DNA 快速纯化试剂盒 (TaKaRa)、Quick Taq HS DyeMix (TOYOBO);质粒小提试剂盒 TIANprep Mini Plasmid Kit、荧光实时定量 PCR 试剂 SuperReal PreMix Plus (SYBR Green)、T 载体试剂盒 pGM-T Vector、亚克隆受体 DH5α (*Escherichia coli*)、蛋白酶 K 和 dNTP 混合液等药品均购自北京天根生化科技有限公司;蜂蜜水 (天然蜂蜜与无菌水按 1:3 的比例混合而制)。

(2) 仪器

组织研磨器 (Retsch,德国)、双模块梯度 PCR 仪 (BIO-RAD,美国)、电泳仪 (JUNYI,北京)、微量高速冷冻离心机 (HERLME,德国)、凝胶成像系统 (BIO-RAD,美国)、实时荧光定量 PCR 仪 CFX96 (BIO-RAD,美国)、实验超纯水器 (MILLIPORE,美国)、微量分光光度计 (BioSpec-nano,日本)、恒温培养振荡器 (ZhiCheng,上海)、三孔电热恒温水槽 (YIHENG,上海)、培养箱 (SANYO,日本)。

3. 赤眼蜂的处理

挑取被赤眼蜂寄生的米蛾卵,置于指形玻璃管内,每管一粒卵,用棉花塞住管口。5 个四环素浓度处理,每个处理 3 个重复,每 15 管为一组。置于 25℃ 的人工气候箱 (SANYO,日本) 中恒温培养,设定湿度 RH 均为 75%,光周期 L:D=16h:8h。

取上述试验条件下同期羽化的食胚赤眼蜂各 30 头,分别置于指形玻璃管内进行编号,每管 1 蜂,以混入不同浓度抗生素 (15mg/mL、25mg/mL、35mg/mL 和 50mg/mL,0 为对照组) 的 25% 蜂蜜水 (天然蜂蜜与无菌水按 1:3 的比例混合) 饲喂 24h 后,提供 200 粒左右新鲜米蛾卵的卵卡 (由新鲜米蛾卵用天然桃胶均匀粘于滤纸上制成,在紫外灯下照射 10min 杀胚) 供其产卵寄生 36h,至卵粒变黑后,挑取单粒卵至新的指形玻璃管中,待出蜂后 (F₀代) 随机选取 30 头雌蜂,重复上述操作,连续处理 5 代,统计每代的寄生率 (寄主米蛾卵变黑记为寄生)、羽化率和性比。

4. 试验方法

(1) 基因组 DNA 的提取

CTAB 法提取赤眼蜂基因组 DNA (李正西和沈佐锐,2001;柳晓丽等,2011):取上述不同处理温度培养下各代羽化 24h 后的雌蜂各 50 头,液氮速冻,分别置于含有 100μL 裂解液 [(2% CTAB,0.1mol/L Tris-HCl (pH 值 8.0),20mmol/L EDTA,1.42mol/L NaCl)] 的 1.5mL 离心管中,-20℃ 冷冻 10min,利用组织研磨器 (Retsch,

德国）进行匀浆；加入 2.5μL 蛋白酶 K（20mg/mL），65℃水浴 3h，每 20min 震荡摇匀一次；加入 100μL 氯仿：异戊醇（24∶1），轻摇混匀，用微量高速冷冻离心机（HER-LME，德国）12 000r/min 离心 10min；取上清液（约 100μL），加入 2 倍体积无水乙醇，-20℃放置 3h，13 000r/min 离心 15min；弃上清液，超净工作台（BIO-RAD，美国）风干 5~10min，加入 30μL 1×TE 缓冲液溶解。用凝胶电泳仪（JUNYI，北京）和微量分光光度计（BioSpec-nano，日本）检测 DNA 质量，-20℃储存备用。

（2）靶基因片段克隆

采用外膜蛋白基因（Outer surface protein，*wsp*）、二磷酸果糖醛缩酶基因（Fructose-bisphosphate Aldolase，*fbpA*）和酰胺转移酶基因［Glutamyl-tRNA（Gln）amidotransferase，subunit B，*gatB*］基因片段的特异引物（Baldo *et al.*，2006）对上述食胚赤眼蜂样本进行 PCR 扩增（BIO-RAD，美国）。PCR 引物序列为 *wsp* 基因序列。

PCR 扩增体系为 25μL：10×buffer 2.5μL，2.5mmol/L dNTPs 1μL，10μmol/L 上下游引物各 1μL，2.0 U/L Quick Taq DNA HS DyeMix 0.5μL（TOYOBO），DNA 模板 1μL，用 18μL ddH$_2$O 补足至 25μL。

PCR 扩增条件：95℃预变性 3min，30 个循环（95℃变性 30s，52~53℃退火 30s，72℃延伸 1min），循环结束后 72℃延伸 10min。

用 1.2% 的琼脂糖凝胶进行电泳，回收、纯化目标片段，然后连接 T 载体（pGM-T Vector，TIANGEN），热击转化 DH5α 感受态，涂布于 X-Gal/ IPTG 的 LB 琼脂糖平板上（含 100μg/mL Carb.），37℃倒置培养 16h。每个处理筛选 3~5 个单菌落，经 PCR 验证后扩大培养，提取质粒（TIANprep Mini Plasmid Kit，TIANGEN），由北京三博远志基因技术有限公司进行双向测序。

5. 数据统计与序列分析

统计食胚赤眼蜂的寄生数、羽化数、雌蜂数、雄蜂数等参数。使用 Excel 2007 对数据进行整理，采用 SPSS 22.0 软件进行单因素方差分析，Duncan 检验方法进行多重比较和差异显著性分析（$P<0.05$），表和图中的数据均为平均值。

将所测核酸序列提交 NCBI 进行 BLAST，并将测序结果转换成氨基酸多肽，用 Clustalx 1.83 分别对核苷酸序列以及相应氨基酸序列进行比对分析，并采用 MEGA 5 Maximum likelihood Tree 法将其与 *Wolbachia* 的 12 个亚群特征氨基酸序列（Zhou *et al.*，1998）进行比对，构建系统进化树，取 bootstrap>50%，其余参数默认。

（二）结果与分析

1. 不同浓度四环素处理下食胚赤眼蜂的生物学特性

不同浓度四环素喂食食胚赤眼蜂后统计寄生、羽化情况，结果见表 4-47，由表可知，0mg/mL、15mg/mL、25mg/mL、35mg/mL 和 50mg/mL 四个质量浓度的四环素饲喂的食胚赤眼蜂连续处理 5 代，各代寄生数和羽化数明显低于对照组（0），且各浓度间随着浓度的升高，寄生数和羽化率逐渐降低。羽化雄蜂率取食不同浓度的四环素均出现雄蜂，但出雄蜂的概率没有呈现与浓度梯度相关的变化。

表4-47　不同浓度四环素处理下食胚赤眼蜂的生物学特性

世代	寄生数（粒）					羽化率（%）					雌蜂率（%）				
	0	15mg/mL	25mg/mL	35mg/mL	50mg/mL	0	15mg/mL	25mg/mL	35mg/mL	50mg/mL	0	15mg/mL	25mg/mL	35mg/mL	50mg/mL
F_1	93.20±1.02[a(a)]	89.90±1.46[ab(a)]	86.60±1.01[b(a)]	85.10±1.05[cd(a)]	82.60±1.23[d(a)]	95.27±0.24[a(a)]	89.14±0.72[b(a)]	86.17±1.11[c(a)]	85.04±0.72[c(a)]	83.94±1.41[c(a)]	0.00±0.00[e(a)]	0.00±0.00[e(a)]	4.85±0.51[b(a)]	7.04±0.67[a(e)]	6.90±0.69[a(e)]
F_2	90.70±1.11[a(a)]	74.40±1.54[b(c)]	72.10±1.55[bc(c)]	71.30±1.16[bc(d)]	69.30±0.94[c(c)]	95.06±0.55[a(a)]	87.35±0.48[b(b)]	85.88±0.85[bc(b)]	85.12±0.88[bcd(b)]	83.55±0.74[d(c)]	0.00±0.00[d(a)]	6.58±0.66[c(a)]	9.33±0.58[b(d)]	10.23±0.71[ab(d)]	11.44±0.74[a(d)]
F_3	89.80±1.34[a(a)]	78.70±1.27[bc(c)]	81.60±1.08[b(b)]	80.70±1.11[b(b)]	76.90±1.35[c(b)]	94.76±0.44[a(a)]	86.68±0.78[b(b)]	86.41±1.03[b(a)]	85.93±0.91[b(ab)]	82.99±0.92[b(ab)]	0.00±0.00[e(a)]	10.59±0.52[d(c)]	12.90±0.43[c(c)]	19.50±0.59[a(c)]	17.11±1.44[b(c)]
F_4	89.70±1.37[a(a)]	83.50±1.28[b(b)]	85.60±1.40[b(b)]	83.00±1.48[b(ab)]	82.30±1.25[b(a)]	95.07±0.47[a(a)]	87.72±0.72[b(a)]	85.32±0.81[c(a)]	82.28±0.69[d(b)]	78.88±0.54[e(b)]	0.00±0.00[d(a)]	16.38±0.98[c(b)]	17.87±1.01[c(b)]	26.16±0.53[a(b)]	23.15±0.76[b(b)]
F_5	90.40±1.12[a(a)]	87.60±1.78[a(ab)]	87.30±1.63[a(ab)]	82.50±1.19[b(ab)]	80.00±1.48[b(ab)]	94.12±0.89[a(a)]	86.21±1.15[b(b)]	84.27±1.01[b(b)]	84.00±0.69[b(b)]	79.86±0.61[b(b)]	0.00±0.00[e(a)]	18.68±0.42[d(a)]	24.33±0.49[c(a)]	34.61±0.77[a(a)]	32.13±1.09[b(a)]

注：表中数据为平均值±标准误，数据后括号外相同字母表示同一世代不同浓度四环素在0.05水平上差异的显著性（DMRT法）括号内不同字母表示同一浓度四环素下不同世代间在0.05水平上差异的显著性（下表同）

表 4-47 结果表明，取食不同浓度四环素以后，相同浓度下各个子代的赤眼蜂寄生数和羽化率均有不同程度的降低和增加情况，但没有一定的趋势可循，除 15mg/mL 浓度外食胚赤眼蜂在其他浓度下 F_1 代就有雄蜂出现，到 F_2 代每＝个浓度下都有雄蜂出现，且随着处理世代的增加，雄蜂出现的概率在逐渐地增多。培养至 F_5 代时，四环素在 35mg/mL 和 50mg/mL 两浓度下的雄蜂率均达到了 34.16% 和 32.13%。且由结果还可知并不是浓度越高（50mg/mL）赤眼蜂的雄蜂率越大。各浓度间每个世代以 35mg/mL 浓度下的雄蜂率最大。

从表 4-48 可知：食胚赤眼蜂单头雌蜂的寄生卵粒数、羽化率和雌雄性后代比例在不同浓度抗生素处理下和不同世代之间都存在显著差异，抗生素浓度和世代对食胚赤眼蜂的生殖力和雌雄性后代比例存在显著的交互作用。

表 4-48　食胚赤眼蜂的寄生数、羽化率及后代性别的两因素方差分析

变异来源	df	寄生数（粒）		羽化率（%）		雄蜂（%）	
		F	P	F	P	F	P
四环素	4	14.068	0	107.701	0.000	15.204	0
世代	4	13.760	0	4.461	0.013	13.030	0
抗生素×世代	16	4.668	0	1.686	0.050	45.824	0

2. 四环素浓度对食胚赤眼蜂体内 Wolbachia 滴度的影响

（1）标准曲线的建立和回归方程的设定

以已知浓度 DNA 为模板进行 PCR 扩增，以基因模板数的对数 log SQ（起始拷贝数的对数值，log starting quantity）为横坐标，Ct（到达阈值时，所经过的扩增循环次数，Cycle threshold）值为纵坐标建立坐标系，分别得到 wsp、gatB、fbpA 3 个基因的标准曲线。线性回归方程分别是：$Y = -4.0861x + 46.606$、$Y = -4.0866x + 46.85$、$Y = -4.0718x + 46.705$，曲线的相关系数 R_2 分别为 0.996、0.993、1，说明在质粒稀释浓度范围内具有良好的线性关系。曲线的扩增效率 E 分别为 96.7%、98.3%、97.1%，显示所建立的标准曲线能够准确地反应目的产物的扩增。其中，溶解曲线均表现为单一的峰，表明引物具有很好的特异性，产物的 Tm 值均一（83.0～83.5℃），表明扩增效率一致。

（2）不同继代间食胚赤眼蜂体内 Wolbachia 滴度的变化

对不同浓度四环素（0、15mg/mL、25mg/mL、35mg/mL 和 50mg/mL）处理下的不同继代雌成虫样本体内的 wsp、gatB 与 fbpA 基因进行 AQ-PCR 扩增，得出每个样品 Ct 值，然后根据所对应基因的标准曲线转换成 log SQ。以继代培养数为 X 轴，以 log SQ 为 Y 轴建立坐标系，得到 Wolbachia 在不同继代间的定量动态变化趋势。

从图 4-23 可知，与对照（0mg/mL）相比，食胚赤眼蜂体内 wsp 基因的含量随着代数的增加显著下降。在四环素浓度为 15mg/mL 时，wsp 基因的表达量在 F_2 代有较明显的下降，随后下降趋势较平稳；在 25mg/mL、35mg/mL 和 50mg/mL 3 个浓度处理下，

wsp 基因的表达量随代数的增加稳定下降。在 F_5 代时，基本趋于一致。

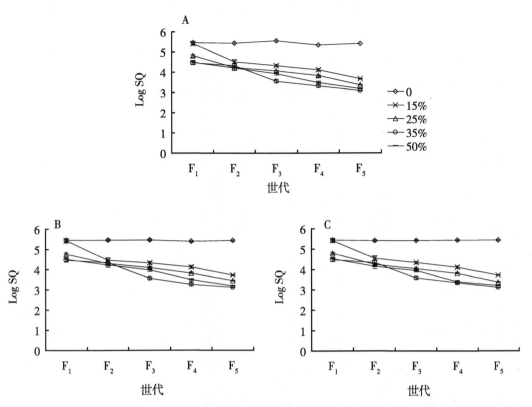

图 4-23 *Wolbachia* 在食胚赤眼蜂不同继代间基于 AQ-PCR 的定量动态变化

A-C：4 个温度下随着培养继代数的增加 *wsp*（A）、*gatB*（B）、*fbpA*（C）基因含量的动态变化

由此可知，在四环素处理下，食胚赤眼蜂体内 *Wolbachia* 的滴度随着培养继代数的增加，呈下降趋势，这种变化趋势受抗生素浓度升高的影响变化不大。

以上每个样本均分别进行 3 次生物学重复，3 次技术重复。在各个样本中，*wsp*、*gatB* 与 *fbpA* 3 个基因的含量相差无几，且具有相同的变化趋势，并无显著差异。表明该实验重复性较好，其结果的可信度很高。

（3）食胚赤眼蜂体内 *Wolbachia* 滴度与抗生素浓度的相关性

以各处理样本体内 *wsp* 基因的起始拷贝数的对数 log SQ 为横坐标，以各代雄蜂百分率为纵坐标建立坐标系，获得两者之间的量化关系（表 4-49）：随着四环素浓度的升高，宿主雄蜂百分率与宿主体内 *Wolbachia* 滴度呈正相关，随着处理代数的增加，其相关性波动不大。

以四环素浓度为横坐标，以各代雄蜂样本体内 *wsp* 基因的起始拷贝数的对数 log SQ 为纵坐标建立坐标系，进行 *Wolbachia* 滴度与四环素浓度间的连续相关分析。由表 4-49 可知，宿主体内的 *Wolbachia* 滴度与四环素浓度呈正相关，其相关线性关系与继代培养数关系不大。

表4-49 *Wolbachia* 滴度与雄蜂百分率及温度的相关性

世代	*Wolbachia* 滴度					雄蜂率（%）					r^2	R^2
	0	15mg/mL	25mg/mL	35mg/mL	50mg/mL	0	15mg/mL	25mg/mL	35mg/mL	50mg/mL		
F_1	5.459±0.019$^{a(ab)}$	5.423±0.008$^{b(a)}$	4.798±0.022$^{c(a)}$	4.470±0.003$^{e(a)}$	4.508±0.017$^{d(a)}$	0.00±0.00$^{e(e)}$	0.00±0.00$^{e(e)}$	4.85±0.51$^{b(e)}$	7.04±0.67$^{a(e)}$	6.90±0.69$^{a(e)}$	$r_1^2=0.9988$	$R_1^2=0.8226$
F_2	5.451±0.018$^{a(ab)}$	4.506±0.046$^{b(b)}$	4.258±0.038$^{d(b)}$	4.338±0.008$^{c(b)}$	4.198±0.032$^{e(b)}$	0.00±0.00$^{d(e)}$	6.58±0.66$^{c(d)}$	9.33±0.58$^{b(d)}$	10.23±0.71$^{ab(d)}$	11.44±0.74$^{a(d)}$	$r_2^2=0.9537$	$R_2^2=0.7035$
F_3	5.485±0.064$^{a(a)}$	4.332±0.005$^{b(c)}$	4.067±0.032$^{c(c)}$	3.561±0.009$^{e(c)}$	3.942±0.026$^{d(c)}$	0.00±0.00$^{e(e)}$	10.59±0.52$^{d(c)}$	12.90±0.43$^{c(c)}$	19.50±0.59$^{a(c)}$	17.11±1.44$^{b(c)}$	$r_3^2=0.9770$	$R_3^2=0.6932$
F_4	5.390±0.046$^{a(b)}$	4.116±0.006$^{b(d)}$	3.823±0.009$^{c(d)}$	3.316±0.047$^{e(d)}$	3.450±0.055$^{d(d)}$	0.00±0.00$^{d(d)}$	16.38±0.98$^{c(b)}$	17.87±1.01$^{c(b)}$	26.16±0.53$^{a(b)}$	23.15±0.76$^{b(b)}$	$r_4^2=0.9921$	$R_4^2=0.8019$
F_5	5.430±0.006$^{a(ab)}$	3.701±0.032$^{b(e)}$	3.393±0.047$^{c(e)}$	3.103±0.019$^{e(e)}$	3.191±0.013$^{d(e)}$	0.00±0.00$^{e(e)}$	18.68±0.42$^{d(a)}$	24.33±0.49$^{c(a)}$	34.61±0.77$^{a(a)}$	32.13±1.09$^{b(a)}$	$r_5^2=0.9432$	$R_5^2=0.7189$

注：r^2 表示食胚赤眼蜂雄蜂百分率与其体内 *Wolbachia* 滴度的相关性；R^2 表示食胚赤眼蜂体内 *Wolbachia* 滴度与四环素浓度的相关性

3. 抗生素对 *Wolbachia wsp* 基因序列的影响

对 0 与 35mg/mL 四环素处理下连续培养 5 代的食胚赤眼蜂，每代测 *wsp* 基因序列 4 条。经 NCBI 比对，各代所测序列完全一致，故每个处理每代均选取一条代表序列进行后续分析。与 GenBank 中序列 AM999887.1 完全匹配，均属于 *Wolbachia* B 群，*wpip* 亚群。将两浓度下继代培养 5 代的食胚赤眼蜂 *wsp* 基因翻译成氨基酸序列分别与 *Wolbachia* 已知的 12 个亚群代表菌株氨基酸序列一起构建系统发育树发现，在四环素饲喂下，尽管生殖方式发生了变化，但食胚赤眼蜂体内 *Wolbachia wsp* 基因序列并未发生改变（图 4-24）。

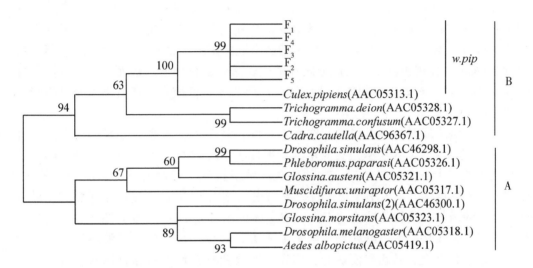

图 4-24 基于 *wsp* 氨基酸序列的食胚赤眼蜂体内共生菌 *Wolbachia* 的系统发育树

（$F_1 \sim F_5$ 表示 28℃下连续培养 5 代的食胚赤眼蜂）

wsp 氨基酸序列联配结果表明，$F_1 \sim F_5$ 代氨基酸残基比对结果完全一致，并未有氨基酸残基的突变、缺失或插入。各测序样本均分别进行 3 次生物学重复，3 次技术重复。选取序列比对一致序列。

另外，0 与 35mg/mL 四环素处理下继代培养 5 代共获得 *gatB* 基因序列 40 条，经测序基因长度 445bp。两温度下 $F_1 \sim F_5$ 代核酸序列比对结果完全一致，并没有核酸的突变、缺失或插入发生。

（三）小　结

通过观察统计赤眼蜂的寄生数、羽化数及雌雄性比等指标，探讨不同浓度四环素对食胚赤眼蜂生殖等的影响和不同浓度四环素继代连续处理对赤眼蜂的雄蜂率的影响。结果表明不同浓度四环素对食胚赤眼蜂体内的 *Wolbachia* 具有不同程度的抑制作用，且四环素浓度越高，抑制作用最强。这一结果与张海燕等（2009）在四环素对感染 *Wolbachia* 的松毛虫赤眼蜂生殖稳定性中的研究类似。随着世代的积累并伴随赤眼蜂的适应，寄生数和羽化率会略低于对照组上下波动，最后趋近于对照组，雄蜂率则显著增加，到 F_5 代雄蜂率维持在 30% 左右。说明四环素能够抑制宿主体内的 *Wolbachia* 作用，使食胚赤眼蜂由孤雌产雌生殖恢复两性生殖。

Stouthamer 等（1990）发现赤眼蜂某株系的孤雌生殖能够通过抗生素处理消除，即抗生素处理后的株系能恢复雄性生殖，进一步的研究确认这种胞质微生物是 *Wolbachia*（Stouthamer *et al.*，1993a；Stouthamer and Werren，1993）。Stouthamer 等提出可将 *wolbachia* 作为特定的遗传工具通过将不具孤雌产雌生殖特性的优良天敌蜂种人工转染 *Wolbachia*，诱导寄生蜂行孤雌产雌生殖，从而增加雌蜂比例，降低繁蜂成本，对于提高生物防治效能具有重要意义。但 *Wolbachia* 的感染对宿主赤眼蜂种群生物学、生态学特性的影响如何，是关系到感染赤眼蜂品系能否在生物防治中实际应用的关键（Stouthamer 1998；崔宝玉，2007；Huigens *et al.*，2000）。该菌作为生物防治可利用的工具可发挥雌蜂的最大优势其潜在的应用价值引起了生物防治工作者的极大关注（Symbionts *et al.*，1998）。本实验通过食胚赤眼蜂取食不同质量浓度的四环素，探讨 *Wolbachia* 作用被抑制后食胚赤眼蜂的生长繁殖变化情况，进而揭示食胚赤眼蜂体内的 *Wolbachia* 对外界不同环境适应性，从而为人工低成本、高效率繁殖赤眼蜂提供理论依据。

通过绝对定量方法对不同浓度抗生素和继代处理下，食胚赤眼蜂体内内共生菌 *Wolbachia* 的滴度绝对拷贝数进行测定，发现食胚赤眼蜂体内 *Wolbachia* 的滴度随着培养继代数的增加，呈下降趋势，这种变化趋势受抗生素浓度升高的影响变化不大；随着四环素浓度的升高，宿主雄蜂百分率与宿主体内 *Wolbachia* 滴度呈正相关，随着处理代数的增加，其相关性波动不大；宿主体内的 *Wolbachia* 滴度与四环素浓度呈正相关，其相关线性关系与继代培养数关系不大。这种变化与食胚赤眼蜂生物学特性的研究结果相对应。因此我们认为，四环素可改变营孤雌生殖赤眼蜂的生殖方式及其体内 *Wolbachia* 含量，且随着处理时间的延长作用显著，但受四环素浓度影响不大。但 *Wolbachia* 含量改变的原因还不清楚，未有相关报道，其具体调节机制还有待进一步研究验证。

对 0 与 35mg/mL 四环素处理下各代食胚赤眼蜂 *wsp* 和 *gatB* 基因序列以及相应氨基酸序列进行比对分析，结果表明各代所测序列完全一致均属于 *Wolbachia* B 群，*wpip* 亚群。在四环素饲喂下，尽管生殖方式发生了变化，但食胚赤眼蜂体内 *Wolbachia* *wsp* 和 *gatB* 基因序列并未发生改变。氨基酸序列联配结果表明，$F_1 \sim F_5$ 代氨基酸残基比对结果完全一致，并未有氨基酸残基的突变、缺失或插入。因此可以排除由氨基酸残基的突变导致基因功能丧失引起 *Wolbachia* 与宿主互做发生变化，导致食胚赤眼蜂生殖方式的改变的可能。

长期以来，四环素对 *Wolbachia* 影响的研究主要集中在生物学特性上。其导致 *Wolbachia* 的去除和 PI 赤眼蜂生殖方式改变现象的具体原因仍不清楚。该研究通过绝对定量方法定量分析感染态食胚赤眼蜂生物学特性与其体内 *Wolbachia* 滴度的相关性，明确了四环素对宿主昆虫体 *Wolbachia* 滴度的影响，阐述了四环素介导的 *Wolbachia* 调控 PI 赤眼蜂生殖的现象，丰富了共生菌 *Wolbachia* 对宿主生殖调控的理论，为进一步分析 *Wolbachia* 调控宿主 PI 生殖的分子机制奠定了基础。

三、Wolbachia 在不同宿主间的感染和传播

(一) 材料与方法

1. 试验材料

(1) 2010 年采集的供试昆虫

大青叶蝉 (Tettigella viridis Linné)、赤条蝽 (Graphosoma rubrolineata Westwood)、豆芫菁 (Epicauta chinensis Laporte)、窄姬猎蝽 (Nabis stenoferus Hsiao)、二十八星瓢虫 (Epilachna vigintiomaculata Motschulsky)、异色瓢虫 (Harmonia axyridis Pallas)、烟蚜 (Myzus persicae Sulzer)、玉米蚜 (A. maidis Fitch)、玉米螟 (Pyrausta nubilalis Hubern)、烟蚜茧蜂 (Aphidius gifuensis Ashmead)、米蛾 (Corcyra cephalonica Stainton)、食胚赤眼蜂 (Trichogramma embryophagum Hartig)

(2) 2014 年 4 月—2015 年 10 月采集的供试昆虫

鞘翅目昆虫 15 种：赤拟谷盗 (Tribolium castaneum Herbst)；斑股锹甲 (Lucanus maculifemoratus Motschulsky)；铜绿丽金 (Anomala corpulenta Motsch)；双斑萤叶甲 (Monolepta hieroglyphica Motschulsky)；水稻负泥虫 (Oulema oryzae)；二星瓢虫 (Adalia bipunctata Linnaeus)；四星瓢虫 (Hyperaspis repensis)；七星瓢虫 (Coccinella septempunctata)；十八星瓢虫 (Henosepilachna vigintioctopunctata Fabricius)；二十八星瓢虫 (Henosepilachna vigintioctopunctata)；二星变异瓢虫 (Epilachna vigintiomaculata Motschulsky)；异色瓢虫 (Harmoniaaxyridis Pallas)；杂拟谷盗 (Tribolium confusum Herbst)；葡萄肖叶甲 (Bromius chevrolat)；黄曲条跳甲 [Phyllotreta striolata (Fabricius)]。

鳞翅目昆虫 15 种：蛇眼蝶 (Minois dryas Scopoli)；米蛾 (Corcyra cephalonica Stainton)；稻纵卷叶螟 (Cnaphalocrocis medinalis Guenee)；水稻二化螟 (Chilo suppressalis Walker)；白点二线绿尺蛾 (Thetidia smaragdaria Fabricius)；玉米螟 (Pyrausta nubilalis Hubern)；稀点雪灯蛾 (Spilosoma urticae Esper)；青辐射尺蛾 (Iotaphora admirahilis Oberthur)；黏虫 (Mythimna seperata Walker)；双弧绿尺蛾 (Comibaena tancrei Graeser)；斜纹夜蛾 (Prodenia litura Fabricius)；旋花天蛾 (Herse convolvuli Linnaeus)；菜粉蝶 (Pieris rapae Linne)；大豆食心虫 (Leguminivora glycinivorella Matsumura)；丽金舟蛾 (Spatalia dives Oberthur)。

上述昆虫在黑龙江省大庆市由黑光灯诱集和田间采集获得，所捕获的昆虫带回实验室饥饿 24h，清水冲洗 2~3 遍，再浸泡在酒精中，置于-20℃冰箱中保存备用。

食胚赤眼蜂 Trichogramma embryophagum (Hartig) 由广东省农业科学院植物保护研究所李敦松研究员惠赠。在黑龙江八一农垦大学农学院养虫室用新鲜米蛾 Corcyra cephalonica (Stainton) 卵保种繁殖 30 代以上，培养条件为 (25±1)℃ (RH 为 65%±5%，光周期 16L：8D)。同时收集米蛾卵中的捕食螨、赤眼蜂、米蛾以及赤拟谷盗，将获得的成虫以无水乙醇浸泡，于-20℃保存备用。

2. 主要试剂和仪器

试剂：三羟甲基氨基甲烷 (Tris) (Sigma)、乙二铵四乙酸纳 (EDTA) (SanLand)、Quick Taq 酶 (TaKaRa)、CTAB (伊事达)、琼脂糖 (Amresco)、巯基乙醇 (天津市福

晨化学试剂)、异戊醇及氯仿(天津市大茂化学试剂厂)、无水乙醇(津市富宇精细化工有限公司)、浓盐酸和 NaOH(北京化学试剂公司);DNA 快速纯化试剂盒(TaKaRa)、Quick Taq HS DyeMix(TOYOBO);质粒小提试剂盒 TIANprep Mini Plasmid Kit、T 载体试剂盒 pGM-T Vector、亚克隆受体 DH5α(*Escherichia coli*)、蛋白酶 K 和 dNTP 混合液等药品均购自北京天根生化科技有限公司;蜂蜜水(天然蜂蜜与无菌水按 1∶3 的比例混合而制)。

仪器:组织研磨器(Retsch,德国)、双模块梯度 PCR 仪(BIO-RAD,美国)、电泳仪及水平电泳槽(JUNYI,北京)、微量高速冷冻离心机 Z233MK-2(HERLME,德国)、凝胶成像系统(BIO-RAD,美国)、高压湿热灭菌锅(ALP,日本)、实验超纯水器(MILLIPORE,美国)、微量分光光度计(BioSpec-nano,日本)、恒温培养振荡器(ZhiCheng,上海)、三孔电热恒温水槽(YIHENG,上海)、培养箱(SANYO,日本)、电子天平及 pH 计(上海精密仪器仪表有限公司)。

3. 试验方法

(1)供试昆虫基因组 DNA 的提取及检测

CTAB 法提取各物种昆虫基因组 DNA(李正西和沈佐锐,2001;柳晓丽等,2011):取上述不同供试昆虫,用超纯水洗涤,液氮速冻,分别置于含有 150μL 裂解液〔(2% CTAB,0.1mol/L Tris-HCl(pH 值 8.0),20mmol/L EDTA,1.42mol/L NaCl)〕的 1.5mL 离心管中,-20℃冷冻 10min,利用组织研磨器(Retsch,德国)进行匀浆;加入含有 2.5μL 蛋白酶 K(20mg/mL)的裂解液 250μL,65℃水浴 3h,每 20min 震荡摇匀一次;加入 400μL 氯仿:异戊醇(24∶1),轻摇混匀,用微量高速冷冻离心机(HERLME,德国)12 000r/min 离心 15min;取上清液(约 400μL),加入 2 倍体积无水乙醇,-20℃放置 3h,13 000r/min 离心 10min;弃上清液,超净工作台(BIO-RAD,美国)风干 5~10min,加入 30μL 1×TE 缓冲液溶解。

用凝胶电泳仪(JUNYI,北京)(0.8%的琼脂糖凝胶)和微量分光光度计(BioSpec-nano,日本)检测 DNA 质量,-20℃储存备用。

(2)*Wolbachia* 的分子检测

采用外膜蛋白基因(Outer surface protein,*wsp*)基因片段的通用引物(Baldo *et al*.,2006)(*wsp*81 F:5'-TGG TCC AAT AAG TGA TGA AGA AAC-3';*wsp*691 R:5'-AAA AAT TAA ACG CTA CTC CA-3')对上述昆虫样本进行 PCR 扩增(BIO-RAD,美国)。

PCR 扩增体系为 25μL:10×buffer 2.5μL,2.5mmol/L dNTPs 1μL,10μmol/L 上下游引物各 1μL,2.0 U/L Quick Taq DNA HS DyeMix 0.5μL(TOYOBO),DNA 模板 1μL,用 18μL ddH₂O 补足至 25μL。

PCR 扩增条件:95℃预变性 3min,30 个循环(95℃变性 30s,52~53℃退火 30s,72℃延伸 1min),循环结束后 72℃延伸 10min。4℃保存备用。

(3)琼脂糖凝胶电泳检测

用 1.2%的琼脂糖凝胶进行电泳,对目的片段进行回收、纯化。

50×TAE 电泳缓冲液:称取 242g Tris、37.2g EDTA 于烧杯中,加入 800mL 去离子水,待溶解后再加入 57.1mL 醋酸,定容至 1 L(pH 值 8.5),储藏于 4℃备用。用时稀释为 1×TAE。

配制 1% 琼脂糖凝胶：称取 0.15g 琼脂糖，放入三角瓶中，加入 1×TAE 缓冲液 15mL，微波炉熔解；待熔化好的琼脂糖冷却至 60℃ 左右时，将电泳胶槽水平放置；选择适宜的点样梳，倒入琼脂糖凝胶溶液，放置 30min 以上至胶完全硬化；小心拔出点样梳，将胶槽放入电泳槽，点样孔一端靠近电泳槽的负极；加入 1×TAE 缓冲液，液面高于胶面 1~2mm。

将 5μL PCR 扩增产物分别与 1μL loading buffer 在光滑清洁的平面上混匀后点入点样孔内，（DL2000 Marker 5μL）。120 V 稳压电泳 25min，用凝胶成像系统（BIO-RAD，美国）拍照记录。

（4）PCR 特异性扩增

采用外膜蛋白基因（Outer surface protein，*wsp*）、二磷酸果糖醛缩酶基因（Fructose-bisphosphate Aldolase，*fbpA*）、酰胺转移酶基因［Glutamyl-tRNA（Gln）amidotransferase，subunit B，*gatB*］、细胞色素氧化酶（Cytochrome *c*. oxidase，*coxA*）、保守假设蛋白（Conserved hypothetical protein，*hcpA*）和细胞分裂蛋白（Cell division protein，*ftsZ*）6 个基因片段的特异引物（Baldo *et al.*，2006）对上述赤眼蜂种群内四种昆虫 DNA 模板进行 PCR 扩增（BIO-RAD，美国）。PCR 引物序列见表 4-50。

PCR 扩增体系为 25μL：10×buffer 2.5μL，2.5mmol/L dNTPs 1μL，10μmol/L 上下游引物各 1μL，2.0 U/L Quick Taq DNA HS DyeMix 0.5μL（TOYOBO），DNA 模板 1μL，用 18μL ddH₂O 补足至 25μL。

PCR 扩增条件：95℃ 预变性 3min，30 个循环（95℃ 变性 30s，52~53℃ 退火 30s，72℃ 延伸 1min），循环结束后 72℃ 延伸 10min。

表 4-50　PCR 特异扩增引物序列

基因	引物序列（5′-3′）	最佳退火温度（℃）	目的片段大小（bp）
*gat*B	GAK TTA AAY CGY GCA GGB GTT TGG YAA YTC RGG YAA AGA TGA	52	445
*fbp*A	GCT GCT CCR CTT GGY WTG AT CCR CCA GAR AAA AYY ACT ATT C	52	503
wsp	GTC CAA TAR STG ATG ARG AAA C CYG CAC CAA YAG YRC TRT AAA	53	528
coxA	TTG GRG CRA TYA ACT TTA TAG CTA AAGACT TTK ACR CCA GT	53	502
hcpA	GAA ATA RCA GTT GCT GCA AA GAA AGT YRA GCA AGY TCT G	53	714
ftsZ	ATY ATG GAR CAT ATA AAR GAT AG TCR AGY AAT GGA TTR GAT AT	53	529

（5）产物的回收纯化及克隆

用 1.2% 的琼脂糖凝胶进行电泳，用手术刀将目的条带切下，放置于 1.5mL 离心管中，使用 DNA 纯化回收试剂盒回收。50℃ 水浴 10min，每分钟颠倒混匀一次，使胶彻底溶解；将胶液转移到吸附柱上，室温放置 1min，以 10 000r/min 的速度离心 1min；倒掉收集管中的废液，加入 600μL Column Wash Solution，10 000r/min 离心 1min 进行洗涤，重复该步骤 1~2 次后，倒掉收集管中的废液，以 12 000r/min 的速度离心 3min，尽量除去 Column Wash Solution。然后将吸附柱放入新的 1.5mL 离心管中，在柱膜中央加入预热的洗脱缓冲液液 50μL，室温放置 5min，以 10 000r/min 的速度离心 1min，离心管中的液体即为回收的 PCR 目的片段，保存于 -20℃ 备用。

将回收的目的片段连接 T 载体 (pGM-T Vector, TIANGEN)：1μL 10×T₄ DNA ligase buffer，0.5μL 的 T₄ DNA ligase，0.5μL pGM-T Vector，5μL 目的片段，ddH₂O 补足 10μL，微量离心机离心 15s 混匀，16℃ 保温 8~24h。

将 DH5α (大肠杆菌 *Escherichia coli* 感受态) 感受态细胞悬液于冰上解冻，加入 10μL 上述连接产物，混匀，冰上放置 30min 后于 46℃ 热击 90s，迅速置于冰上继续放置 3~5min，加入 1mL LB 液体培养基 (不含抗生素)，37℃ 下振荡培养 1h；在低速离心机上以 7 000r/min 离心 30s，弃去部分上清，取 200μL 培养液，涂布于 X-Gal/ IPTG 的 LB 琼脂糖平板上 (含 100μg/mL Carb.)，37℃ 倒置培养 16h。

(6) 质粒的提取与鉴定

挑取上述平板上白色克隆的大肠杆菌单菌落接种于含有相应抗生素 (Carb. 工作浓度 100mg/L) 的 LB 培养基 (蛋白胨 10g/L，酵母提取物 5g/L，NaCl 10g/L，pH 7.0) 中，振荡培养过夜；取 2mL 培养液倒入 EP 管中，12 000r/min 离心 30s，弃上清，将沉淀重悬于 100μL 溶液 I (0.991g 葡萄糖，100mmol/L Tris 2.5mL，0.5mol/L EDTA 2mL，配制成 100mL，高压灭菌 15min，贮存于 4℃) 中 (剧烈振荡)，冰上放置 10min，依次加入新配制的溶液 II (1mol/L NaOH 40μL，10% SDS 20μL，ddH₂O 140μL)、150μL 预冷的溶液 III (5mol/L KAC 60mL，冰醋酸 11.5mL，水 28.5mL，高压灭菌)，每次冰浴 10min 后，12 000r/min 的离心 10min，移出上清液，加入等体积的酚/氯仿 (1:1)，振荡混匀，12 000r/min 离心 5min，移出水相，加入 2 倍体积的无水乙醇，振荡混匀后于 -20℃ 冰置 20min，12 000r/min 离心 10min，弃去上清，使用 1mL 70% 乙醇清洗沉淀一次，干燥 10min 后溶于 20μL TE 缓冲液 (10mmol/L Tris·HCl (pH 值 8.0)，1mmol/L EDTA，pH 值 8.0) 中。

每个处理筛选 3~5 个单菌落，经 PCR 验证后扩大培养，提取质粒 (TIANprep Mini Plasmid Kit, TIANGEN)，由北京三博远志基因技术有限公司进行双向测序。采用 Chromas 软件分析测序峰图。

4. *Wolbachia MLST* 基因的多样性和重组分析

使用 DNAsp version 4.10.2 软件对 *Wolbachia* MLST 相关基因的遗传多样性 (Pi)、变异位点数目 (VI)、异义替换 (k_a) 和同义替换 (K_s) 比值 (K_a/K_s) 进行分析。使用重组软件 RDP Version 4.0 对 *Wolbachia* 的 wsp 基因和 MLST 基因进行重组分析。其分析包括 RDP、GENECONV、BootScan、Maxchi、Chimaera 和 3Seq 法等 6 种方法，各方法使用的参数均为默认设置，P 值设置为 0.05。

5. 序列分析

将所测核酸序列在去除载体序列（NCBI VecScreen）后提交 NCBI 进行 BLAST，并将测序结果转换成氨基酸多肽，用 Clustalx 1.83 分别对核苷酸序列以及相应氨基酸序列进行比对分析，并采用 MEGA 5 Maximum likelihood Tree 法将其与 *Wolbachia* 的 12 个亚群特征氨基酸序列（Zhou *et al.*，1998）进行比对，构建系统进化树，取 bootstrap ＞ 50%，其余参数默认。

（二）结果与分析

1. 2012 年昆虫基因组 DNA 提取

研究对所采集的供试昆虫进行 DNA 提取，电泳检测结果如图 4-25 所示，11 种昆虫的基因组 DNA 均已获得。

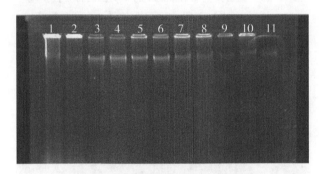

图 4-25 昆虫体内 DNA 电泳检测

1. 大青叶蝉；2. 赤条蝽；3. 豆芫菁；4. 窄姬猎蝽；5. 二十八星瓢虫；6. 异色瓢虫；7. 烟蚜；8. 玉米蚜；9. 米蛾；10. 玉米螟；11. 烟蚜茧蜂

2. PCR 扩增结果

采用 *Wolbachia* 通用引物即 *wsp* 基因的特异性引物 81 F 和 691 R，对大青叶蝉、赤条蝽、豆芫菁、窄姬猎蝽、二十八星瓢虫、异色瓢虫、烟蚜、玉米蚜、玉米螟、烟蚜茧蜂、米蛾及食胚赤眼蜂 12 种昆虫进行 PCR 检测，有 3 种昆虫检测结果呈阳性，即扩增出 600bp 左右的 *wsp* 基因片段，说明 3 种昆虫体内均被 *Wolbachia* 感染，分别是：米蛾、豆芫菁、窄姬猎蝽（图 4-26）。

根据试验结果，提取的 DNA 继续采用 *Wolbachia* 的 A、B 大组引物即 *wsp* 基因的特异性引物 136 F、691 R 和 81 F、522 R 进行扩增，分别探讨米蛾、豆芫菁、窄姬猎蝽 3 种昆虫体内感染的 *Wolbachia* 属于哪个大组。检测结果发现，利用 136 F 和 691 R 引物，窄姬猎蝽的 DNA 样品中能扩增出 560bp 左右的目的片段，说明窄姬猎蝽体内感染的 *Wolbachia* 属于 A 大组；而利用 81 F 和 522 R 这对引物，米蛾、豆芫菁两种昆虫的 DNA 样品中能扩增出 450bp 左右的目的片段（图 4-27），说明这两种昆虫感染的是 B 大组的 *Wolbachia*。

在所检测的 12 种昆虫中，同翅目昆虫有 3 种，没有检测到 *Wolbachia* 的感染；鞘翅目昆虫有 3 种，其中 1 种感染 *Wolbachia*；鳞翅目昆虫 2 种，含有 *Wolbachia* 的昆虫有 1

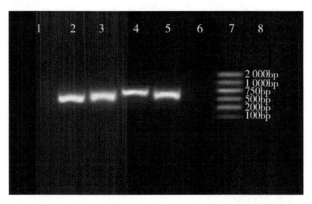

图 4-26　昆虫体内 *Wolbachia* 的 *wsp* 基因特异性扩增

1. 空白（水）对照；2. 阳性对照（食胚赤眼蜂）；
3. 米蛾；4. 豆芫菁；5. 窄姬猎蝽；6. 大青叶蝉；
7. 赤条蝽；8. DL2000 DNA Marker

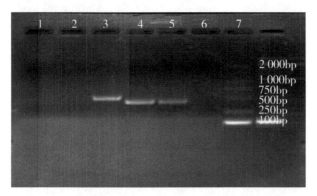

图 4-27　昆虫体内 *Wolbachia* 的 *wsp* 基因特异性扩增

1. 米蛾；2. 豆芫菁；3. 窄姬猎蝽（1、2、3 扩增
引物为 136F 和 691R）；4. 米蛾；5. 豆芫菁；6. 窄姬猎
蝽（4、5、6 扩增引物为 81F 和 522R）；7. DL2000
DNA Marker

种；双翅目、膜翅目昆虫各有 1 种，均没有感染 *Wolbachia*；半翅目昆虫有 2 种，含有 *Wolbachia* 的昆虫有 1 种（表 4-51）。

表 4-51　*Wolbachia* 在昆虫体内的分布

检测昆虫	所属目	检测结果
大青叶蝉	同翅目 Homoptera	−
赤条蝽	半翅目 Hemiptera	−
豆芫菁	鞘翅目 Coleptera	+
窄姬猎蝽	半翅目 Hemiptera	+

（续表）

检测昆虫	所属目	检测结果
二十八星瓢虫	鞘翅目 Coleptera	-
异色瓢虫	鞘翅目 Coleptera	-
烟蚜	同翅目 Homoptera	-
玉米蚜	同翅目 Homoptera	-
玉米螟	鳞翅目 Lepidoptera	-
烟蚜茧蜂	膜翅目 Hymenoptera	-
米蛾	鳞翅目 Lepidoptera	+

注："+"表示 PCR 结果呈阳性，"-"表示 PCR 结果呈阴性

在检测的 12 种昆虫中，半翅目和鳞翅目类群中 Wolbachia 的含量最为丰富，虽然每个目只检测了两种昆虫，其中就有一种感染有 Wolbachia，感染几率达到 50%，其次是鞘翅目，检测 3 种鞘翅目昆虫，有一种感染有 Wolbachia，感染几率达到 33.33%。在所检测的昆虫中，膜翅目、双翅目和同翅目 3 个目的昆虫没有检测到感染 Wolbachia（表4-52）。

表 4-52　*Wolbachia* 在昆虫中的感染率

所属种类	检测种类	感染种类	所属种感染率（%）	所属目感染率（%）
同翅目 Homoptera	3	0	0	0
鞘翅目 Coleptera	3	1	8.33	33.33
半翅目 Hemiptera	2	1	8.33	50
鳞翅目 Lepidoptera	2	1	8.33	50
膜翅目 Hymenoptera	1	0	0	0
双翅目 Diptera	1	0	0	0

3. 供试昆虫 DNA 的提取以及 Wolbachia 检测

对所采集的供试昆虫进行 DNA 提取以及进行 Wolbachia wsp 基因通用引物 81F 和691R 的 PCR 检测，经电泳检测，供试鞘翅目及鳞翅目昆虫基因组 DNA 及 PCR 结果如图 4-28、4-29 所示。只有 4 种昆虫检测结果呈阳性，扩增出长度为 600bp 左右的 wsp基因片段，即有 4 种供试昆虫感染有 Wolbachia。

在所检测的 15 种鞘翅目昆虫中，拟步甲科昆虫 2 种，叶甲科昆虫 2 种，瓢虫科 7种，锹甲科、金龟科、负泥虫科、肖叶甲科昆虫各 1 种，只有拟步甲科杂拟谷盗检测到Wolbachia 的感染（图 4-28），其余 6 科均没有检测到 Wolbachia 的感染；在参与检测的15 种鳞翅目昆虫中，螟蛾科昆虫 3 种，尺蛾科昆虫 3 种，夜蛾科昆虫 2 种，眼蝶科、蜡螟科、灯蛾科、天蛾科、粉蝶科、小卷蛾科、舟蛾科昆虫各一种，除螟蛾科稻纵卷叶

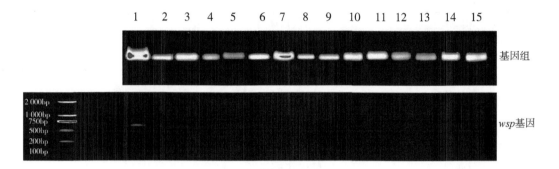

图 4-28 鞘翅目昆虫体内 DNA 电泳检测及其体内 *Wolbachia wsp* 基因特异性扩增

1. 赤拟谷盗；2. 斑股锹甲；3. 丽金龟；4. 双斑萤叶甲；5. 水稻负泥虫；6. 二星瓢虫；7. 四星瓢虫；8. 七星瓢虫；9. 十八星瓢虫；10. 二十八星瓢虫；11. 二星变异瓢虫；12. 异色瓢虫；13. 杂拟谷盗；14. 葡萄肖叶甲；15. 黄曲条跳甲

螟、水稻二化螟与蜡螟科米蛾检测到 *Wolbachia* 的感染（图 4-29）外，其余 8 科均无 *Wolbachia* 感染。

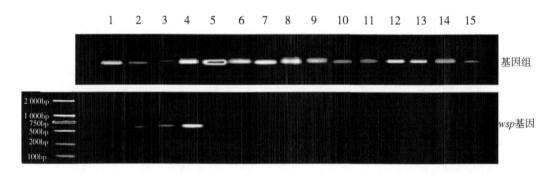

图 4-29 鳞翅目昆虫体内 DNA 电泳检测及其体内 *Wolbachia wsp* 基因特异性扩增

1. 蛇眼蝶；2. 米蛾；3. 稻纵卷叶螟；4. 水稻二化螟；5. 白点二线绿尺蛾；6. 玉米螟；7. 稀点雪灯蛾；8. 青辐射尺蛾；9. 黏虫；10. 双弧绿尺蛾；11. 斜纹夜蛾；12. 旋花天蛾；13. 菜粉蝶；14. 大豆食心虫；15. 丽金舟蛾

4. 含有 *Wolbachia* 的宿主昆虫间取食关系的研究

基于昆虫体内 *Wolbachia* 检测分析试验，我们选取 4 种昆虫，分别为鞘翅目昆虫赤拟谷盗，鳞翅目昆虫米蛾，膜翅目昆虫食胚赤眼蜂以及捕食螨，在实验室条件下探讨他们间的寄生取食关系。经试验表明其取食关系为：赤眼蜂寄生米蛾卵，捕食螨取食米蛾卵，赤拟谷盗取食米蛾卵以及成虫。

5. 取食关系宿主 *Wolbachia* 的特异性扩增

实验室条件下，赤眼蜂群落中各物种的 PCR 检测结果如图 4-30 所示：米蛾、赤眼蜂与捕食螨、赤拟谷盗都感染有 *Wolbachia*，且 *Wolbachia* 相关 6 个基因均可以检测得到。

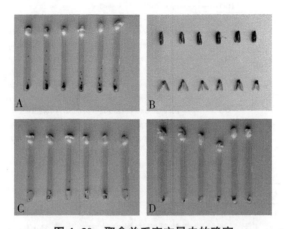

图 4-30　取食关系宿主昆虫的确定
A. 赤拟谷盗与米蛾；B. 米蛾被赤拟谷盗取
食前后的对比；C. 赤拟谷盗与米蛾卵；D. 捕食
螨与米蛾卵

测序后经 NCBI 比对，选取所测序列完全一致序列为代表进行后续分析，四物种在 GenBank 中均有完全匹配序列。将 4 物种体内 *wsp* 基因序列分别与 *Wolbachia* 已知的 12 个亚群代表菌株 *wsp* 基因序列一起构建系统发育树发现，除赤拟谷盗体内感染的 *Wolbachia* 属于 A 群 *wMel* 亚群，食胚赤眼蜂、米蛾和捕食螨体内 *Wolbachia* 同属于 B 群 *wPip* 亚群，同米蛾相比，食胚赤眼蜂与捕食螨体内 *Wolbachia* 亲缘关系相对较近，但最后都相聚在同一分支上（图 4-31）。

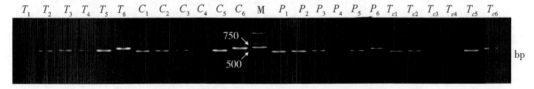

图 4-31　赤眼蜂种群各物种 PCR 特异性扩增

取食关系宿主体内 *Wolbachia* MLST 序列分析结果与 *wsp* 基因分析结果基本一致（图 4-32、图 4-33 和图 4-34）。

6. 赤眼蜂种群 *Wolbachia* 的 MLST 基因的重组分析

软件 RDP Version 4.0 重组分析的结果（表 4-53）表明，所获得的 4 种生物体内的 *Wolbachia* 的 *gatB*、*coxA*、hcpA、*ftsZ* 和 *fbpA* 基因都不存在基因重组。说明 5 个基因序列适合于 MLST 分型体系，可用于构建 MLST 系统发生树。此外，重组分析也未发现到 *wsp* 基因的重组。

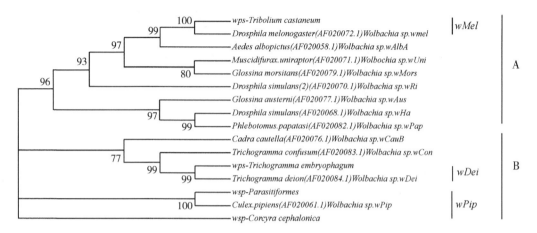

图 4-32　基于 *wsp* 基因序列的取食关系宿主昆虫体内共生菌 *Wolbachia* 的系统发育树

图 4-33　基于 *wsp* 基因序列的取食关系宿主体内共生菌 *Wolbachia* 的系统发育树

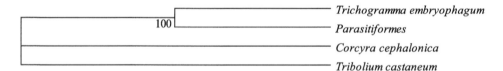

图 4-34　基于 MLST 序列的取食关系宿主昆虫体内共生菌 *Wolbachia* 的系统发育树

表 4-53　实验室赤眼蜂种群 *Wolbachia* 的分子特征和重组分析

基因位点	C+G 含量 （%）	核苷酸多态性	变异位点数和百分比（%）	Ka/Ks 值	重组分析
coxA	37.9	0.400	57.6（289）	0.913	否
fbpA	43.9	0.270	48.5（313）	0.922	否
ftsZ	45.9	0.247	43.2（291）	1.008	否
gatB	37.3	0.385	55.6（276）	0.568	否
hcpA	41.9	0.261	45.9（302）	0.923	否
MLST concatenated	41.5	0.321	42.4（1861）	0.874	—
wsp	36.7	0.399	61.7（356）	0.589	否

（三）小　结

对大庆地区 2 个目中 17 个科进行 *Wolbachia* 检测的研究结果表明，14.3% 的鞘翅目和 20.0% 的鳞翅目昆虫都感染有 *Wolbachia*。这与早期 *Wolbachia* 在昆虫中的共生占现有昆虫的 15%～20% 的推论接近。其中鳞翅目昆虫的 *Wolbachia* 感染率较 Tagami 等（2004）对日本鳞翅目昆虫中 49 个种和 9 个科进行调查的结果（44.9% 的种和 77.8% 的科都感染了 *Wolbachia*）要低许多。这可能与样本量和地域间的差异有关。后续我们会对该地区鞘翅目及鳞翅目主要害虫继续进行采集与检测分析。

通过对实验室条件下饲养的赤眼蜂群落中各物种的 *Wolbachia* 进行 PCR 特异性扩增及序列分析，证实了米蛾、捕食螨及食胚赤眼蜂体内均感染有 *Wolbachia*，且都不存在基因重组。食胚赤眼蜂、米蛾及捕食螨所感染的 *Wolbachia* 均属于 B 群 *wPip* 亚群；赤拟谷盗所感染的 *Wolbachia* 则属于 A 群 *wMel* 亚群。

鞘翅目为昆虫纲第一大目，约占世界已知昆虫总数的 1/3（近 33 万种），其在自然界中分布极广且食性复杂，是农林业的重要害虫，我国已知即 7 000 余种；鳞翅目为昆虫纲中仅次于鞘翅目的第二大目，绝大多数种类的幼虫是农林业的主要害虫。当前，防治困难，防治成本高是我们面临的紧要问题。利用 *Wolbachia* 与宿主互做产生的降低宿主寿命以及 CI、PI 等生殖特性，可使天敌昆虫大量繁殖，降低其生产成本或破坏害虫种群正常寿命及繁殖，控制害虫种群数量，从而实现对害虫的综合防治。因此不断深入对 *Wolbachia* 与其宿主之间互做的研究，明确 *Wolbachia* 对寄主生物调控的影响与机制，进行安全、高效的生物防治，将是今后害虫综合防治的主要策略和目标。为害虫生物防治提供了新的思路和方法，对改善并完善生物防治手段有重要意义。

结 论

1. 黑龙江省西部半干旱区春玉米田节肢动物多样性

通过 2013 年系统调查，供试的玉米小区的玉米田节肢动物共有 2 个纲，12 目，29 科，42 种。2 纲分别是昆虫纲和蛛形纲，昆虫纲包括 10 目，25 科，37 种；蛛形纲有 2 目，4 科，5 种。不同玉米品种能显著改变玉米田节肢动物群落组成，其中'濮玉 6''郑单 958'两个玉米品种田节肢动物所属目数最多，'濮玉 6'玉米田科数和种数最多但个体数最少，'吉农 212'玉米田科数和种数最少但个体数最多。不同玉米品种田节肢动物各功能群组成也有所不同，植食性类群中'雷奥 402'玉米田个体数量最多；'郑单 958'玉米田多占比例最大，捕食性类群中'吉农 212'玉米田个体数及多占比例最多；中性类群中'郑单 25'玉米田数量及所占比例最大；寄生性类群中只在'濮玉 6'玉米田、'郑单 958'玉米田中发现。从整个调查期看，不同玉米品种田节肢动物的优势集中指数、多样性指数、个体数和均匀度等均存在差异，其中'郑单 958'玉米田个体数指标变化较为平缓，群落优势集中指数'濮玉 6'玉米田变化幅度最小，群落均匀度指数可以明显看出'郑单 25'玉米田在整个调查期内变化曲线较其他品种田平缓。玉米在生育期时是一个相对稳定的生态系统，天敌对昆虫的自然控制作用非常明显，本试验期内，未使用任何农药，从而使调查期内有害昆虫和天敌不受人为因素干扰，更准确地研究品种对节肢动物群落的影响。

2. 黑龙江省西部半干旱区玉米螟的发生与为害情况

以黑龙江八一农垦大学实验基地为定点，调查大庆地区亚洲玉米螟的发生为害情况，2010 年调查亚洲玉米螟在黑龙江大庆市区发生世代为一年一代，有部分玉米螟化蛹，但不能完成二代现象。玉米螟对不同玉米品种的危害程度不同，从折雄、折茎、茎秆钻蛀、雌穗被害、老熟幼虫体重等多个指标分析，不同玉米品种的被害情况，发现'青油 1'的折茎率最低，较其他品种受害轻；'郑单 958'的折茎率最高，在苗期受害较其他品种重些。'哲单 37'的折雄率最低，但老熟幼虫蛀孔数最多，幼虫数最多。'兴垦 3 号'的折雄率最高，但是蛀孔数最少，'垦单 5 号'的老熟幼虫数最少。'兴垦 3 号'的虫体重最小，'哲单 37'虫体重最大。

2013 年调查了'郑单 25''雷奥 402''郑单 958''郝育 418''海禾 558''吉农 212''冀玉 9''濮单 6''天农九''龙单 46'共 10 个玉米主栽品种不同时期玉米螟的为害情况，并测定了相应品种植株可溶性糖含量、过氧化物酶活性及超氧化物歧化酶活性。调查和测定对比发现蛀孔率大的品种的植株含糖量小于蛀孔率小的品种。SOD 和 POD 活性与玉米植株可溶性糖的含量相反，与植株的被害率大小一致，即被害情况严重的品种，过氧化物酶和超氧化物歧化酶活性均高于玉米螟为害较轻的品种。

2017 年通过对 30 种不同鲜食玉米品种的亚洲玉米螟为害情况发现：从折雄率、折茎率、蛀孔率、叶片被害率、雌穗被害率这五个指标综合分析，'WSC-1703''和甜糯一号''花糯 3 号''和甜一号''先正达脆王''白糯 998'相对被害率较低，可见这六个品种对玉米螟的抗性较强。'垦黏 7 号''金糯 262''绿糯 2 号''先正达米哥'4 个品种的被害率较高，其对玉米螟的抗性较差。

2017 年和 2018 年分别调查大庆市和肇州县试验区玉米田玉米螟发生为害情况，发现肇州县玉米螟发生是一年两代，大庆市区的玉米螟发生已经形成完整两代，这个结果比 2010 年的调查结果（不完整二代）发生新的变化。室内不同温度观察玉米螟的生命表参数，表明玉米螟的发育随温度的升高而加快，黑龙江近些年的整体温度变暖促成玉米螟世代增加。明确了黑龙江省西部半干旱区玉米螟的发生高峰期，玉米螟越冬代成虫在研究试验的肇州、齐齐哈尔两地高峰期均为 6 月上中旬，第二代为 8 月上中旬，而大庆市区的成虫高峰期稍晚于两个地区分别为 6 月中旬，第二代成虫 8 月中旬，各地世代不整齐现象明显。同时调查不同栽培模式的玉米田玉米螟为害情况结果表明：玉米植株的叶片被害、折茎率、折雄率、雌穗被害率、钻蛀率受栽培模式影响有不同程度的变化。黑龙江八一农垦大学大庆实验基地采用免耕的玉米耕作方式较其他常规平作、垄作等方式玉米螟受害重，植株被害率、折茎率及雌穗被害率均较高，肇州县农技推广中心地区垄作和有秸秆免耕较有秸秆宽窄行免耕相对较重。不同施肥方式和施肥深度都不同程度的影响玉米螟的发生和为害，低肥田和不施肥对照田较高肥、中肥、有机肥叶片被害率、玉米螟老熟幼虫的钻蛀率、雌穗被害率、折茎率也较其他处理田明显严重。

3. 构建适合黑龙江玉米生产的亚洲玉米螟的绿色防控技术体系

构建以农业措施防治为主，生物多样性利用、生物防治、化学药剂优化及物理防治相结合的玉米螟绿色防控体系。

（1）农业防治措施

①利用抗性品种和新的栽培管理模式防治玉米田重大害虫玉米螟。本研究结合黑龙江玉米产区的种植特点，研究了当前生产上玉米不同品种和鲜食玉米不同品种田（30 个甜糯）玉米螟的发生特点，根据折雄率、折茎率、蛀孔率、叶片被害率、雌穗被害率及生理生化指标进行分析筛选，发现不同品种在抗虫性方面表现的抗性不同，在实际生产中可以有针对地筛选和利用抗虫品种。

②利用耕作栽培措施防治玉米螟。结合栽培管理措施，创造有利于作物丰产稳产而不利于有害生物发生的环境条件，达到控制有害生物的目的。可以通过作物轮、间、套作等耕作方式来调节作物与害虫、害虫与天敌之间的关系。轮、间作可以促进作物生长、增强作物抗虫能力。通过作物生长发育调控措施来控制害虫。通过调节作物播种期，使害虫发生高峰期与作物受害敏感生育期错位，可避减害虫为害。栽培控螟是应用这种措施的成功实例。本研究结合生产需求研究了玉米 7 种种植模式垄作、平作双行、大垄双行、垄作二比空、垄作（密疏疏密）、平作二比空、平作（密疏疏密）、平作下玉米螟的发生特点，发现垄作（密疏疏密）玉米的被害率低，平作（密疏疏

密）玉米的被害率相对较高，所以为控制玉米螟的发生为害程度可以采取垄作（密疏疏密）栽培模式。

（2）利用生物多样性、预警技术及化学药剂优化等多项技术综合防治玉米田重大害虫

①利用生物多样性原理对害虫进行自然调控。玉米田的节肢动物种类多样。捕食性天敌（农田蜘蛛、瓢虫、草蛉、步甲等）、寄生性天敌（赤眼蜂等）和昆虫病原微生物（细菌、真菌等）是最主要的自然控制因素，它们对害虫的控制作用是很大的，中性昆虫（蚊、蝇等）可为天敌提供食料，一旦在生态系统中建立稳定的种群，对害虫的作用往往是持久有效的，因此应保护和利用天敌自然种群。研究结合目前农业生产上玉米的种植特点，玉米不同品种和不同种植模式对玉米田节肢动物多样性的影响，研究发现品种和栽培模式对节肢动物群落的稳定性影响较大，因而提出在玉米生产中结合生产需求合理选用品种和耕作栽培技术，合理用药或不用药，既有利于高产稳产又可做到可持续控制害虫。

②主要害虫的预警技术。研究了玉米螟在黑龙江中西部地区的发生规律及玉米螟的生长发育与温度的关系，明确了玉米螟在黑龙江中西部的各虫态的发生期、各虫态发生的最适合温度及气候变暖后玉米螟提早发生的特点，为玉米螟的田间施化学农药及生物防治（放蜂和施撒生物农药）的时间提供了依据。

③不用药或优化化学药剂及使用生防菌的方法防治玉米田重大害虫。本研究明确不用化学药剂和对化学药剂进行优化的方法控制玉米田主要害虫玉米螟，明确了四种常用的杀虫剂 5%氯虫苯甲酰胺悬浮剂、4.5%高效氯氰菊酯微乳剂、40%辛硫磷乳油和25g/L溴氰菊酯乳油，一种生物农药球孢白僵菌 Bb107 菌株对玉米螟的毒力作用，发现对玉米螟的 3 龄幼虫都有很好的作用，在玉米螟未钻蛀茎秆之前可以集中施用，可以适当选择在玉米螟大发生年份应用。

（3）生物防治技术的利用有效防治玉米螟

利用玉米螟性诱剂、赤眼蜂和生物农药来防治玉米螟取得较好效果，研究和利用新蜂种—孤雌产雌赤眼蜂，将传统别卡式赤眼蜂释放技术尝试定点撒卵释放技术，这种释放方法操作简便，但有很大损失，又改用无人机装纸袋式和无人机装塑料球式赤眼蜂投放设备，发现无人机投放塑料球方式效果较好，塑料球的材质也可改良，改用纸球式更能提高防治效果。无人机释放赤眼蜂方法简便，效率高，节省人力物力，适合黑龙江大面积玉米田应用，在黑龙江农垦九三管理局（尖山农场、大西江农场及嫩北农场）、肇州县农技推广中心实验区和大庆市黑龙江八一农垦大学实验区玉米种植田大面积示范防治玉米螟，防效均达到 60%左右。同时在玉米螟钻蛀茎秆之前无人机喷洒苏云金杆菌Bt 也能起到很好的防治作用。

（4）物理防控方法

利用灯光诱杀玉米螟进行测报和防控可以取得很好的效果，本研究在黑龙江省西部半干旱区选取肇州县、大庆市、齐齐哈尔市、依安县等地开展玉米螟的灯光诱集进行玉米螟的测报和防治。在 2018 年玉米螟发生较重的年份，灯光诱集高峰期每天诱集玉米螟成虫达 660 头，起到很好的诱测效果。

4. 感染共生菌孤雌产雌赤眼蜂的研究与利用

通过共享食物源、取食菌悬液和显微注射等方法进行赤眼蜂种间共生菌 *Wolbachia* 的水平传播，研究发现通过共享食物源和显微注射的方法实现了的水平传播，但传播成功后在赤眼蜂体内不容易定殖，一旦在赤眼蜂体内定殖后能够稳定存在，本研究获得了孤雌产雌的松毛虫赤眼蜂品系。以成功水平人工转染 *Wolbachia* 获得的孤雌产雌生殖松毛虫赤眼蜂为材料，分析了在 25℃ 和 32℃ 两种温度下交配处理及不同交配组合、抗生素处理后孤雌产雌生殖松毛虫赤眼蜂的寄生数和羽化数等生物学指标。实验表明，与雄蜂交配不会改变感染 *Wolbachia* 的松毛虫赤眼蜂孤雌产雌的生殖方式，抗生素处理和持续至少 20d 的 32℃ 高温才是改变其生殖方式的决定因素。供试抗生素在中低浓度（25mg/mL）诱导出的雄蜂最多，而且经抗生素去除获得的雄性和雌性具有正常的生殖功能；当温度长期（大于 20d）超过 28℃ 的情况下，孤雌产雌的松毛虫赤眼蜂后代会出现间性个体，即长着雄性触角、雌性产卵器并大腹的畸形蜂，所以在赤眼蜂保种和繁殖过程中要注意温度的调控，避免此现象产生。本研究明确外界生态因子对感染 *Wolbachia* 松毛虫赤眼蜂孤雌产雌生殖方式的遗传稳定性的影响，为感染 *Wolbachia* 的松毛虫赤眼蜂的田间释放提供理论依据。

对感染 *Wolbachia* 的松毛虫赤眼蜂不同温度下生殖参数进行了研究。以柞蚕卵为寄主，在 16℃、20℃、24℃、28℃ 和 32℃ 5 个恒温条件下松毛虫赤眼蜂发育、存活和繁殖的情况，构建了相应温度下的实验种群生命表。结果表明，温度 24~28℃ 为繁殖感染 *Wolbachia* 孤雌产雌松毛虫赤眼蜂理想温度条件，可以作为松毛虫赤眼蜂工厂化生产的作业指标。孤雌产雌生殖松毛虫赤眼蜂对寄主挥发物的嗅觉反应能力、对不同寄主寄生和羽化能力结果表明：孤雌产雌品系松毛虫赤眼蜂对供试的几种鳞翅目害虫（玉米螟、柞蚕、米蛾）卵表和雌蛾腹部鳞片的挥发物均有不同程度的趋性，对玉米螟卵表挥发物的趋性较两性品系强，在实验室内适宜的恒定温、湿度条件下对以上几种寄主卵的寄生能力均强于两性品系松毛虫赤眼蜂，但两者间差异不显著。总体来看，孤雌产雌品系的松毛虫赤眼蜂在不同蜂卵比情况下，对玉米螟卵的寄生能力要强于正常两性品系的松毛虫赤眼蜂。

研究发现孤雌产雌的赤眼蜂在温度高于 28℃ 恒温培养时，随着繁殖代数的增加，子代逐渐有雄蜂出现（恢复产两性生殖），而且温度越高，出现全部雄蜂的代数越早。通过绝对定量方法对不同温度和继代处理下，食胚赤眼蜂体内共生菌 *Wolbachia* 的滴度绝对拷贝数进行测定，发现在高于 25℃ 时，随着继代培养数的增加，食胚赤眼蜂体内 *Wolbachia* 的滴度呈下降趋势，温度越高，下降趋势明显加快；在温度不高于 25℃ 时，内共生菌 *Wolbachia* 的滴度在食胚赤眼蜂体内较稳定，未有明显的变化。这与食胚赤眼蜂生物学特性的研究结果是一致的。因此我们认为，高温可改变营孤雌生殖赤眼蜂的生殖方式及其体内 *Wolbachia* 含量，且随着温度的升高以及处理时间的延长作用显著。即高温对营孤雌生殖赤眼蜂生殖方式改变程度与其体内 *Wolbachia* 含量负相关，而 *Wolbachia* 含量与宿主生殖方式和强度正相关。另外，在 28℃ 时，食胚赤眼蜂在 F_3 代才开始有雄蜂出现，其体内 *Wolbachia* 含量在 F_2 代即有所下降。只有 *Wolbachia* 滴度达到一定阈值，温度才能调控赤眼蜂 PI 生殖方式。

在 25 ℃时，孤雌产雌赤眼蜂各代所测 *Wolbachia* 的 *wsp* 基因序列经比对完全一致，没有发生改变；在 28 ℃处理下，$F_1 \sim F_5$ 代食胚赤眼蜂体内编码 *Wolbachia* 的表面蛋白基因 *wsp* 氨基酸序列的比对结果显示，*wsp* 基因主要在于氨基酸残基的突变，且随着处理世代的增加，发生改变的残基变多。在另外的实验中，我们分析了抗生素处理下 *Wolbachia wsp* 氨基酸序列，并未发现 *wsp* 基因的变异。因此不排除高温导致核酸位点发生变化，从而导致氨基酸残基发生突变，引起 *Wolbachia* 功能发生改变的可能。

对大庆地区 2010 年、2014 年和 2015 年采集的不同昆虫种类进行体内 *Wolbachia* 检测的研究结果表明，2010 年所采集的昆虫感染较少，有鞘翅目芫菁和窄姬猎蝽感染 *Wolbachia*。2014 年和 2015 年调查的鞘翅目和鳞翅目两个目的昆虫，14.3%的鞘翅目和 20.0%的鳞翅目昆虫都感染有 *Wolbachia*。其中鳞翅目昆虫的 *Wolbachia* 感染率较低。通过对实验室条件下饲养的赤眼蜂群落中各物种的 *Wolbachia* 进行 PCR 特异性扩增及序列分析，证实了米蛾、捕食螨及食胚赤眼蜂体内均感染有 *Wolbachia*，且都不存在基因重组。食胚赤眼蜂、米蛾及捕食螨所感染的 *Wolbachia* 均属于 B 群 *wPip* 亚群；赤拟谷盗所感染的 *Wolbachia* 则属于 A 群 *wMel* 亚群。

参考文献

包建中，陈修浩，1989. 中国赤眼蜂的研究与应用［M］. 北京：学术书刊出版社.

曹伟平，宋健，甄伟，等，2013. 球孢白僵菌生物学特性与其对不同昆虫侵染差异相关性分析［J］. 中国生物防治学报，29（4）：503-508.

常晓冰，苗振旺，刘素琪，等，2006. 枣园天敌群落结构与特征的研究［J］. 山东农业大学学报自然科学版（1）：16-18.

陈炳旭，陆恒，董易之，等，2010. 亚洲玉米螟性诱剂诱捕器效果研究［J］. 环境昆虫学报（3）：419-422，426.

陈威，周强，李欣，等，2006. 不同水稻品种对虫害胁迫的生理响应［J］. 生态学报（7）：2 161- 2 166.

褚栋，张友军，毕玉平，等，2005. *Wolbachia* 属共生菌及其对节肢动物宿主适合度的影响［J］. 微生物学报，44（5）：817-820.

崔宝玉，钱海涛，董辉，等，2007. 短期高温对感染 *Wolbachia* 的松毛虫赤眼蜂发育和繁殖的影响［J］. 昆虫知识，44（5）：694-697.

戴志一，杨益众，1997. 不同寄主植物对亚洲玉米螟种群增长和棉田为害型形成的影响［J］. 植物保护学报，24：7-12.

丁岩钦，1994. 昆虫数学生态学［M］. 北京：科学出版社.

董文霞，张钟宁，李生才，等，2001. 不同棉田昆虫群落的比较研究［J］. 昆虫知识，38（2）：112-116.

董兹祥，1991. 中华狼蛛的初步观察［J］. 生物防治通报，7（2）：88.

方志峰，2014. 8 种药剂防治玉米螟田间试验［J］. 浙江农业科学（6）：879-880.

冯建国，1996. 松毛虫赤眼蜂防治玉米螟的效果及其影响因素［J］. 华东昆虫学报，5（1）：45-50.

付海滨，丛斌，戴秋慧，2005. 赤眼蜂内生菌沃尔巴克氏体及其对宿主影响［J］. 中国生物防治，21（2）：70-73.

甘波谊，周伟国，冯丽冰，等，2002. 沃尔巴克氏体在中国三种稻飞虱中的感染［J］. 昆虫学报，45（1）：14-17.

高春梅，2018. 玉米病虫害防治措施［J］. 吉林农业，10：64.

高圆圆，张玉涛，赵酉城，等，2013. 小型无人机低空喷洒在玉米田的雾滴沉积分布及对玉米螟的防治效果初探［J］. 植物保护，39（2）：152-157.

耿金虎，2005. 我国主要应用赤眼蜂蜂种的若干应用基础研究［D］. 北京：中国农业大学.

龚鹏, 沈佐锐, 李志红, 2002. *Wolbachia* 属共生细菌及其对节肢动物生殖活动的调控作用 [J]. 昆虫学报 (2): 241-252.

顾丽嫱, 李春香, 张淑红, 2009. 球孢白僵菌和布氏白僵菌对甜菜夜蛾的室内毒力测定 [J]. 江苏农业科学 (3): 118-120.

郭明昉, 1922b. 赤眼蜂寄生行为研究 (Ⅱ) —雌蜂交配行为与子代性比 [J]. 昆虫天敌, 14 (2): 51-53.

郭明昉, 1992a. 赤眼蜂寄生行为研究 (Ⅰ) —过寄生与子代分配 [J]. 昆虫天敌, 14 (1): 6-12.

郭明昉, 张兢业, 李丽英, 1992c. 赤眼蜂寄生行为研究 (Ⅲ) —雌蜂产卵时的性控行为 [J]. 昆虫天敌, 14 (4): 158-165.

郭明昉, 朱涤芳, 1993. 赤眼蜂寄生行为研究 (Ⅳ) —子代数量分配和子代性分配 [J]. 昆虫天敌, 15 (2): 51-59.

郭明昉, 朱涤芳, 1996. 赤眼蜂寄生行为研究 (Ⅴ) —子代数量的逐日分配 [J]. 昆虫天敌, 18 (1): 7-12.

国家科委全国重大自然灾害综合研究组, 1993. 中国重大自然灾害及减灾对策 [C]. 北京: 科学出版社.

国伟, 沈佐锐, 2004. 棉蚜体内感染沃尔巴克氏体 (*Wolbachia*) 的分子检测 [J]. 微生物学杂志, 24 (2): 1-3.

韩诗畴, 吕欣, 李志刚, 等, 2020. 赤眼蜂生物学与繁殖技术研究及应用 [J]. 环境昆虫学报, 42 (1): 1-12.

胡阳, 唐启义, 唐健, 等, 1998. 单季稻田节肢动物群落演替规律 [J]. 中国水稻科学, 12 (4): 229-232.

胡志凤, 孙文鹏, 丛斌, 等, 2013. 亚洲玉米螟生物防治研究进展 [J]. 黑龙江农业科学 (10): 145-149.

黄保宏, 邹运鼎, 毕守东, 等, 2005. 梅园昆虫群落的时间结构及动态 [J]. 应用与环境生物学报, 11 (2): 187-191.

黄凯, 缪勇, 邵正飞, 2014. 不同玉米品种的抗螟性测定 [J]. 农学学报, 4 (12): 33-37.

黄善斌, 孔凡忠, 2001. 玉米螟发生程度与大气环流的关系及长期预报. 河南气象 (3): 27-28.

贾乃新, 杨桂华, 1987. 越冬代玉米螟化螟前在玉米垛内的活动和化蛹部位 [J]. 吉林农业科学 (2): 31-32.

李璧铣, 高书兰, 刘勇, 1985. 玉米螟越冬代成虫的行为及分布研究 [J]. 河北农学报, 10 (3): 69-74.

李鸿兴, 隋敬之, 周士秀, 1987. 昆虫分类检索 [M]. 北京: 农业出版社.

李建平, 王蕴生, 谢为民, 等, 1992. 中国北方亚洲玉米螟生态型的初步研究 [J]. 玉米科学, (1): 69-72.

李进步，方丽平，吕昭智，等，2008. 棉花抗蚜性与可溶性糖含量的关系 [J]. 植物保护 (2)：26-30.

李开煌，许雄，李砚芬，等，1986. 二十九种农药对稻螟赤眼蜂不同发育阶段的毒力测定 [J]. 昆虫天敌，8 (4)：187-194.

李开煌，许雄，李砚芬，等，1987. 二十七种农药对欧洲玉米螟赤眼蜂不同发育阶段的毒力测定 [J]. 昆虫天敌，9 (1)：33-44.

李丽英，1984. 赤眼蜂研究应用新进展 [J]. 昆虫知识，21 (5)：237-240.

李丽英，谢以权，张月华，等，1984. 欧洲玉米螟赤眼蜂的应用研究初报 [J]. 昆虫天敌，6 (1)：13-19.

李生才，高峰，王宁波，等，2006. 苹果园蜘蛛群落组成及其生态位研究初报 [J]. 中国生态农业学报，14 (1)：181-184.

李生才，李锐，田瑞钧，等，2007. 甘蓝田节肢动物群落组成及生态位分析 [J]. 山西农业大学学报：自然科学版，27 (4)：356-359.

李先秀，毕守东，邹运鼎，等，2008. 杏园节肢动物群落结构研究 [J]. 安徽农业大学学报 (2)．250-253.

廖姗，康琳，陈小爱，2001. *Wolbachia* 在灰飞虱体内的分布 [J]. 复旦学报 (自然科学版)，40 (4)：539-543.

林德锋，廖金英，吴顺章，等，2012. 阿维菌素与苏云金芽孢杆菌复配剂对小菜蛾毒力研究 [J]. 广东农业科学 (16)：78-80.

刘德钧，1982. 应用积温预测玉米螟越冬代成虫发生期 [J]. 植物保护，8 (6)：6.

刘德钧，1988. 玉米螟各代成虫高峰期统计预测 [J]. 上海农业科学，4 (2)：65.

刘德钧，韩长安，戚大国，1992. 玉米螟 [M]. 上海：上海科学技术出版社.

刘宏伟，鲁新，李丽娟，2005. 我国亚洲玉米螟的防治现状及展望 [J]. 玉米科学 (增刊)：142-143，147.

刘锐，李志红，孙晓，等，2006. 首次发现沃尔巴克氏体 *Wolbachia* 对我国南亚果实蝇的感染现象 [J]. 昆虫知识，43 (3)：368-370.

刘瑞林，王新省，1990. 玉米螟人工饲养研究：Ⅲ. 饲养密度对幼虫发育的影响 [J]. 山西大学学报 (自然科学版)，13 (4)：434-438.

刘树生，施祖华，1995. 赤眼蜂研究和应用进展 [C]. 全国生物防治学术讨论会论文摘要集.

刘树生，施祖华，1996. 赤眼蜂研究和应用进展 [J]. 中国生物防治，12 (2)：78-84.

刘泽文，韩召军，张玲春，等，2002. 稻飞虱饲养与抗药性筛选的方法研究 [J]. 中国水稻科学，16 (2)：70-73.

卢申，江文娟，李桂亭，等，2008. 油菜田节肢动物群落结构及其模糊聚类分析 [J]. 中国农学通报 (11)：365-370.

鲁新，1997. 亚洲玉米螟不同化性类型的特性及水分对复苏幼虫的作用研究 [D]. 北京：中国农业科学院.

鲁新，1997. 亚洲玉米螟大发生的因素及预测预报 [J]. 吉林农业科学 (1)：44-48.

鲁新，李建平，周大荣，1998. 不同化性亚洲玉米螟性信息素分析 [J]. 吉林农业大学学报，20 (1)：20-23.

鲁新，忻亦芬，1993. 亚洲玉米螟自然种群生命表研究 [J]. 植物保护学报，20 (4)：311-318.

鲁新，周大荣，1998. 水分对复苏后亚洲玉米螟越冬幼虫化蛹的影响 [J]. 植物保护学报，25：213-217.

鲁新，周大荣，1998. 相对湿度对复苏后亚洲玉米螟越冬幼虫存活及化蛹的影响 [M] //植物保护 21 世纪展望. 北京：中国科学技术出版社：506-508.

鲁新，周大荣，1998. 亚洲玉米螟不同化性类型的 RAPD 分析 [J]. 植物保护，24 (2)：3-5.

鲁新，周大荣，1999. 吉林省亚洲玉米螟化性类型与其发育历期的关系 [J]. 植物保护学报，26 (3)：1-6.

鲁新，周大荣，2000. 亚洲玉米螟不同化性类型的光周期反应 [J]. 植物保护学报，27：12-16.

鲁新，周大荣，李建平，1997. 亚洲玉米螟化性与抗寒能力的关系 [J]. 玉米科学，5 (4)：72-73，77.

鲁新，周大荣，李建平，1998. 亚洲玉米螟越冬幼虫化性与复苏后发育历期的关系 [J]. 玉米科学 (S1)：100-102.

陆庆光，1992. 世界赤眼蜂研究现状. 世界农业 (9)：24-26.

吕仲贤，杨樟法，胡萃，1996. 寄主植物对亚洲玉米螟取食、生长发育和生殖的影响 [J]. 植物保护学报，23 (2)：126-130.

罗梅浩，赵艳艳，刘晓光，等，2007. 不同玉米品种的抗虫性研究 [J]. 玉米科学，15 (5)：34-37.

毛刚，赵宇，徐文静，等，2018. 白僵菌与苏云金芽胞杆菌水悬浮剂研制及田间防治玉米螟研究 [J]. 玉米科学 (5)：157-161.

毛文富，曹梅讯，2001. 亚洲玉米螟滞育关联蛋白的分离和纯化 [J]. 昆虫学报，44 (4)：389-394.

苗慧，洪晓月，谢霖，等，2006. 二斑叶螨体内感染的 *Wolbachia* 的 *wsp* 基因序列测定与分析 [J]. 昆虫学报，49 (1)：146-153.

潘飞，陈锦才，肖彤斌，等，2014. 变温对昆虫生长发育和繁殖影响的研究进展 [J]. 环境昆虫学，36 (2)：240-246.

潘雪红，陈科伟，吕燕青，等，2007. *Wolbachia* 对赤眼蜂的性别调控机制及生理影响 [J]. 昆虫知识，44 (1)：32-36.

潘雪红，何余容，陈科伟，等，2007. *Wolbachia* 感染对拟澳洲赤眼蜂寿命生殖力和嗅觉反应的影响 [J]. 昆虫学报，50 (3)：207-214.

朴永林，1998. 中国主要农田作物害虫天敌种类 [M]. 北京：中国农业出版社.

邱式邦，1941. 广西之玉米螟 ［J］. 广西农业，2（3）：205-219.

曲东，王保莉，山仑，等，1996. 干旱条件下磷对玉米叶 SOD 和 POD 活性的影响 ［J］. 西北农业大学学报，24（3）：48-52.

全国玉米抗螟性鉴定选育组，1983. 玉米品种抗亚洲玉米螟鉴定结果 ［J］. 植物保护，9（2）：41-42.

宋大祥，1987. 中国农区蜘蛛 ［M］. 北京：中国农业出版社.

宋彦英，周大荣，何康来，1999. 亚洲玉米螟无琼脂半人工饲料的研究与应用 ［J］. 植物保护学报，26：324-328.

宋月，沈佐锐，王哲，等. Wolbachia 在螟黄赤眼蜂种群内的分布及其遗传稳定性 ［J］. 环境昆虫学报，32（2）：188-193.

宋月，王哲，刘宏岳，等，2008. 北京地区亚洲玉米螟种群中 Wolbachia 超感染 ［J］. 昆虫学报，551（6）：665-670.

孙光芝，张俊杰，阮长春，等，2004. 赤眼蜂载菌方式筛选及田间防治玉米螟效果 ［J］. 吉林农业大学学报，26（2）：138-141.

孙姗，徐茂磊，王戎疆，等，2000. RAPD 方法用于亚洲玉米螟地理种群分化的研究 ［J］. 昆虫学报，24（1）：103-106.

孙淑兰，梁志业，王君，等，1995. 性诱剂防治玉米螟技术研究 ［J］. 吉林农业科学（4）：48-54.

孙涛，陈强，张兴义，2014. 东北黑土区耕作措施对地表节肢动物多样性的影响 ［J］. 昆虫学报，57（1）：74-80.

孙志远，2012. 玉米螟综合防治技术研究进展 ［J］. 现代农业科技，8：190-191.

佟屏亚，2000. 中国近代玉米病虫害防治研究史略 ［J］. 中国科技史料，21（3）：242-250.

汪廷魁，1981. 玉米螟虫态历期和有效积温的研究 ［J］. 中国农业科学（4）：72-80.

王翠敏，丛斌，崔宝玉，等，2006. 松毛虫赤眼蜂两性生殖品系与孤雌产雌品系生物学特性的比较 ［J］. 中国生物防治，22（2）：96-100.

王翠敏，丛斌，米丰泉，等，2005. 苜蓿切叶蜂、金小蜂体内共生菌沃尔巴克氏体测定与分析 ［J］. 中国植保导刊，25（10）：5-7.

王利霞，贾文华，段爱菊，等，2014. 不同药剂对玉米螟的室内药效及毒力测定 ［J］. 天津农业科学，20（6）：103-106.

王敏慧，1978. 应用赤眼蜂防治害虫的一些问题 ［J］. 昆虫学报（4）：11.

王瑞，曹天文，郝丽萍，等，2008. 性诱剂与黑光灯在大田诱杀杂谷螟虫试验与应用 ［J］. 山西农业科学（6）：35-37.

王玉玲，肖子清，1998. 中国赤眼蜂研究与应用进展 ［J］. 中国农学通报（1）：43-44.

王振营，周大荣，1998. 亚洲玉米螟在人工饲料上连续多代对玉米为害能力比较 ［J］. 植物保护，24（3）：3-5.

王振营，周大荣，宋彦英，等，1994. 亚洲玉米螟越冬代成虫扩散行为与迁飞可能性研究 [J]. 植物保护学报，21（1）：25-30.

王振宇，云月利，杨芸，等，2008. 黄金肥蛛体内 *Wolbachia* 的感染检测及 *wsp* 基因序列分析析 [J]. 蛛形学报，17（1）：50-53.

王智，2002. 稻田蜘蛛优势种和目标害虫的时间生态位研究 [J]. 北华大学学报（自然科学版）（5）：445-446，454.

文丽萍，王振营，何康来，等，1998. 温、湿度对亚洲玉米螟成虫繁殖力及寿命的影响 [J]. 昆虫学报，41：70-76.

文丽萍，周大荣，王振营，等，2002. 亚洲玉米螟越冬幼虫存活和滞育解除与水分摄入的关系 [J]. 昆虫学报，43（增刊）：137-142.

问锦曾，1985. 玉米抗感性对玉米螟微孢子虫垂直传播的影响 [J]. 生物防治通报，1（2）：54-55.

吴进才，郭玉杰，束兆林，等，1993. 稻田节肢动物群落不同取样方法的比较 [J]. 昆虫知识，30（3）：182-183.

吴进才，胡国文，唐健，等，1994. 稻田中性昆虫对群落食物网的调控作用 [J]. 生态学报，14（4）：381-386.

吴畏，迟畅，沙洪林，等，2014. 玉米螟性信息素诱芯田间防治玉米螟效果研究 [J]. 吉林农业科学，39（6）：31-33.

吴兴富，李天飞，魏佳宁，等，2000. 温度对烟蚜茧蜂发育、生殖的影响 [J]. 动物学研究，21（3）：192-198.

项宇，沈佐锐，王伟晶，等，2006. 卷蛾赤眼蜂体内共生菌 *Wolbachia* 对寄主孤雌产雌生殖行为的影响 [J]. 昆虫知识，43（2）：219-222.

徐世才，延志连，贺民，等，2011. 菜粉蝶在不同温度下的实验种群生命表 [J]. 植物保护，37（1）：79-81.

徐天锡，1936. 高粱抵抗钻茎虫之初步研究 [J]. 金陵大学，刊第 34 号.

徐艳聆，王振营，何康来，等，2006. 转 Bt 基因抗虫玉米对亚洲玉米螟幼虫几种主要酶系活性的影响 [J]. 昆虫学报（4）：562-567.

徐艳聆，吴利民，杨瑞生，等，2010. 球孢白僵菌 Bb06 菌株对亚洲玉米螟的药效试验 [J]. 农药，49（11）：836-837.

徐增恩，毕守东，邹运鼎，等，2008. 花椰菜田主要害虫、天敌相对丰盛度动态初报 [J]. 安徽农学通报（1）：166.

杨长成，王传士，郑雅楠，等，2011. 赤眼蜂防治玉米螟的持续效果分析 [J]. 玉米科学，19（1）：139-142.

杨耿斌，2008. 黑龙江省玉米螟发生规律及防治措施 [J]. 农业科技通讯（8）：141-143.

杨芷，路杨，毛刚，等，2020. 松毛虫赤眼蜂携带球孢白僵菌防治亚洲玉米螟技术研究与应用 [J]. 中国生物防治学报，36（1）：52-57.

叶志华，1993. 中国重大自然灾害及减灾对策（分论）[M]. 北京：科学出版社.

殷永升，1983. 高粱田间玉米螟发生规律及主要天敌生物学特性 [J]. 山西农业科学 (12)：18.

袁锋，1998. 昆虫分类学 [M]. 北京：中国农业出版社.

袁福香，刘实，郭维，等，2008. 吉林省一代玉米螟发生的气象条件适宜程度等级预报 [J]. 中国农业气象，29 (4)：477-480.

袁佳，王振营，何康来，等，2008. 赤眼蜂研究综述 [C] //吴孔明. 中国植物保护学会 2008 年学术年会论文集. 北京：中国农业科学技术出版社.

袁盛勇，孔琼，陈斌，等，2011. 球孢白僵菌 MZ050724 对亚洲玉米螟幼虫毒力研究 [J]. 西南农业学报，24 (2)：608-611.

曾赞安，梁广文，2008. 不同管理方式下荔枝园节肢动物群落的调查 [J]. 环境昆虫学报 (1)：16-21.

张海燕，丛斌，田秋，等，2006. 温度对感染 Wolbachia 的松毛虫赤眼蜂种群参数的影响 [J]. 昆虫学报，49 (3)：433-437.

张海燕，王丽艳，程晓娟，等，2013. 黑龙江不同积温带玉米品种抗螟性分析 [J]. 玉米科学，21 (4)：124-126，131.

张荆，王金玲，张善逵，1983. 辽宁省玉米螟天敌资料调查研究 [J]. 沈阳农学院学报 (1)：23-29.

张开军，朱文超，刘静，等，2012. 白背飞虱中的 Wolbachia 和 Cardinium 双重感染特性 [J]. 昆虫学报，55 (2)：1 345-1 354.

张荣，王蕴生，杨桂华，等，1991. 大面积应用诱虫灯防治玉米螟效果调查报告 [J]. 吉林农业科学 (3)：30-32.

张莹，钱海涛，张海燕，等，2008. 孤雌产雌生殖品系松毛虫赤眼蜂的遗传稳定性 [J]. 中国生物防治，24 (2)：103-107.

张颖，王海亭，罗梅浩，等，2009. 不同玉米品种的抗螟性研究 [J]. 河南农业大学学报，43 (5)：543-547.

张振择，李国忠，李耀光，等，2010. 玉米螟性诱剂田间诱捕效果初报 [J]. 吉林农业科学 (2)：30-32.

张治科，杨彩霞，高立原，等，2007. 不同温度下甘草萤叶甲实验种群生命表 [J]. 植物保护学报，34 (1)：5-9.

赵秀梅，2011. 黑龙江省玉米螟发生情况与绿色防控技术 [J]. 黑龙江龙业科学 (9)：159-160.

赵秀梅，张树权，李维艳，等，2010. 赤眼蜂防治玉米螟田间防效测定与评估 [J]. 作物杂志，2：93-94.

赵秀梅，张树权，曲忠诚，等，2014. 4 种亚洲玉米螟绿色防控技术田间防效及效益比较 [J]. 中国生物防治学报，30 (5)：685-689.

中国科学院动物研究所，1979. 中国主要害虫综合防治 [M]. 北京：科学出版社.

钟敏，沈佐锐，2004. Wolbachia 在我国广赤眼蜂种群内的感染 [J]. 昆虫学报，47 (6)：732-737.

钟平生，梁广文，曾玲，2004. 不同耕作方式对稻田节肢动物群落的影响 [J]. 惠州学院学报（自然科学版），24（6）：26-30.

周大荣，何康来，1995. 玉米螟综合防治 [M]. 北京：金盾出版社.

周大荣，王玉英，刘宝兰，等，1980. 玉米螟人工大量繁殖研究：I. 一种半人工饲料及其改进 [J]. 植物保护学报，7：113-122.

周晓慧，Joseph N，李英，等，2007. 甜瓜枯病抗性与 SOD、CAT 和 POD 活性变化的关系 [J]. 中国瓜菜（2）：4-6.

朱传楹，张增敏，1988. 玉米螟发育起点温度估计 [J]. 黑龙江农业科学（2）：26-28.

朱涤芳，陈巧贤，刘文惠，等，1992. 田间释放经滞育冷藏的赤眼蜂防治甘蔗螟虫效果初报 [J]. 昆虫天敌，14（3）：130-132.

朱涤芳，张敏玲，李丽英，1992. 广赤眼蜂滞育及储存技术研究 [J]. 昆虫天敌，14（4）：173-176.

朱涤芳，张月华，1987. 变温培育能使赤眼蜂耐冷藏 [J]. 昆虫天敌，9（2）：111-114.

宗良炳，1983. 赤眼蜂利用中的若干问题 [J]. 华中农学院学报（4）：12.

Arakaki N, Noda H, Yamagishi K, 2000. *Wolbachia* - induced parthenogenesis in the egg parasitoid Telenomus nawai [J]. Entomologia Experimentalis et Applicata, 96：177-184.

Baldo L, Hotopp J C D, Jolley K A, et al, 2006. Multilocus sequence typing system for the endosymbiont *Wolbachia pipientis* [J]. Applied and Environmental Microbiology, 72（11）：7 098-7 110.

Baldo L, Prendini L, Corthals A, et al, 2007. *Wolbachia* are present in Southern African scorpions and cluster will supergroup F [J]. Current Microbiology, 55（5）：367-373.

Bandi C Anderson T J, Genchi C, et al, 1998. Phylogeny of *Wolbachia* in filarial nematodes [J]. Proceedings of the Royal Society of London Series B - Biological Sciences265（1 413）：2 407-2 413.

Bordenstein S, Rosengaus R B, 2005. Discovery of a novel*Wolbachia* supergroup in Isoptera [J]. Current microbiology, 51（6）：393-398.

Braig H R, Guzman H, Tesh R B, et al, 1994. Replacement of the Natural *Wolbachia* Symbiont of *Drosophila simulans* with a Mosquito Counterpart [J]. Nature, 367（6 462）：453-455.

Breeuwer J A J, Werren J H, 1993. Cytoplasmic incompatibility and bacterial density in *Nasonia vitripennis* [J]. Genetics, 135（23）：565-574.

Cheng Q, Ruel T D, Zhou W, et al, 2000. Tissue distribution and prevalence of *Wolbachia* infections in tsetse flies, *Glossina spp* [J]. Medical and Veterinary Entomology, 14（1）：44-50.

Clissold F J, 2007. The biomechanics of chewing and plant fracture: mechanisms and implications [J]. Advances in Insect Physiology, 34: 317-372.

Cordaux R, Michel-Salzat A, Frelon-Raimond M, et al, 2004. Evidence for a new feminizing Wolbachia strain in the isopod Armadillidium vulgare: evolutionary implications [J]. Heredity, 93 (1): 78-84.

Fatouros N E. Bukovinszkine'Kiss Gabriella. Dicke M, et al, 2007. The response specificity of Trichogramma egg parasitoids towards infochemicals during host location [J]. Journal of Insect Behavior, 20 (1): 53-65.

Fleury F, Allemand R, Fouillet P, et al, 1995. Genetic variation in locomotor activity rhythm among populations of Leptopilina heterotoma (Hymenoptera: Eucoilidae), a larval parasitoid of Drosophila species [J]. Behavior. Genetics, 25 (1): 81-89.

Fleury F, Vavre F, Ris N, et al, 2000. Physiological cost induced by the maternally-transmitted endosymbiont Wolbachia in the Drosophila parasitoid Leptopilina heterotoma [J]. Parasitology, 121 (47): 493-500.

Foster J, Ganatra M, Kamal I, et al, 2005. The Wolbachia genome of Brugia malayi: endosymbiont evolution within a human pathogenic nematode [J]. PLoS Biology, 3 (4): e121.

Ghelelovitch S, 1950. Genetic study of two characters of pigmentation ofCulex autogenicus Roubaud [J]. Bull Biol Fr Belg, 84 (3): 217-224.

Grenier S, Pintureau B, Heddi A, et al, 1998. Successful horizontal transfer of Wolbachia symbionts between Trichogramma wasps [J]. Proceedings of the Royal Society of London Series B-Biological Sciences, 265 (1 404): 1 441-1 445.

Hertig M. and Wolbach S, 1924. Studies on rickettsia-like microorganisms in insects [J]. Journal of Medical Research, 44 (6): 328-374.

Herting M, 1936. The Rickettsia, Wolbachia piepientis and associated inclusions of the mosquito, Culex piepientis [J]. Parasitology, 28 (2): 453-486.

Hilgenboecker K, Hammerstein P, Schlattmann P, et al, 2008. How many species are infected with Wolbachia. a statistical analysis of current data [J]. Fems Microbiology Letters, 281 (2): 215-220.

Hohmann C L, Luck R F, 2000. Effect of temperature on the development and thermal requirements ofWolbachia-infected and antibiotically cured Richogramma kaykai Pinto and Stouthamer (Hymenoptera: Trichogrammatidae) [J]. Anais Da Sociedade Entomológica Do Brasil, 25 (3): 3 888- 3 898.

Holden P R, Brookfield J F, Jones P, 1993. Cloning and characterization of an fts Z homologue from a bacterial symbiont of Drosophila melanogaster [J]. Mol. Gen. Genet. 240 (2): 213-220.

Hornett E A, Charlat S, Duplouy A M, et al, 2006. Evolution of male-killer suppression in a natural population [J]. PLoS Biology, 4 (9): 1 643- 1 648.

Huigens M E, Hohmann C L, Luck R F, *et al*, 2004. Stouthamer R. Reduced competitive ability due to Wolbachia infection in the parasitoid wasp *Trichogramma kaykai* [J]. Entomologia Experimentalis et Applicata, 110 (2): 115–123.

Huigens M E, Luck R F, Klaassen R H G, *et al*, 2000. Infectious parthenogenesis [J]. Nature, 405 (6 783): 178–179.

Jeyaprakash A, Hoy M A, 2000. Long PCR improves *Wolbachia* DNA amplification: *wsp* sequences found in 76% of sixty–three arthropod species [J]. Insect Molecular Biology, 9 (4): 393–405.

Jiggins F M, von der Schulenburg J H G, Hurst G D D, *et al*, 2001. Recombination confounds interpretations of *Wolbachia* evolution [J]. Proceedings of the Royal Society of London Series B–Biological Sciences, 268 (1 474): 1 423–1 427.

Jiggins F M, Hurst GD, Jiqqins CD, *et al*, 2000. The butterfly Danaus chrysippus is infected by a male killing Spiroplasma bacterium [J]. Parasitology, 120 (5): 439–446.

Josee D, Boivin G, 2006. Impact of the timing of male emergence on mating capacity of males in *Trichogramma evancscens* Westwood [J]. Biocontrol, 51 (6): 703–713.

Juchault P, Rigaud T, Mocquard J P, 1992. Evolution of sex–determining mechanisms in a wild population of *Armadillidium vulgare* Latr. (Crustacea, Isopoda): competition between two feminizing parasitic sex factors [J]. Heredity, 69: 382–390.

Kittayapong P, Baisley K J, Baimai V, *et al*, 2000. Distribution and diversity of *Wolbachia* infections in southeast *Asian mosquitoes* (Diptera: Culicidea) [J]. Journal of Medical Entomology, 37 (3): 340–345.

Kittayapong P, Baisley K J, Sharpe R G, *el al.* 2002. Maternal transmission efficiency of *Wolbachia* superinfections in *Aedes albopictus* populations in Thailand [J]. American Journal of Tropical Medicine & Hygiene, 66 (1): 103–107.

Kondo N I, Tuda M, Toquenaga Y, *et al*, 2011. *Wolbachia* Infections in World Populations of Bean Beetles (Coleoptera: Chrysomelidae: Bruchinae) Infesting Cultivated and Wild Legumes [J]. Zoological Science, 28 (7): 501–508.

Kondo N, Ijichi N, Shimada M, *et al*, 2002. Prevailing triple infection with Wolbachia in *Callosobruchus chinensis* (Coleoptera: Bruchidae) [J]. Molecular Ecology, 11: 167–180.

Kremer N, Charif D, Henri H, *et al*, 2009. Anew case of *Wolbachia* dependence in the genus Asobara: evidence for parthenogenesis induction in *Asobara japonica* [J]. Heredity, 103 (3), 248–256.

Louis C, Nigro L, 1989. Ultrastructural evidence of *Wolbachia*–rickettsiales in *Drosophila simulans* and their relationships with unidirectional cross – incompatibility [J]. Journal of Invertebrate Pathology, 54 (1): 39–44.

Manzano M R, Van Lenteren J C, Cardona C, *et al*, 2000. Developmental Time, Sex

Ratio, and Longevity of *Amitus fuscipennis* MacGown & Nebeker (Hymenoptera:
Platygasteridae) on the Greenhouse Whitefly [J]. Biological Control, 18 (2):
94-100.

Mc Meniman C J, Lane R V, Cass B N, *et al*, 2009. Stable introduction of a
life-shortening *Wolbachia* infection into the mosquito *Aedes aegypti* [J]. Science, 323
(5 910): 141-144.

Miura K, Tagami Y, 2004. Comparison of life history characters of arrhenotokous and-
Wolbachia-associated thelytokous *Trichogramma kaykai* Pinto and Stouthamer (Hyme-
noptera: Trichogrammatidae) [J]. Annals of the Entomological Society of America,
97 (4): 765-769.

Mutuura A, Monroe E, 1970. Toxonomy and distribution of European corn borer and al-
lied species: genus Ostrinia (Lep: Pyralidae) [J]. Memoirs of the Entomological
Society of Canada, 71: 1-55.

Ozder Nihal, 2006. Comparative biology and life tables of*Trichogramma brassicae* and *Tri-
chogramma cacoeciae* with Ephestia kuehniella as host at three constant temperatures
[J]. Great Lakes Entomologist, 39 (1-2): 59-64.

O'Neill S L, Giordano R, Colbert A M, *et al*, 1992. 16S rRNA phylogenetic analysis
of the bacterial endosymbionts associated with cytoplasmic incompatibility in insects
[J]. Proc Natl Acad Sci USA, 89 (7): 2 699-2 702.

Pannebakker B A, Loppin B, Elemans C P H, *et al*, 2007. Parasitic inhibition of cell
death facilitates symbiosis [J]. PNAS, 104 (41): 213-215.

Peng Y, Wang Y F, 2009. Infection of*Wolbachia* may improve the olfactory response of
Drosophila [J]. Chinese ence Bulletin (8): 1 369- 1 375.

Peng Y, Wang Y F, *et al*, 2008. *Wolbachia* infection alters olfactory-cued locomotion in
Drosophila spp. [J]. Applied & Environmental Microbiology, 74 (13):
3 943- 3 948.

Pintureau B, Grenier S, Boléat B, *et al*, 2000. Dynamics of Wolbachia populations
in transfected lines of *Trichogramma* [J]. Journal of Invertebrate Pathology, 76 (1):
20-25.

Pintureau B, Grenier S, Heddi A, *et al*, 2002. Biodiversity of *Wolbachia* and of their
effects in *Trichogramma* (Hymenoptera: Trichogrammatidae) [J]. Annales de la
Société Entomologique de France, 38 (33): 333-338.

Potrich M, Alves L F A, Haas J, *et al*, 2009. Selectivity of *Beauveria bassiana* and
Metarhizium anisopliae to Trichogramma pretiosum Riley (Hymenoptera: Trichogram-
matidae) [J]. Neotropical Entomology, 38 (6): 822-826.

Potrich M, Alves L F A, Lozano E, *et al*, 2015. Interactions between Beauveria bassi-
ana and *Trichogramma pretiosumunder* laboratory conditions [J]. Entomologia Experi-
mentalis et Applicata, 154 (3): 213-221.

Rasgon J L, Gamston C E, Ren X, 2006. Survival of *Wolbachia pipientis* in cell-free medium [J]. Applied and environmental microbiology, 72 (11): 6 934-6 937.

Read J, Stokes A, 2006. Plant biomechanics in an ecological context [J]. American Journal of Botany, 93 (10): 1 546- 1 565.

Riegler M, Charlat S, Stauffer C, *et al*, 2004. *Wolbachia* transfer from Rhagoletis cerasi to *Drosophila simulans*: investigating the outcomes of host-symbiont coevolution [J]. Applied and environmental microbiology, 70 (1): 273-279.

Rousset F, Bouchon D, Pintureau B, *et al*, 1992. *Wolbachia* endosymbionts responsible for various alterations of sexuality in arthropods [J]. *Proc. R. Soc. Lond. B.* 250 (1 328): 91-98.

Sasaki J, Ishikawa K, Kobayashi K, *et al*, 2000. Neuronal expression of the fukutin gene [J], Human Molecular Genetics, 9 (20): 3 083-3 090.

Silva I M M S, van Meer M M M, Roskam M M, *et al*, 2000. Biological control potential of *Wolbachia* - infected versus uninfected wasps: laboratory and greenhouse evaluation of *Trichogramma cordubensis* and *T. deion* strains [J]. Biocontrol ence & Technology, 10 (3): 223-238.

Sironi M, Bandi C, Sacchi L, *et al*, 1995. Molecular evidence for a close relative of the arthropod endosymbiont *Wolbachia* in a filarial worm [J]. Mol. Biochem Parasitol, 74 (2): 223-227.

Smith S M, 1996. Biological control with *Trichogramma*: advances, successes, and potential of their use [J]. Annual Review of Entomogy, 41 (7): 375-406.

Stouthamer R, Breeuwert J A, Luck R F, *et al*, 1993. Molecular isentification of microorganisms associated with parthenogenesis [J]. Nature, 361 (6 407): 66-68.

Stouthamer R, Luck R F, Hamilton W D, 1990. Antibiotics cause parthenogenetic *Trichogramma* (Hymenoptera/Trichogrammatidae) to revert to sex [J]. Proc Natl Acad Sci USA, 87 (7): 2 424-2 427.

Tagami Y, Miura K, 2004. Distribution and prevalence of *Wolbachia* in Japanese populations of Lepidoptera [J]. Insect Molecular Biology, 13 (4): 359-364.

Thipaksorn A, Jamnongluk W, Kittayapong P, 2003. Molecular evidence of *Wolbachia* infection in natural populations of tropical odonates [J]. Current microbiology, 47 (4): 314-318.

van Opijnen T, Breeuwe JAJ, 1999. High temperatures eliminate *Wolbachia*, a cytoplasmic incompatibility inducing endosymbiont, from the two-spotted spider mite [J]. Experimental and Applied Acarology, 23: 871-881.

Vavre F, Fleury F, Lepetit D, *et al*, 1999. Phylogenetic evidence for horizontal transmission of *Wolbachia* in host-parasitoid associations [I]. Molecular Biology and Evolution, 16 (12): 1 711-1 723.

Wadhwa S, Gill R S, 2006. Host searching capacity of *Trichogramma chilonis ishii* in BT and non-BT cotton [J]. Journal of Insect Science (Ludhiana), 19 (2): 216-218.

Watanabe M, Miura K, Hunter M, *et al*, 2010. Superinfection of cytoplasmic incompatibility - inducing *Wolbachia* is not additive in *Orius strigicollis* (Hemiptera: Anthocoridae) [J]. Heredity, 106 (4): 642-648.

Werren J H and Bartos J D, 2001. Recombination in*Wolbachia* [J]. Current Biology, 11 (6): 431-435.

Werren J H, 1997. Biology of *Wolbachia* [J]. Annual Review of Entomology, 42 (7): 587-609.

Werren J H, Baldo L, Clark M E, 2008. *Wolbachia*: master manipulators of invertebrate biology [J]. Nature Reviews Microbiology, 6 (10): 741-751.

Werren J H, Windsor D, Guo L R, 1995. Distribution of*Wolbachia* among Neotropical Arthropods [J]. Proceedings of the Royal Society of London Series B-Biological Sciences, 262 (1 364): 197-204.

Werren J H, Zhang W, Guo L R, 1995. Evolution and Phylogeny of *Wolbachia*-Reproductive Parasites of Arthropods [J]. Proceedings of the Royal Society of London Series B-Biological Sciences, 261 (1 360): 55-63.

West S A, Cook J M, Werren J H, *et al*, 1998. *Wolbachia* in two insect host-parasitoid communities [J]. Molecular Ecology, 7 (11): 1457-1465.

Wu Y, Egerton G, Pappin D J, *et al*, 2004. The Secreted Larval Acidic Proteins (SLAPs) of *Onchocerca* spp. are encoded by orthologues of the alt gene family of Brugia malayi and have host protective potential [J]. Molecular & Biochemical Parasitology, 134 (2): 213-224.

Yen J H, Barr A R, 1971. New hypothesis of the cause of cytoplasmic incompatibility in-*Culex pipiens* L. [J]. Nature, 232 (5 313): 657-658.

Zabalou S. Rieqler M, Theodorakopoulou M, *et al*, 2004. *Wolbachia* - induced cytoplasmic incompatibility as a means for insect pest population control [M]. National Academy of Sciences.

Zhou D R, Wang Z Y, 1987. Quality evaluation of the mass reared Asian corn borer, Ostrinia furnacalis (Guenee). Proc. Int. Symp. on Modern Insect Control: Nuclear Techniques and Biotechnology, Vienna, IAEA-SM-301/ 5: 281-284.

Zhou D R, Ye Z H, Wang Z Y, 1992. Artificial rearing technique for Asian corn borer, *Ostrinia furnacalis* (Guenee), and its applications in pest management research [C] //Anderson and Leppla eds. In Advances in Insect Rearing for Research and Pest Management. Westview Press: 173-193.

Zhou W, Rousset F, O'Neill S, 1998. Phylogeny and PCR-based classification of *Wolbachia* strains using *wsp* gene sequences [J]. *Proc. R. Soc. Lond. B*. 265 (1 395): 509-515.